Statistik II

Induktive Statistik

Roland Dillmann

Statistik II

Induktive Statistik

Mit 3 Abbildungen

Physica-Verlag Heidelberg

Professor Dr. Roland Dillmann
Fachbereich Wirtschaftswissenschaft
Bergische Universität Gesamthochschule Wuppertal
Gauss-Straße 20
D-5600 Wuppertal 1

ISBN 3-7908-0470-3 Physica-Verlag Heidelberg

Druck: Zechnersche Buchdruckerei GmbH u. Co. KG, D-6720 Speyer
Bindearbeiten: J. Schäffer GmbH u. Co. KG, Grünstadt
2142/7130-543210

sungen, wenn nur alle Alternativen a - priori nicht ausgeschlossen waren. Dieses "Lernen aus Erfahrung" stützt sich allerdings auf das Konzept der bedingten Wahrscheinlichkeit, und zu dessen Anwendung ist es gleichgültig, ob die gemeinsame Erfahrung hypothetisch gedacht oder real existent ist. Von Geschehnissen sind aber verschiedene Personen unterschiedlich betroffen; trotz dieses unterschiedlichen Grades an Betroffenheit ist das Ergebnis des Lernprozesses das gleiche, ja, es reicht sogar aus, Erfahrungen von anderen zu übernehmen oder gar nur als Alternativen gedanklich durchzuspielen, um die entsprechenden Konsequenzen daraus zu ziehen. Die Wertungen bleiben also davon unberührt, ob man etwas nur durchdenkt oder ob man etwas als Betroffener erlebt. Der Homo Ökonomicus mit stabilen Wertungen grüßt in neuem Gewande. Ist so die Überwindung der Prämisse vollständiger Information wirklich überzeugend gelungen?
Die meiste praktisch geleistete Tätigkeit von Statistikern beruht auf Konzepten des Objektivismus. Hier ist zunächst einmal festzuhalten, daß der Objektivist größte Schwierigkeiten hat mit dem, was er unter Wahrscheinlichkeit versteht. Ursprüngliche Versuche, Wahrscheinlichkeiten durch relative Häufigkeiten zu messen, waren nicht erfolgreich. Der einzige Weg besteht also darin, Wahrscheinlichkeit als einen Begriff zu verstehen, der seine Bedeutung erst innerhalb der Theorie erfährt, in der er als Schlüsselbegriff auftritt. Für die meisten Anwendungen in der Ökonomie liegt aber eine derartige Theorie nicht vor. Der Objektivist in der Ökonomie steht also vor dem Dilemma, einen Begriff als theoretischen Begriff zu benutzen, für den ihm die Theorie fehlt.
Damit kann Statistik als methodische Disziplin nicht alle die Erwartungen erfüllen, die ihr im Wissenschaftsbetrieb von Seiten der Realwissenschaftler oft und gern voreilig zugeschoben werden. Man wird feststellen, daß diese Erwartungen von keiner Methodik einlösbar sind, da man immer wieder auf die bis heute ungelöste Frage stößt: Wie gelangt man zu Erkenntnissen über objektive Tatbestände? Ist unser Reden von Kausalbeziehungen ein die objektiven Gegebenheiten oder unser Denken über diese objektiven Gegebenheiten charakterisierendes Reden? Genaueres Nachdenken über die methodischen Grundlagen der Wissenschaft führt bisweilen zu der schmerzlichen Einsicht, daß viele Sachverhalte, die man als vorbehaltlos richtig unterstellt, nicht in einer Weise begründbar sind, daß sie neugierigen Fragen uneingeschränkt standhalten. Wir müssen also täglich entscheiden, ohne die Konsequenzen unserer Entscheidungen auch nur

annähernd zu kennen. In dieser Situation werden politische Entscheidungen gefällt, die unsere Umwelt in einer Weise verändern können, daß wir möglicherweise diese Veränderungen nicht überleben können. Es wäre leicht, könnte man derartige Entscheidungen umgehen; die an solchen Entscheidungen Beteiligten führen aber Sachzwänge als Argument ins Feld, die ihrer Auffassung nach das Eingehen derartiger Risiken unabdingbar machen, weil nichts tun auch hohe, oft höhere Risiken in sich birgt. Wissenschaftliche Argumentationen über solche Risiken benutzen oft statistische Methoden. Verunsicherung über die Aussagekraft derartiger Methoden führt also zu Existenzängsten, denen man sich ohne Not nicht aussetzen will.

Ich hoffe, dargelegt zu haben, daß der Statistiker nicht von einem anderen Stern spricht, sondern von täglichen, sehr unangenehmen Problemen. Insbesondere nimmt Statistik als methodische Disziplin eine wichtige Rolle in zahlreichen Studiengängen ein, ohne allerdings zu beanspruchen, einzige methodische Disziplin zu sein. Methodenstudium ist Studium des Erkenntnisproblems und damit unabdingbar Voraussetzung für ein Studium beliebiger Realdisziplinen.

Wuppertal, im Januar 1990

Roland Dillmann

Inhaltsverzeichnis

10. Die Wahrscheinlichkeitskonzeption der Subjektivisten

Ziel der folgenden Ausführung ist es,

1. vorzustellen, wie Subjektivisten Wahrscheinlichkeitsbewertungen vornehmen
2. die Grundbegriffe der subjektivistischen Auffassung vom "Lernen aus Erfahrung" zu vermitteln,
3. das "Lernen aus Erfahrung" beispielhaft vorzuführen,
4. die zur mathematischen Durchführung erforderlichen Verteilungsgesetze zu untersuchen; diese Verteilungsgesetze spielen auch für die Objektivisten eine wichtige Rolle;
5. weitere Beispiele zum "Lernen aus Erfahrung" zu demonstrieren;
6. das Wissenschaftsprogramm der Subjektivisten vorzustellen.

10.1. Der Wettansatz der Subjektivisten

Anders als die Objektivisten fassen die Subjektivisten Wahrscheinlichkeit als Charakteristikum der Person auf, die über die Plausibilität des Eintretens von Alternativen zu befinden hat. Diese Plausibilität läßt sich auch dokumentieren in Form von Wetten, die die Person auf bestimmte Ereignisse abzuschließen hat. Diese Wetten unterliegen einer besonderen Form: Eine Person, deren Urteil über die Wahrscheinlichkeit des Eintretens des Ereignisses E gemessen werden soll, hat anzugeben, welchen Wetteinsatz sie bereit ist, auf das Ereignis E bzw. auf das Ereignis C(E) zu setzen, wenn für das Eintreten des Ereignisses E bzw. C(E) ein fester Auszahlungsbetrag von einer Geldeinheit vorgesehen ist. Bei der Festsetzung dieses Einsatzes hat die Person zu beachten, daß nachträglich, ohne daß die Person darauf Einfluß nehmen kann, entschieden wird, welchen Part der Wette sie zu übernehmen hat.
Man unterstellt, daß die Person wegen dieser Ausgestaltung des Wettverfahrens den Einsatz so wählt, daß sie, egal welchen Part sie übernimmt, mit einer Differenz von 0 zwischen erwarteter Auszahlung und zu leistender Einzahlung rechnet. Sinn dieses Wettmodus ist es also, zu unterbinden, daß die Person zur Förderung ihrer Gewinnchancen ihre Einschätzung der Wahrscheinlichkeit für das Eintreten von E falsch angibt, da ein eventueller Vorteil bezüglich des einen Wettparts sich als Nachteil bezüglich eines anderen Wettparts herausstellt.
Sei also a der Einsatz auf E. Betrachte folgende möglichen Wette: 1 Einheit wird ausgezahlt, falls E eintritt, 0 Einheiten werden ausgezahlt, falls C(E) eintritt, dafür sind a Einheiten vor Durchführung des Experiments einzuzahlen.

Dann wird für die Person folgende Rechnung unterstellt:

$$p(E)*1 + p(C(E))*0 - a = 0,$$

also

$$p(E) = a.$$

Grundsätzlich können m Wetten der Form "sichere Einzahlung von a und Auszahlung von 1 bei Eintreten von E" bzw. n Wetten der Form "sichere Einzahlung von b und Auszahlung von 1 bei Eintreten von C(E)" abgeschlossen werden. Bei festem m, n $\geq$ 0 führt dies zu folgenden vier zu unterscheidenden Parts:

Part 1: sichere Einzahlung von m*a auf E und sichere Einzahlung von n*b auf C(E) bei Auszahlung von m, falls E eintritt, und Auszahlung von n, falls C(E) eintritt.

Part 2: sichere Einzahlung von m*a auf E und Einzahlung von n, falls C(E) eintritt, bei Auszahlung von m, falls E eintritt, und sicherer Auszahlung von n*b.

Part 3: Einzahlung von m*1, falls E eintritt, und sichere Einzahlung von n*b auf C(E), gegen sichere Auszahlung von m*a und Auszahlung von n, falls C(E) eintritt.

Part 4: Sichere Auszahlung von m*a + n*b gegen Einzahlung von m, falls E ein tritt, und Einzahlung von n, falls C(E) eintritt.

Offenbar sind die bisherigen Überlegungen nur für m, n $\geq$ 0 sinnvoll, da eine negative Anzahl von Wetten gleichen Typs zunächst bedeutungslos ist. Vereinbart man allerdings, daß positives m, n sichere Einzahlung der Person auf E bzw. C(E) bedeutet und negatives m, n Einzahlungen der Person nur im Falle des Eintretens von E bzw. C(E) heißt, so lassen sich die vier Parts auch wie folgt beschreiben:

Part 1: m, n $\geq$ 0

Part 2: m $\geq$ 0, n $\leq$ 0

Part 3: m $\leq$ 0, n $\geq$ 0

Part 4: m, n $\leq$ 0.

Im Regelfall ist man daran interessiert, durch Wetten die Einschätzung der Plausibilität aller vom Individuum für möglich erachteten Alternativen in einer gegebenen Situation zu ermitteln. Dies gelingt nur mit Hilfe der Formulierung eines Systems von Wetteinsätzen auf alle für möglich erachteten Elementarereignisse. Es ist offenbar kein einfaches Unterfangen, ein System von Wetten auf Alternativen abzuschließen mit dem Ziel, so die zugrundeliegende subjektive Wahrscheinlichkeitsverteilung zu ermitteln. Vielmehr bedarf es eines Kriteriums, das die Überprüfung zuläßt, ob die bekundeten Plausibilitäten überhaupt zu einer Wahrscheinlichkeitsverteilung führen können. Hierbei stützt man sich darauf, daß die Person im Wettsystem nicht selbst den Part auswählen kann, den sie beim Wetten übernimmt, sondern lediglich den Wetteinsatz vorgeben darf. Darum achtet sie darauf, kein System von Wetteinsätzen zu formulieren, zu dem es einen Part gibt, bei dem sie sicher gewinnt (verliert).

Definition 10.1: Ein System von Wetteinsätzen $\{a_i\}$ auf ein System von Ereignissen $\{E_i\}$ bei fest vereinbarten Auszahlungssätzen 1 für das Eintreten jedes der E_i heißt kohärent, wenn unabhängig vom durch den Wettenden übernommenen Part das Wettsystem nicht zu einem sicheren Gewinn (Verlust) der Person führt.

Beispiel: Die Person wette auf das Eintreten von E 0.3 Einheiten und auf das Eintreten von C(E) 0.6 Einheiten unter der Vorgabe, daß für das Eintreten von E bzw. von C(E) jeweils 1 auszuzahlen ist. Man weise nun der Person den Part zu, die 1 auszuzahlen, egal ob E oder C(E) auftritt. Für E werde 0.3 Einheiten ausgezahlt, für C(E) 0.6 Einheiten. Dies führt zum sicheren Verlust von 0.1 Einheiten, unabhängig davon, ob E oder C(E) eintritt. Hier lag sicherlich auch eine Inkonsistenz vor, da E oder C(E) eintreten muß, der sicheren Einzahlung von 1 aber nur eine sichere Auszahlung von 0.9 gegenübersteht.

Beschränkt man sich auf die Ereignisse E und C(E), so bewirkt die Forderung der Kohärenz folgendes:

Eine Wette mit $m = n = 1$ (Part 1) sichert, daß $a + b \geq 1$ gilt.

Eine Wette mit $m = n = -1$ (Part 4) sichert, daß $a + b \leq 1$ gilt.

Also muß gelten:

$$a + b = 1;$$

da a als Maß für die Wahrscheinlichkeit von E und b als Maß für die Wahrscheinlichkeit von C(B) verstanden wird, gelangt man zum Ergebnis

$$p(E) + p(C(E)) = 1.$$

De Finetti ist der Nachweis des folgenden Satzes gelungen:

Satz 10.1: Sei $\{1, \ldots\ldots, n\}$ ein System endlich vieler Elementarereignisse mit zugehöriger Ereignis - σ - Algebra $\mathcal{A}$. Es sei für das Ereignissystem $\{\{i\}\}_{1 \leq i \leq n}$ ein kohärentes System von Wetteinsätzen $\{a_i\}_{1 \leq i \leq n}$ formuliert.

$$p(E) = \sum_{i \in E} a_i \quad \forall E \in \mathcal{A}.$$

Dann gilt:

- $p(E) = 1 - p(C(E))$
- $p(E) \geq 0 \ \forall E \in \mathcal{A}$

- $p(\phi) = 0 \wedge p(\{0,1,\ldots\ldots,n\}) = 1$

- $E_1 \cap E_2 = \phi \longrightarrow p(E_1 \cup E_2) = p(E_1) + p(E_2)$

Führen umgekehrt die für die Elementarereignisse durch Wetteinsätze bekundeten Wahrscheinlichkeitseinschätzungen zu einer Wahrscheinlichkeitsverteilung, so hat man es mit einem Wettsystem zu tun, das für keinen zu übernehmenden Part zu sicherem Gewinn oder Verlust führt. Es handelt sich also um eine Bekundung subjektiver Einschätzung, der mit wahrscheinlichkeitstheoretischen Mitteln kein innerer Widerspruch nachgewiesen werden kann. Diese subjektive Einschätzung ist in sich konsistent und folglich der weiteren Betrachtung wert.

Das Problem der Ermittlung <u>bedingter Wahrscheinlichkeiten</u> von Ereignissen wird mit dem Konzept bedingter Wetten gelöst. Zur Ermittlung der subjektiven Einschätzung der Wahrscheinlichkeit des Eintretens von Ereignis A unter der Bedingung, daß B bereits eingetreten sei, schlagen die Subjektivisten folgende Wettvereinbarung vor:

Setze einen Einsatz a auf das Eintreten von A bei gegebener Auszahlung von 1, falls A und B eingetreten sind. Die Auszahlung wird folgendermaßen geregelt:

Falls B nicht eingetreten ist, wird weder eine Ein- noch eine Auszahlung geleistet, die Wette ist also nichtig.

Falls A und B eingetreten sind, werde a eingezahlt und 1 ausgezahlt.

Falls B, aber nicht A eingetreten ist, wird lediglich a eingezahlt, aber nichts ausgezahlt.

Wiederum darf die Person über a entscheiden, aber nicht darüber, welchen Part bei der Wette sie übernimmt. Es gilt folgender

<u>Satz 10.2:</u> Einer Person werde folgendes Wettproblem vorgelegt:

Setze bei jeweils gegebener Auszahlung von 1 einen Einsatz $a(A|B)$ darauf, daß A unter der Bedingung B eintritt (bedingte Wette), einen Einsatz $a(B)$ darauf, daß B eintritt, und einen Einsatz von $a(A \cap B)$ darauf, daß A und B eintreten. Die Wette sei kohärent, d.h. der Person ist kein Part zuzuweisen, der zum sicheren Verlust führt. Dann gilt

$$a(A|B)\ a(B) = a(A \cap B).$$

Gilt also $a(B) \neq 0$, so erfüllen die Wetteinsätze die Definition der bedingten Wahrscheinlichkeit.

<u>Beweis:</u>

Falls $A \cap B$ eintritt, wird gegen einen Einsatz von $a(A \cap B)$ 1 ausgezahlt, tritt $A \cap B$ nicht ein, so sind $a(A \cap B)$ Einheit verloren.

Falls B eintritt, wird gegen einen Einsatz von $a(B)$ 1 ausgezahlt. Tritt B nicht ein, so sind $a(B)$ Einheiten verloren.

Falls $A|B$ eintritt, wird gegen einen Einsatz von $a(A|B)$ 1 ausgezahlt. Tritt B, aber nicht A ein, so sind $a(A|B)$ Einheiten verloren. Tritt B nicht ein, so ist die bezüglich $A|B$ abgeschlossene Wette nicht zustandegekommen.

Der Person werden bei einem Wetteinsatz von $a(A \cap B)$ Einheiten gegen 1 auf das Eintreten von $A \cap B$ m_1 solche Wetten angeboten. $m_1 > 0$ heißt: die Person wettet auf das Eintreten von $A \cap B$, $m_1 < 0$ heißt: die Person wettet auf das Eintreten von $C(A \cap B)$; der Person werden entsprechend bei einem Wetteinsatz von $a(B)$ gegen 1 auf das Eintreten von B m_2 derartige Wetten angeboten, und schließlich werden bei einem Wetteinsatz von $a(A|B)$ gegen 1 auf das Eintreten von $A|B$ gegen $C(A)|B$ m_3 derartige Wetten angeboten. Die Differenz von Aus - und Einzahlungen beträgt im Falle des Eintretens von

$A \cap B$: $$G_1 = (1 - a(A|B))\, m_3 + (1 - a(A \cap B))\, m_1 + (1 - a(B))\, m_2$$
$C(A) \cap B$: $$G_2 = - a(A|B)\, m_3 - a(A \cap B)\, m_1 + (1 - a(B))\, m_2$$
$C(B)$: $$G_3 = - a(A \cap B)\, m_2 - a(B)\, m_2$$

Dieses System von Differenzen von Ein - und Auszahlungen ist bei gegebenen Wetteinsätzen als lineares Gleichungssystem in m_1, m_2, m_3 interpretierbar. Falls $a(A \cap B) \neq a(A|B)\, a(B)$ gilt, läßt es sich für alle Werte von G_1, G_2, G_3 lösen, insbesondere also für den Fall, daß alle G_i negativ sind; dies führt zu einem sicheren Verlust und steht im Widerspruch zur unterstellten Kohärenz.

<u>Bemerkung:</u> Dieser Beweis macht deutlich, welche Rolle es spielt, daß die Person zwar die relativen Einsätze formulieren darf, aber nicht den Part, den sie übernehmen will: Der Person wird also vorgeschrieben, ob sie

1. für oder gegen das Eintreten eines Ereignisses zu wetten hat
2. wie hoch der auf das einzelne Ereignis Z zu setzende Einsatz $m(Z)\ a(Z)$ gegen eine Auszahlung $m(Z)$ zu sein hat.

Der Wettmodus gibt also dem Messenden das Instrument an die Hand, wie oben erstellte Gleichungssysteme zur Konsistenzprüfung zu benutzen. Die Person hat nur die Möglichkeit, durch Einsetzen des relativen Wetteinsatzes $a(Z)$ gegen 1 dafür Sorge zu tragen, daß das System nicht für eine linke Seite mit lauter negativen Komponenten lösbar ist. Kohärenz ist also eine Eigenschaft, die auf die Einhaltung gewisser Interdependenzen hinweist und so ermöglicht, solche relativen Wetteinsätze als subjektive Wahrscheinlichkeiten zu interpretieren.

10.2. Der Begriff der Austauschbarkeit

Bedingte Wetten sind ein zentrales Instrument, um festzustellen, wie sich für einen Subjektivisten die Wahrscheinlichkeitsbewertung für das Eintreten eines Ereignisses aufgrund neuer Erfahrungen ändert. Der zugehörige Schlüsselbegriff der Subjektivisten, der umfassender ist als der der stochastischen Unabhängigkeit von Ereignissen, ist der Begriff der "austauschbaren Ereignisse". Vor Einführung des Begriffs sei zur Veranschaulichung eingeführt das folgende
Beispiel: Es liege das Problem vor, zu beurteilen, wie groß bei einer bestimmten Art, eine bestimmte Münze zu werfen, die Wahrscheinlichkeit sei, eine Krone zu werfen. Der Beurteilende soll zunächst ohne Kenntnis der gesamten Versuchsanordnung, dann jeweils nach Durchführung eines weiteren Versuchs, seine Wahrscheinlichkeitsbewertung abgeben. Die Art, nach der sich wegen zunehmender Erfahrung mit der Versuchsanordnung seine Wahrscheinlichkeitsbewertung ändert, spiegelt seinen Lernprozeß wider. Es wurden bereits Gesetze der großen Zahlen diskutiert, die beinhalten, daß die relative Häufigkeit der Krone mit wachsendem Stichprobenumfang mit zunehmender Wahrscheinlichkeit nahe bei der Wahrscheinlichkeit liegt, eine Krone in einem Versuch zu werfen. Die Gesetze der großen Zahlen verwenden dabei als wichtige Voraussetzung die, daß die einzelnen Versuche voneinander stochastisch unabhängig sind und dem gleichen Verteilungsgesetz genügen.
Der Subjektivist kann die Voraussetzung der Unabhängigkeit und Gleichverteilung auf keinen Fall als Charakteristikum der Versuchsanordnung verstehen. Er ersetzt diese Vorstellung durch folgende Überlegung: Falls ihm nur ein Teil der Versuchsergebnisse mitgeteilt würde, wäre es für seine Beurteilung der Wahrscheinlichkeit des Eintretens der Krone wesentlich, die Nummern zu kennen, von denen ihm die Ergebnisse bekannt sind, oder wäre für ihn die Kenntnis der Versuchsnummern ohne Relevanz? Für jemanden, der die Voraussetzung der stochastischen Unabhängigkeit und Gleichverteilung unterstellt, wäre diese Information irrelevant, ihn würden nur die relativen Häufigkeiten interessieren. Im Falle der Voraussetzung der stochastischen Unabhängigkeit und Gleichverteilung würde es sogar ausreichen, die Wahrscheinlichkeit dafür zu kennen, daß in n Versuchen n Kronen erzielt werden, um auf die Wahrscheinlichkeit schließen zu können, daß bei einem Versuch die Krone fällt.
Wird auf die Prämisse der Gleichverteilung verzichtet, die stochastische Unabhängigkeit aber weiterhin unterstellt, so reicht die Kenntnis der Wahrscheinlichkeiten aller Serien der Längen n, in denen nur Kronen geworfen werden, zur

Ermittlung der Wahrscheinlichkeiten für die Krone in jedem einzelnen Wurf aus, denn es gilt

$$p(K_n, K_{n-1}, \ldots, K_1) = p(K_n)\, p(K_{n-1}, \ldots, K_1) \quad \forall n.$$

Der Subjektivist wird entsprechend mit zwei Fragen konfrontiert:

- Wenn er einen Wetteinsatz darauf setzen sollte, daß aus der Gesamtheit aller durchgeführten Versuche n nicht von ihm ausgewählte Versuche sämtlich mit Krone ausgehen, würde sein Wetteinsatz davon abhängen, genau welche Versuche ausgewählt würden, oder würde sein Wetteinsatz allein durch n bestimmt?
- Wenn die erste Frage verneint würde, welchen Wetteinsatz in Abhängigkeit allein von n würde er leisten?

Die erste Frage erscheint zunächst einmal als sehr speziell, man würde zunächst folgende Frage für relevanter erachten:

- Wenn von n Versuchen m mit Krone enden würden, wäre dann der Wetteinsatz abhängig von den Versuchsnummern?

Man kann zeigen, daß im Falle der Unabhängigkeit des Wetteinsatzes von den Versuchsnummern der Fall von m Erfolgen in n Versuchen auf den Fall von n Erfolgen in n Versuchen zurückführbar ist.

Diese Aussage führt zu folgender

<u>Definition 10.2:</u> Es existiere ein abzählbares System $\{E_i\}_{i\in\mathbb{N}}$ von Ereignissen derart, daß eine Person auf das gemeinsame Eintreten von n dieser Ereignisse bei einer Auszahlung von 1 im Falle des Eintretens dieser n Ereignisse einen Wetteinsatz setzt, der allein von n, nicht aber von den Indices der Ereignisse abhängt. Dann heißen die Ereignisse des Systems $\{E_i\}_{i\in\mathbb{N}}$ <u>austauschbar.</u>

Offenbar setzt die Person auf jedes dieser Ereignisse E_i den gleichen Einsatz bei gegebener Auszahlung von 1 für das Eintreten von E_i. Von Interesse ist, ob der Wetteinsatz p_n für das gleichzeitige Eintreten von n ausgewählten Ereignissen bei Auszahlung 1 mit dem Wetteinsatz p_1 für das Eintreten eines speziellen Ereignisses bei Auszahlung 1 in der Form

$$p_n = p_1^{\,n}$$

zusammenhängt oder nicht. Ist dies der Fall und sind $E_{i_1}, \ldots, E_{i_n}$ die ausgewählten Ereignisse, so gilt

$$p(E_{i_n} \cap \ldots \cap E_{i_1}) = p(E_{i_n} | E_{i_{n-1}} \cap \ldots \cap E_{i_1})\, p(E_{i_{n-1}} \cap \ldots \cap E_{i_1})$$

also

$$p(E_{i_n} | E_{i_{n-1}} \cap \ldots \cap E_{i_1}) = p(E_{i_n} \cap \ldots \cap E_{i_1}) / p(E_{i_{n-1}} \cap \ldots \cap E_1).$$

Im Falle

$$p_n = p_1^{\,n} \quad \forall\, n$$

gilt also

$$p(E_{i_n} | E_{i_{n-1}} \cap \ldots\ldots \cap E_1) = p_1^{\,n}/p_1^{\,n-1} = p_1.$$

Die Person läßt sich bei ihren Wetteinsätzen also nicht davon beeindrucken, daß außer dem Eintreten von E_{i_n} auch das Eintreten der $E_{i_{n-1}}, \ldots\ldots, E_{i_1}$ erfolgen muß. Auf das Beispiel des Münzwurfs übertragen heißt das, daß die Person nicht abläßt, auf das Eintreten der nächsten Krone p_1 zu setzen, obwohl alle vorhergehenden Versuche zur Krone geführt haben. Dies heißt aber, daß die Person fest von der Wahrscheinlichkeit p_1 für den Experimentausgang Krone ausgeht, egal, wie lang die Serie ununterbrochener Ergebnisse "Krone" ist. Die Person revidiert also aufgrund von zusätzlichen Erfahrungen die Einschätzung für die Wahrscheinlichkeit des Eintretens von Krone nicht, sie ist sich ihrer Bewertung sicher, sie "lernt also nicht aus Erfahrung". Umgekehrt weist die Nichterfüllung von

$$p_n = p_1^{\,n}$$

darauf hin, daß die Person aufgrund zusätzlicher Informationen die Bewertung für die Wahrscheinlichkeit einer weiteren Krone ändert, weil vorher lauter Kronen aufgetreten sind.

Definition 10.3: Es sei ein abzählbares System $\Gamma = \{E_i\}_{i\in\mathbb{N}}$ von Ereignissen gegeben, die von einer Person als austauschbar angesehen werden, d.h. die Person ist bereit, auf das gemeinsame Eintreten von n dieser Ereignisse auf eine Auszahlung von 1 den Wetteinsatz von a_n zu leisten unabhängig davon, welches die Indices dieser n (verschiedenen) Ereignisse sind. Es gelte

$$a_n = a_1^{\,n} \quad \forall\, n \in \mathbb{N}.$$

Dann heißt die den Wetteinsätzen zugrundeliegende Wahrscheinlichkeitsbewertung Bernoulli - Wahrscheinlichkeitsbewertung.

10.3.Gemischte Verteilungen und das Lernen aus Erfahrung

De Finetti hat bewiesen den folgenden

Satz 10.3: Sei $\{X_i\}_{i\in\mathbb{N}}$ Folge von Zufallsvariablen, mit Trägermenge $\{0, 1\}$. E_i sei das Ereignis, daß die i-te Zufallsvariable den Wert 1 annimmt. Die Person betrachte das System $\Gamma = \{E_i\}_{i\in\mathbb{N}}$ von Ereignissen als austauschbar. Dann existiert eine Verteilungsfunktion F(x), die der Bedingung

$$F(x) = 0 \text{ für } x \leq 0 \quad \text{und } F(X) = 1 \text{ für } x \geq 1$$

genügt und die folgendes leistet:

Die Wahrscheinlichkeitsbewertung einer Person dafür, daß

$$\sum_{t=1}^{n} X_{i_t} = m$$

gilt, ist gegeben durch

$$p\left(\sum_{t=1}^{n} X_{i_t} = m\right) = \frac{n!}{m!\,(n-m)!} \lim_{k\to\infty} \sum_{j=1}^{k} \left(F(x_{kj}) - F(x_{kj-1})\right) x_{kj}^{m}(1-x_{kj})^{n-m}$$

wobei gilt

$$0 = x_{ok} < x_{1k} < \ldots\ldots . < x_{kk} = 1$$

und

$$\lim_{k\to\infty} \max \left\{(x_{kj} - x_{kj-1}) \mid 1 \leq j \leq k\right\} = 0.$$

Gilt

$$F(x) = \int_0^x f(z)\, dz,$$

besitzt F(x) also eine Dichtefunktion, so gilt

$$p\left(\sum_{t=1}^{n} X_t = m\right) = \frac{n!}{m!\,(n-m)!} \int_0^1 f(x)\, x^m (1-x)^{n-m}\, dx.$$

Besitzt F die endliche Trägermenge T, so gilt

$$p\left(\sum_{t=1}^{n} X_t = m\right) = \frac{n!}{m!\,(n-m)!} \sum_{x_j \in T} w(x_j)\, x_j^m\, (1 - x_j)^{n-m}.$$

Dabei sind die $w(x_j)$ definiert durch

$$F(x) = \sum_{x_j \in T \,\wedge\, x_j \leq x} w(x_j)\ .$$

Diese Formeln gelten für $0 \leq m \leq n$, $m, n \in \mathbb{Z}$.

Definition 10.4: Wahrscheinlichkeitsbewertungen, die sich nach einer der drei Formeln des letzten Satzes bestimmen lassen, heißen gemischte Wahrscheinlichkeitsbewertungen.

Gemischte Wahrscheinlichkeiten lassen sich offenbar als gewichtete Summe von Bernoulli - Wahrscheinlichkeitsbewertungen auffassen. Dies hat dazu geführt, daß Autoren diese Gewichte als Wahrscheinlichkeit interpretiert haben, die die Person der Geltung der zugehörigen Bernoulli - Wahrscheinlichkeitsbewertung beimißt.

Die Bernoulli - Wahrscheinlichkeitsbewertung $\{a_1^{\,n}\}_{n\in\mathbb{N}}$ stimmt mit der Wahrscheinlichkeit überein, die ein Objektivist dem Eintreten von

$$\sum_{t=1}^{n} X_{i_t} = m$$

zuweisen würde, wenn er unterstellen würde, daß die $\{X_i\}_{i \in \mathbb{N}}$ Folge stochastisch unabhängiger $B(a_1, 1)$ - verteilter Zufallsvariabler sind.

Diesen Zusammenhang nahmen die oben genannten Autoren zum Anlaß, die einzelnen Bernoulli - Wahrscheinlichkeitsbewertungen im objektiven Sinne zu verstehen, d.h. sie als Eigenschaft der zugrundeliegenden Versuchsanordnung unter der Hypothese aufzufassen, daß a_1 der wahre Parameterwert sei. Das Gewicht von a_1 wurde also im diskreten Fall als Hypothesenwahrscheinlichkeit, im stetigen Fall als Hypothesendichte angesehen. Man hoffte, auf diese Weise den Einstieg in die Wahrscheinlichkeitsbewertung von Hypothesen zu finden, obwohl bislang der Begriff der Wahrscheinlichkeit für das Eintreten von Ereignissen reserviert war.

Die Mehrzahl der Statistiker lehnt jedoch diese Interpretation ab aus verschiedenen Gründen:

- Für den Objektivisten sind Wahrscheinlichkeiten Charakteristikum von Ereignissen und nicht von Hypothesen. Für ihn ist die Zuweisung von Wahrscheinlichkeiten an Hypothesen sinnlos.
- Ein Subjektivist, der sich auf den Wettansatz stützt, benötigt die prinzipielle Entscheidbarkeit der Wette. Sonst kämen keine Ein - und Auszahlungen zustande. Jede (m, n) Konstellation mit $0 \leq m \leq n$, $m, n \in \mathbb{N}$ ist aber möglich für jedes a_1, $0 < a_1 < 1$. Keine Wette auf Hypothesen über a_1 wäre also auf der Grundlage einer noch so langen Serie sicher entscheidbar. Theoretiker, die sich zu Hypothesenwahrscheinlichkeitsbewertung genau so bekennen wie zum Wettansatz, müssen also auf die Entscheidbarkeit der Wetten und damit auf die Messung von Wahrscheinlichkeitsbewertungen verzichten.
- Ein Anhänger des logischen Wahrscheinlichkeitsbegriffs benötigt zur Formulierung der Hypothesenwahrscheinlichkeit ein tragfähiges Prinzip, auf dessen Grundlage eine solche Hypothesenwahrscheinlichkeit formulierbar wäre. Ein viel diskutiertes Prinzip ist das Indifferenzprinzip, oder in älterer Bezeichnung das Prinzip vom unzureichenden Grunde. Keynes hat gezeigt, daß dieses Prinzip nicht allgemein tragfähig ist, weil es z.B im Fall, daß der entsprechende Parameter Werte aus einem Kontinuum annimmt und mit dem Parameter auch sein Kehrwert interpretierbar ist, zu widersprüchlichen Wahrscheinlichkeitsbewertungen führt. Ein Anhänger des logischen Wahrscheinlichkeitsbegriffs muß also entweder das Indifferenzprin-

zip durch ein anderes tragfähigeres Prinzip ersetzen oder er muß sich auf solche Situationen beschränken, in denen das Indifferenzprinzip nicht zu den bereits bekannten logischen Widersprüchen führt.

10.4. Ein Beispiel zum Lernen aus Erfahrung

Zunächst soll das Ergebnis des letzten Satzes weiter diskutiert werden. Dazu erinnere man sich an die Definition der bedingten Wahrscheinlichkeit

$$p(X_{i_n} = 1 \mid \sum_{t=1}^{n-1} X_{i_t} = m-1) = p(\sum_{t=n}^{n} X_{i_t} = m)/p(\sum_{i=1}^{n-1} X_{i_t} = m-1).$$

Der Einfachheit sei unterstellt, daß im obigen Satz $F(x)$ Dichtefunktion besitzt. Dann gibt es

$$\frac{(n-1)!}{(m-1)!\,(n-m)!}$$

Serien der Länge n mit m Einsen und $X_n = 1$, so daß gilt

$$p(X_{i_n} = 1 \mid \sum_{t=1}^{n-1} X_{i_t} = m-1) = \frac{\frac{(n-1)!}{(m-1)!\,(n-m)!}}{\frac{(n-1)!}{(m-1)!\,(n-m)!}} \; \frac{\int_0^1 x^m (1-x)^{n-m} f(x)\, dx}{\int_0^1 x^{m-1} (1-x)^{n-m} f(x)\, dx}$$

$$= \int_0^1 x\, g(x)\, dx$$

mit

$$g(x) = \frac{m}{n} \; \frac{\frac{n!}{m!\,(n-m)!} \quad f(x)\, x^{m-1} (1-x)^{n-m}}{\frac{(n-1)!}{(m-1)!\,(n-m)!} \int_0^1 x^{m-1} (1-x)^{n-m} f(x)\, dx}.$$

Man erhält:

- $g(x) \geq 0 \quad 0 \leq x \leq 1$
- $\int_0^1 g(x)\, dx = 1$

und dies besagt, daß

$$G(x) = \begin{cases} 0 & x \leq 0 \\ \int_0^x g(z)\,dz & 0 \leq x \leq 1 \\ 1 & x \geq 1 \end{cases}$$

Verteilungsfunktion ist.

Ließ sich die Wahrscheinlichkeitsbewertung

$$p(X_{i_t} = 1)$$

ursprünglich in der Form

$$p(X_{i_t} = 1) = \int_0^1 x\, f(x)\, dx$$

schreiben, so hat sich die Wahrscheinlichkeitseinschätzung für das Eintreten von X_{i_n} im Anschluß daran, daß

$$\sum_{t=1}^{n-1} X_{i_t} = m - 1$$

eingetreten ist, abgeändert zu

$$p(X_{i_n} = 1 \mid \sum_{t=1}^{n-1} X_{i_t} = m - 1) = \int_0^1 x\, g(x)\, dx.$$

10.5. Die Konzepte a - priori -, a - posteriori - Verteilung und Likelihood

Diese Abänderung der Wahrscheinlichkeitsbewertung aufgrund zunehmender Beobachtung nennen die Subjektivisten "Lernen aus Erfahrung". Seien nun die einzelnen auftretenden Terme interpretiert:

F(x) legt bereits fest, wie sich die Wahrscheinlichkeitsbewertung der Person für das Eintreten eines einzelnen Ereignisses E_i ändern wird aufgrund von Experimentiererfahrung. Dabei nimmt F(x) keinen expliziten Bezug auf vorherige Experimentiererfahrung und wird allein auf der Grundlage eines Systems kohärenter Wetten, also auf der Grundlage von demonstriertem Verhalten, ermittelt. Bezogen auf den Erfahrungsschatz auf der Grundlage von Experimenten befindet sich die Person in einer Ausgangssituation.

Definition 10.5: F(x) heißt a - priori - Verteilung.

In der Situation, in der die Ausdrücke $x^m(1 - x)^{n-m}$ in Abhängigkeit von x gebildet werden, sind in n Versuchen m Erfolge eingetreten, es liegt also die Erfahrung von n Versuchsausgängen vor. In der Wahrscheinlichkeitsrechnung war x bekannt, und mit bekanntem x erfolgte der Rückschluß auf die Wahrscheinlichkeit für den Eintritt bestimmter Ereignisse. Hier sind die Ereignisse bekannt und sollen dazu benutzt werden, die Wahrscheinlichkeitsbewertungen zu modifizieren. $x^m(1 - x)^{n-m}$ soll also als Plausibilitätsmaß für x Verwendung finden.

Definition 10.6: $l(x|m, n) = x^m(1 - x)^{n-m}$ heißt Likelihood für x.

Der Übergang von F(x) zu G(x) erfolgt mit Bezug auf die Ausgangssituation und unter expliziter Verwendung der im Anschluß an die Ausgangssituation gemachten empirischen Erfahrung. G(x) spiegelt also die Wahrscheinlichkeitsüberlegungen wider, wie sie im Anschluß an empirische Erfahrungen vorliegen. G(x) ist also das Ergebnis von Abschlußbetrachtungen.

Definition 10.7: G(x) heißt a - posteriori - Verteilung.

Das Lernen aus Erfahrung läßt sich also folgendermaßen beschreiben: Verknüpfe die a - priori - Wahrscheinlichkeitsbewertungen multiplikativ mit der Likelihoodfunktion des eingetretenen Ereignisses und gewinne durch Summation (Integration) über alle möglichen derartigen Summanden und durch Normierung der Summe (des Integrals) auf 1 die a - posteriori - Verteilung.

10.6. Gleiche Erfahrungen führen zu gleichen Wahrscheinlichkeitsbewertungen

Beispiel: Das System von austauschbaren Ereignissen beziehe sich auf die einzelnen Münzwürfe, d.h. es gelte: E_i ist das Ereignis, daß $X_i = 1$ wird. Die a - priori - Verteilung werden nach dem Indifferenzprinzip gebildet, d.h.

$$F(x) = \begin{cases} 0 & x \leq 0 \\ x & 0 \leq x \leq 1 \\ 1 & x \geq 1 \end{cases} .$$

Dann gilt:

$$p(X_{n+1} = 1 | \sum_{i=1}^{n} X_i = n) = \frac{\int_0^1 x^{n+1}\,dx}{\int_0^1 x^n\,dx} = \frac{1/(n+2)}{1/(n+1)} = \frac{n+1}{n+2} .$$

Wird die Person mit einer Serie von lauter Einsen konfrontiert, so bewertet sie mit zunehmender Serienlänge die Wahrscheinlichkeit der 1 immer höher, während sie in der Ausgangssituation das Eintreten von $X_i = 1$ mit 1/2 bewertete.

Beispiel: Es sei die gleiche Ausgangssituation wie im vorigen Beispiel gegeben, lediglich seien in n Versuchen m Einsen erzielt worden. Dann gilt:

$$p(X_{n+1} = 1 \mid \sum_{i=1}^{n} X_i = m) = \frac{\frac{n!}{m!\,(n-m)!} \int_0^1 x^{m+1}(1-x)^{n-m}\,dx}{\frac{n!}{m!\,(n-m)!} \int_0^1 x^{m}(1-x)^{n-m}\,dx}$$

$$= \frac{\frac{(m+1)!\,(n-m)!}{(n+2)!}}{\frac{m!\,(n-m)!}{(n+1)!}} = \frac{m+1}{n+2} .$$

Dieses letzte Ergebnis erzielt man mittels

$$\int_0^1 x^r\,(1-x)^s\,dx = -\frac{1}{s+1}\,x^r\,(1-x)^{s+1}\Big]_0^1 + \frac{r}{s+1}\int_0^1 x^{r-1}\,(1-x)^{s+1}\,dx$$

$$= \ldots\ldots\ldots$$

$$= \frac{r!\,s!}{(s+r)!}\int_0^1 (1-x)^{r+s}\,dx = \frac{r!\,s!}{(r+s+1)!}$$

Das letzte Beispiel ist von großem Interesse im Hinblick auf die objektivistische Wahrscheinlichkeitsinterpretation, die sich stützt auf Folgen stochastisch unabhängiger gleichverteilter Zufallsvariabler $\{X_i\}_{i\in\mathbb{N}}$. Sind die X_i $B(\alpha, 1)$ - verteilt, so gilt gemäß der Tschebyscheff - Ungleichung

$$p(|1/n \sum_{t=1}^{n} X_t - \alpha| \geq k\,(\alpha(1-\alpha))/n)^{1/2}\,) \leq 1/k^2.$$

Also gilt für beliebig kleines $\delta > 0$:

$$p(|1/n \sum_{t=1}^{n} X_t - \alpha| > \delta) \xrightarrow[n \to \infty]{} 0 .$$

Dies sieht man, indem man für $\delta > 0$ schreibt:

$$\delta = k_n\,(\alpha(1-\alpha)/n)^{1/2}$$

also

$$\lim_{n\to\infty} k_n = \lim_{n\to\infty} \delta/(\alpha(1-\alpha)/n)^{1/2} = \infty.$$

Damit weicht der Objektivist, der den Mittelwert als Annäherung für α ansieht, von der Wahrscheinlichkeitsbewertung des Subjektivisten im Regelfall mit zunehmendem Stichprobenumfang immer weniger ab, d.h. der Subjektivist, der sich zunächst auf das Indifferenzprinzip gestützt hatte, gelangt normalerweise auf lange Sicht zur gleichen Einschätzung für die Wahrscheinlichkeit des Eintretens von E_i wie der Objektivist. Diese Aussage ist nicht daran gebunden, daß der Subjektivist sich auf das Indifferenzprinzip stützt bei der Wahl der a - priori - Verteilung, es gilt vielmehr der

Satz 10.4: Sei die a - priori - Verteilung der Person gegeben durch

$$F(x) = \begin{cases} 0 & x \leq 0 \\ \int_0^x f(z)\, dz & 0 \leq x \leq 1 \\ 1 & x \geq 1 \end{cases}$$

und es gelte $f(x) > 0$, $0 < x < 1$. Es sei $\{X_i\}$ eine Folge von Zufallsvariablen, deren Trägermenge $\{0, 1\}$ ist. Das System $\Gamma = \{E_i\}_{i \in \mathbb{N}}$, bei dem E_i das Ereignis ist, daß X_i den Wert 1 annimmt, werde von der Person als austauschbar angesehen. Es werde eine Folge von Experimenten durchgeführt, deren Ausgang die Bedingung

$$\lim_{n \to \infty} 1/n \sum_{i=1}^{n} X_i - \alpha = 0.$$

erfüllt. Dann gilt für die Wahrscheinlichkeitsbewertung der Person

$$p(\, X_n = 1 |\, \sum_{t=1}^{n-1} X_t) \xrightarrow[n \to \infty]{} \alpha \, .$$

Beweis: Sei $m(n)$ die Anzahl der Erfolge in n aufeinanderfolgenden Versuchen. Nach Voraussetzung gilt

$$\lim_{n \to \infty} m(n)/n = \alpha, \text{ also } \lim_{n \to \infty} (m(n)+1)/(n+2) = \alpha.$$

Es gilt

$$p(X_{n+1} = 1 |\, \sum_{t=1}^{n} X_t = m(n)\,) = \int_0^1 x\, g(x)\, dx$$

mit

$$g(x) = \frac{x^{m(n)}\, (1 - x)^{n-m(n)}\, f(x)}{\int_0^1 z^{m(n)}\, (1 - z)^{n-m(n)}\, f(z)\, dz} \, .$$

Sei $|z - \alpha| > \epsilon$. Dann gilt

$$|z - m(n)/n| \geq \epsilon/2 \text{ für n hinreichend groß.}$$

Sei

$$f_n(x) = x^{m(n)} (1 - x)^{n-m(n)}.$$

Wegen

$$\frac{f_n(z)}{f_n(m(n)/n)} = \frac{z^{m(n)} (1 - z)^{n-m(n)}}{(m(n)/n)^{m(n)} (1 - m(n)/n)^{n-m(n)}} = \left\{\left[\frac{z}{m(n)/n}\right]^{m(n)/n} \left[\frac{1 - z}{1 - m(n)/n}\right]^{1-m(n)/n}\right\}^n$$

und

$$\frac{d}{dz}\left[\frac{z}{x}\right]^x \left[\frac{1 - z}{1 - x}\right]^{1-x} = \left[\frac{z}{x}\right]^{x-1} \left[\frac{1 - z}{1 - x}\right]^{-x} \left[-\frac{z}{x} + \frac{1 - z}{1 - x}\right]$$

$$= \left[\frac{z}{x}\right]^{x-1} \left[\frac{1 - z}{1 - x}\right]^{-x} \frac{x - z}{x\,(1 - x)} \begin{cases} > 0 & \text{für } 0 \leq z < x < 1 \\ = 0 & \text{für } x = z \\ < 0 & \text{für } 0 < x < z \leq 1 \end{cases}$$

gilt

$$0 \leq (z/x)^x ((1 - z)/(1 - x))^{1-x} \leq (x/x)^x ((1 - x)/(1 - x))^{1-x} = 1.$$

Damit gilt für $z \neq \alpha$:

$$\lim_{n\to\infty} f_n(z)/f_n(m(n)/n) = 0 .$$

Wegen

$$\lim_{n\to\infty} m(n)/n = \alpha$$

folgt, daß gilt

$$\lim_{n\to\infty} \frac{\int_0^1 f(x)\, f_n(x)\, x\, dx}{\int_0^1 f(x)\, f_n(x)\, dx} = \lim_{\substack{\epsilon\to 0\\ \epsilon>0}} \lim_{n\to\infty} \frac{\int_{\alpha-\epsilon}^{\alpha+\epsilon} f(x)\, f_n(x)\, x\, dx}{\int_{a-\epsilon}^{\alpha+\epsilon} f(x)\, f_n(x)\, dx} =$$

$$= \lim_{\substack{\epsilon\to 0\\ \epsilon>0}} \lim_{n\to\infty} \frac{2\epsilon\, f(\alpha)\, f_n(\alpha)\, \alpha}{2\epsilon\, f(\alpha)\, f_n(\alpha)} = \alpha$$

Damit ist Satz 10.4 bewiesen. Inhaltlich besagt Satz 10.4, daß bei hinreichend langer gemeinsamer Erfahrung verschiedene a - priori - Vorurteile über das Eintreten von $X_i = 1$ auf das a - posteriori - Urteil nur unwesentlichen Einfluß hat, solange beide a - priori - Vorurteile wenigstens die gleichen Alternativen für möglich erachten. Daß gleiche Alternativen für möglich erachtet werden, sichert mathematisch die Voraussetzung $f(\alpha) > 0$, $0 < \alpha < 1$.

In Situationen, in denen ein Objektivist Aussagen über $p(X_i = 1)$ wegen hinreichend langer Beobachtungen mit Bezug auf die Gesetzt der großen Zahlen macht, kommt er also zu gleichen Aussagen wie die Subjektivisten. Die Subjektivisten nahmen dies zum Anlaß, den Objektivismus nicht nur als nicht überzeugend, sondern darüber hinaus als überflüssig zu betrachten.

10.7.Das Wissenschaftsprogramm der Subjektivisten

Das Wissenschaftsprogramm der Subjektivisten läßt sich im Anschluß an die vorliegenden Ausführungen wie folgt beschreiben:

- Bestimme durch kohärente Wettsysteme die Wahrscheinlichkeitsbewertungen von Personen.
- Weite die Möglichkeiten, in denen das Lernen aus Erfahrungen in der oben beispielhaft beschriebenen Form durchführbar ist, auf weitere Anwendungsfälle aus. Dazu ist allgemeiner darzustellen, unter welchen Bedingungen die a - priori - Wahrscheinlichkeitsverteilung als Mischung welcher Wahrscheinlichkeitsverteilungen darstellbar ist.
- Approximiere die a - priori - Wahrscheinlichkeitsverteilung der Person so, daß die integralmäßige Verknüpfung von a - priori - Verteilung und Likelihoodfunktion (in Abhängigkeit von der zugrundeliegenden Likelihoodfunktion) analytisch durchführbar bleibt und dennoch die Wahrscheinlichkeitsbewertungen der Person und damit das Lernen aus Erfahrung so genau wie möglich abgebildet werden kann. Dies führt zum Konzept der konjugierten Verteilungen.
- Fasse die Situation, in der eine Person auf ihre Wahrscheinlichkeitsbewertungen zurückgreifen muß, als Entscheidungssituation auf und gebe Entscheidungsregeln an, die den Erwartungswert des Nutzens der Person maximiert. Dabei ist der erwartete Nutzen einer Aktion gegeben durch das Integral über den Nutzen, der nach Eintritt der jeweiligen Alternative entsteht, multipliziert mit der Dichte ihres Eintretens. Hierbei ist sowohl die Nutzenvorstellung als auch die eingehende Wahrscheinlichkeitsbewertung Charakteristikum der entscheidenden Person. Die verschiedenen Nutzenzenvorstellungen verschiedener Personen lassen sich durch unterschiedliche Nutzenfunktionen ausdrücken, mit Hilfe derer etwa Risikoscheu oder Risikofreude zum Ausdruck gelangt.

Um in etwa die Bedeutung des Subjektivismus für die ökonomische Theorie vorzustellen, sei darauf hingewiesen, daß die klassische Mikroökonomie ökonomisches Verhalten als optimierendes Verhalten bei vollständiger Information versteht.

Offenbar ist die Unterstellung vollständiger Information eine extreme Unterstellung, die aufgehoben werden muß. Mit ihrer Aufhebung steht man vor dem Problem unvollständiger Information und damit der Unsicherheit. Man kann sich auf den Standpunkt stellen, daß die Berücksichtigung von Unsicherheit dazu führt, daß man ökonomisches Verhalten nicht mehr als optimierendes Verhalten verstehen kann, da die Informationen dafür zu schwach sind. In diesem Fall bedarf es eines neuen Ökonomieverständnisses. Man hat aber auch versucht, Unsicherheiten durch Wahrscheinlichkeiten auszudrücken. Man hat sich dazu der subjektiven Wahrscheinlichkeitsauffassung bedient. Wo sind nun Ansatzpunkte, anhand derer man die Bedeutung der unterschiedlichen Sichtweise über die Modellierung von Unsicherheit für ökonomische Grundauffassungen erkennen kann? Ein solcher Anhaltspunkt ist die Frage, wie stabil die private Wirtschaft ist. Ökonomen, die sich zur Modellierung der Unsicherheit der subjektiven Wahrscheinlichkeitsauffassungen bedienen, stützen sich auf Satz 10.4, der zeigt, unter welchen Bedingungen verschiedene Personen bei gleicher Erfahrung trotz unterschiedlicher anfänglicher Auffassungen zu ähnlichen Wahrscheinlichkeitsbewertungen kommen; gegenüber der Situation vollständiger Information halten solche Ökonomen nur geringfügige Änderungen der Theorie für erforderlich. Der private Sektor ist stabil. Dies ist ganz anders bei Ökonomen, die eine grundsätzliche Neuorientierung der ökonomischen Theorie wegen des Problems der Unsicherheit für erforderlich halten. Für sie zeigt sich die Unsicherheit gerade in der Instabilität des privaten Sektors, da rationales Kalkül überdeckt wird von Ängsten und Befürchtungen, die durch die Unsicherheit ausgelöst werden. Die wirtschaftlichen Akteure werden anfällig für Gerüchte, abhängig von Fremdmeinungen, psychologische Momente erlangen eine Bedeutung, die ihnen von der klassischen (neoklassischen) Ökonomie nicht eingeräumt wird. Diese Theoretiker schreiben wegen der Betonung der Instabilität des privaten Sektors dem Staat eine völlig andere Rolle zu als solche Theoretiker, die auf die Stabilität des privaten Sektors vertrauen und sie mit Argumenten der subjektivistischen Wahrscheinlichkeitsauffassung begründen. So herrscht heute eine tiefe Zerstrittenheit in der Ökonomie, ob staatliche Wirtschaftspolitik diskretionär sein soll oder ob der Staat sich auf die Gestaltung von Rahmenbedingungen beschränken soll. Praktisch erlebt man derartige Unterschiede bei den politischen Auseinandersetzungen um staatliche Programme zur Beschäftigungsförderung. In der Ökonomie erlebt man die Kontroverse zwischen fundamentalem Keynesianismus und neoklassischen Auffassungen. Viele Neoklassiker nehmen für sich in Anspruch, im Gegensatz zu fundamentalistischen Auffassung im Keynesianismus noch theoretische Begründungen abgeben zu können, während der fundamentale Keynesianismus eine Bankrotterklärung an ökonomisch theoretisches Denken sei. Umso wichtiger ist es für jeden, der mit neoklassischem Gedankengut konfrontiert wird, informiert zu sein über die äußerst brüchigen Grundlagen der Neoklassik, soweit es sich um die Erfassung von Unsicherheit handelt,und die deshalb trotz aller theoretischen Ansprüche wegen ungeklärter Grundbegriffe dem Einwand ausgesetzt bleibt, das Stadium der Prätheorie nicht überschritten zu haben.

10.8.Gemischte Verteilungen

Vor Präsentation einiger Beispiele ist noch der Begriff austauschbarer (symmetrischer) Folgen von Zufallsvariablen einzuführen und der in allen Auffassungen über den Begriff der Wahrscheinlichkeit zentrale Begriff der Likelihood und der zugehörige Begriff der Likelihood - Funktion näher zu diskutieren.

<u>Definition 10.7:</u> Sei $\{X_t\}_{t\in\mathbb{N}}$ eine Folge von Zufallsvariablen. $\{X_t\}_{t\in\mathbb{N}}$ heißt <u>Bernoulli - Folge</u> von Zufallsvariablen, wenn gilt: Die gemeinsame Verteilungsfunktion $F_{i_1 i_2 \ldots i_n}(z_1,\ldots,z_n)$ von n der $\{X_t\}_{t\in\mathbb{N}}$ läßt sich darstellen als

$$F_{i_1 i_2 \ldots i_n}(z_1,\ldots,z_n) = \prod_{i=1}^{n} F_1(z_i)., \qquad n \in \mathbb{N}.$$

Diese Bedingung besagt insbesondere, daß alle X_i dem gleichen Verteilungsgesetz genügen. Man sagt auch, jeweils n der $\{X_t\}_{t\in\mathbb{N}}$ unterliegen einer <u>Produktverteilung.</u>

Sei $\{X_t\}_{t\in\mathbb{N}}$ eine Folge von Zufallsvariablen. $\{X_t\}_{t\in\mathbb{N}}$ heißt <u>austauschbare Folge von Zufallsvariablen</u>, wenn es eine Folge $\{F_n(z_1,\ldots,z_n)\}_{n\in\mathbb{N}}$ von n - dimensionalen Verteilungsfunktionen gibt derart, daß für je n paarweise verschiedene Zufallsvariable $X_{i_1},\ldots, X_{i_n}$ gilt

$$F_{i_1 i_2 \ldots i_n}(z_1,\ldots,z_n) = F_n(z_1,\ldots,z_n).$$

$F_{i_1 i_2 \ldots i_n}(z_1,\ldots,z_n)$ ist die gemeinsame Verteilungsfunktion der $X_{i_1},\ldots X_{i_n}$.
Man sagt auch, die $\{X_t\}_{t\in\mathbb{N}}$ seien <u>symmetrisch verteilt.</u>

Es sei darauf verzichtet, das komplexe mathematische Instrumentarium zur Verallgemeinerung der bisherigen Ergebnisse einzuführen. Deshalb sei lediglich die Feststellung getroffen, daß die Verteilungsfunktion $F_n(z_1,\ldots,z_n)$ von jeweils n der austauschbaren Zufallsvariablen sich darstellen läßt als gewichtete Summe (Integral) von Verteilungsfunktionen von n Zufallsvariablen einer Bernoulli - Folge $\{X_t\}_{t\in\mathbb{N}}$ von Zufallsvariablen.

Das Konzept der Likelihood läßt sich ausdehnen auf eine bereits beobachtete Folge von Realisationen $\{x_t\}_{1\leq t\leq n}$ der Zufallsvariablen $\{X_t\}_{1\leq t\leq n}$ in der Weise, daß jeder möglicher Produktverteilung P über $\mathcal{B}^n$ als Plausibilitätsmaß L die zu $(x_1,\ldots\ldots,x_n)$ gehörige Wahrscheinlichkeit oder Dichte zugeordnet wird, die man für $(x_1,\ldots\ldots,x_n)$ bestimmen kann, wenn man voraussetzt, daß P das zugrundeliegende Verteilungsgesetz ist.

Die Likelihood - Funktion $L(P|x_1,\ldots\ldots,x_n)$ ordnet bei gegeben $(x_1,\ldots\ldots,x_n)$ jeder möglichen Produktverteilung P ihre Likelihood zu. Augenscheinlich ist die Likelihood - Funktion bei aller Einsichtigkeit für die Wahl der Likelihood $L(P|x_1,\ldots\ldots,x_n)$ als Plausibilitätsmaß für P nur dann sinnvoll, wenn sie explizit angebbar ist. Nun ist die Vielfalt möglicher Produktmaße so groß, daß mit der Möglichkeit, die Likelihood - Funktion tatsächlich anzugeben, nur dann gerechnet werden darf, wenn man sich auf solche Produktmaße beschränkt, deren Verteilungsfunktionen einer bestimmten parametrischen Klasse von Verteilungen angehören, wobei die einzelne Verteilung festgelegt ist, wenn die zugehörigen Parameter festgelegt sind.

Aufgabe 10.1: Es gelte $0 < a, b, c < 1$. Zeigen Sie: Die Spalten der Matrix

$$A = \begin{bmatrix} (1-a) & (1-b) & (1-c) \\ -a & -b & (1-c) \\ 0 & -b & -c \end{bmatrix}$$

sind genau dann linear abhängig, wenn $a = b/c$ gilt.

Aufgabe 10.2: Sei A wie in Aufgabe 10.1 gegeben. Zeige, daß im Falle $a = b/c$ das Gleichungssystem

$$Ax = d$$

keine Lösung besitzt, wenn d nur negative Komponenten besitzt.

Anleitung: Nehme an, daß es ein d mit lauter negativen Komponenten gibt, für das obiges Gleichungssystem lösbar ist. Führe dies zum Widerspruch, indem gezeigt wird, daß im Falle $a = b/c$ gilt:

1. $b - c < 0$ $(0 < a < 1$ nach Voraussetzung)
2. $x_1 + x_2 > 0$ und $x_1 - x_2 < 0$.

Eliminiere dazu x_3 aus dem Gleichungssystem und nutze aus, daß

$$(1-c)d_3 + cd_2 < 0$$

$$(1-c)d_3 + cd_1 < 0$$

gilt, falls $d_1, d_2, d_3 < 0$ gilt.

Bemerkung: Aufgabe 10.1 und 10.2 liefern den Beweis für Satz 10.2.

Aufgabe 10.3: Überprüfe, daß die a - posteriori - Wahrscheinlichkeit eines Ereignisses x_{n+1} aufgrund eines empirischen Befundes $(x_1,\ldots\ldots,x_n)$ sich interpretieren läßt als bedingte a - priori - Verteilung von $X_{n+1} = x_{n+1}$ unter der Bedingung $(X_1 = x_1 \wedge \ldots\ldots \wedge X_n = x_n)$.

Aufgabe 10.4: Mit Hinweis auf Aufgabe 10.3 prüfen Sie, ob die subjektivistische Konzeption des "Lernens aus Erfahrung" mit dem übereinstimmt, was man im Alltag als "Lernen aus Erfahrung" verstehen könnte.

Aufgabe 10.5: Beweisen Sie Satz 10.1.

Anleitung: Geben Sie für den Fall, daß eine der Aussagen aus Satz 10.1 nicht zutrifft, ein zugehöriges Wettsystem an, das zum sicheren Verlust führt, und zeigen Sie so, daß ein Verstoß gegen eine der Aussagen einen Verstoß gegen die Konsistenz des Wettsystems nach sich zieht.

Aufgabe 10.6: Sei $\{E_i\}_{i \in \mathbb{N}}$ ein System austauschbarer Ereignisse. Beweisen Sie: Sei $a_n = p(E_{i_1} \cap \ldots\ldots \cap E_{i_n})$ bekannt. Dann steht auch die Wahrscheinlichkeit dafür fest, daß m der n Ereignisse $E_{i_1}, \ldots\ldots, E_{i_n}$ eintreten.

Aufgabe 10.7: Das spezifische Gewicht X eines Stoffes liege zwischen 1 und 2. Berechnen Sie auf der Grundlage des Indifferenzprinzips:

- $p(1 \leq X \leq 3/2)$
- $p(2/3 \leq 1/X \leq 1)$.

Interpretieren Sie 1/X und stellen Sie fest, warum dieses Rechenbeispiel als ernster Einwand gegen die Anwendung des Indifferenzprinzips betrachtet werden kann.

Aufgabe 10.8: Berechnen Sie mit Hilfe der Produktregel unter Verwendung des Induktionsprinzips:

$$\int_0^1 x^r (1 - x)^s \, dx \quad \text{für } r, s \in \mathbb{N}.$$

Wo wurde in Kapitel 10 dieses Integral benutzt?

11. Beispiele für parametrische Klassen

Ziel dieses Kapitels ist die Wiederholung einiger bekannter und die Einführung einiger neuer Verteilungen. Die neuen Verteilungen stehen alle im Zusammenhang mit der Normalverteilung. Es wird der Zusammenhang zwischen der Klasse der Beta - Verteilungen und der Normalverteilung hergestellt und so ein Weg gezeigt, wie man das Normalverteilungsintegral auf Kosinus - Integrale durch geschickte Variablensubstitutionen zurückführen kann. Dieses Kapitel ist eine Übung in Anwendungen der Produktregel und der Kettenregel in der Integralrechnung.

11.1. Binomial - Verteilung und Poisson - Verteilung

$B(\alpha, n)$ - Verteilung mit Parametern $\alpha \in (0, 1)$, $n \in \mathbb{N}$

$$p(j) = \frac{n!}{j!\,(n-j)!}\ \alpha^j (1 - \alpha)^{n-j}, \qquad j \in \mathbb{N}_0 \wedge j \leq n$$

$P(\alpha)$ Verteilung mit Parameter $\alpha \in \mathbb{R}_0^+$ und

$$p(j) = e^{-\alpha}\,\frac{\alpha^j}{j!}, \qquad j \in \mathbb{N}_0$$

11.2. Rechteckverteilung

- $R(a, b)$ - Verteilung mit Parametern a, b, $a < b$ und $a, b \in \mathbb{R}$ und

$$F(x) = \begin{cases} 0 & x \leq a \\ \displaystyle\int_a^x \frac{1}{b - a}\, dz & a \leq x \leq b \\ 1 & x \geq b \end{cases} = \begin{cases} 0 & x \leq a \\ \dfrac{x-a}{b-a} & a \leq x \leq b \\ 1 & x \geq b \end{cases}$$

11.3. Negative Binomialverteilung

$NB(\alpha, r)$ - Verteilung mit Parametern α, r, $0 < \alpha < 1$, $r \in \mathbb{N}_0$ und

$$p(j) = \frac{(r + j - 1)!}{r!\,(j - 1)!}\ \alpha^r\ (1 - \alpha)^j \qquad j \in \mathbb{N}_0$$

11.4. n - dimensionale Normalverteilung

$N(\mu, \Omega)$ - Verteilung mit Erwartungsvektor $\mu \in \mathbb{R}^n$ und positiv definiter Varianz - Kovarianz - Matrix Ω, von der $n(n+1)/2$ Parameter wählbar sind unter Wahrung der Prämisse der positiven Definitheit. Das zugehörige Verteilungsgesetz besitzt die folgende Dichte

$$f(x) = \frac{1}{(2\pi)^{n/2} (\det \Omega)^{1/2}} \exp\{-1/2 (x - \mu)^t \Omega^{-1} (x - \mu)\}$$

11.5. Eindimensionale Normalverteilung

Die Dichte der $N(\mu, \sigma^2)$ - Verteilung ist gegeben durch

$$f(x) = (2\pi\sigma^2)^{-1/2} \exp(- 1/2 (x - \mu)^2/\sigma^2), \quad - \infty < x < \infty.$$

Dabei nimmt μ Werte aus $\mathbb{R}$ und σ^2 Werte aus $\mathbb{R}^+$ an.

11.6. Beta(r, s) - Verteilung

Die $\beta(r, s)$ - Verteilung besitzt die Dichtefunktion

$$f_{r,s}(x) = \begin{cases} c(r, s)\, x^{r-1} (1 - x)^{s-1} & 0 \leq x \leq 1 \\ 0 & \text{sonst} \end{cases}.$$

Dabei ist $r \geq 1/2$, $s \geq 1/2$ vorauszusetzen.

Sonderfälle:

1. $m, n \in \mathbb{N}$. Dann ist bereits bekannt, daß gilt

$$\int_0^1 x^m (1 - x)^n \, dx = \frac{m!\, n!}{(m+n+1)!}$$

Also gilt

$$c(m, n) = \frac{(m+n+1)!}{m!\, n!}.$$

2. $r = -1/2$, $s = -1/2$.

In diesem Fall gilt

$$\int_0^1 x^{-1/2} (1-x)^{-1/2}\, dx = 2 \int_0^{\pi/2} \frac{1}{\cos(u)\sin(u)} \sin(u)\cos(u)\, du = 2 \int_0^{\pi/2} 1\, du = \pi.$$

Beweis: Führe die Variablensubstitution $x = \sin^2(u)$ ein, nutze aus, daß $\sin(u)$ monoton in u ist im Intervall $[0, \pi/2]$, erziele

$$dx/du = 2\cos(u)\sin(u), \text{ also } dx = 2\cos(u)\sin(u)\, du$$

und ändere die Variablengrenzen $1 = \sin^2(\pi/2)$, $0 = \sin^2(0)$.

3. $r = -1/2$, $s = n/2$. Dann gilt

$$\int_0^1 x^{-1/2} (1-x)^{n/2}\, dx = 2 \int_0^{\pi/2} \cos^{n+1}(u)\, du.$$

Dies erzielt man wieder unter Verwendung von $x = \sin^2(u)$. Berechne nun gemäß der Produktregel der Integration

$$\int_0^{\pi/2} \cos^{n+1}(u)\, du = \int_0^{\pi/2} \cos^n(u)\cos(u)\, du = -\cos^n(u)\sin(u)\Big]_0^{\pi/2} +$$

$$+ n \int_0^{\pi/2} \cos^{n-1}(u)\sin^2(u)\, du = n \int_0^{\pi/2} \cos^{n-1}(u)\,(1-\cos^2(u))\, du$$

also

$$n \int_0^{\pi/2} \cos^{n-1}(u)\, du = (n+1) \int_0^{\pi/2} \cos^{n+1}(u)\, du$$

und schließlich

$$\int_0^{\pi/2} \cos^{n+1}(u)\, du = \frac{n}{n+1} \int_0^{\pi/2} \cos^{n-1}(u)\, du.$$

Wiederholte Anwendung dieses Schlusses führt zu

$$\int_0^{\pi/2} \cos^{n+1}(u)\, du = \begin{cases} \prod_{j=1}^{n/2} \frac{2j}{2j+1} & n+1 \text{ ungerade} \\ \pi/2 \prod_{j=1}^{(n+1)/2} \frac{2j-1}{2j} & n+1 \text{ gerade} \end{cases}.$$

Dies liefert schließlich

$$\int_0^1 x^{-1/2} (1-x)^{n/2}\, dx = \begin{cases} 2 \prod_{j=1}^{n/2} \dfrac{2j}{2j+1} & n+1 \text{ ungerade} \\ \pi \prod_{j=1}^{(n+1)/2} \dfrac{2j-1}{2j} & n+1 \text{ gerade} \end{cases}$$

Definiert man nun

$$\Gamma(n/2+1) = \begin{cases} \pi^{1/2} & n = -1 \\ (n/2)! & n \text{ gerade} \\ \pi^{1/2} \dfrac{1}{2} \dfrac{3}{2} \cdots\cdots\cdots \dfrac{n}{2} & n \text{ ungerade} \end{cases}$$

so erhält man schließlich

$$\int_0^1 x^{-1/2} (1-x)^{n/2}\, dx = \frac{\Gamma(1/2)\, \Gamma(n/2+1)}{\Gamma((n+1)/2+1)}$$

4. $r = m/2 + 1$, $s = n/2 + 1$, m ungerade. Dann gilt nach Produktregel

$$\int_0^1 x^{m/2} (1-x)^{n/2}\, dx = - \frac{2}{n+2} x^{m/2} (1-x)^{(n+2)/2} \Big]_0^1 +$$

$$\frac{m}{n+2} \int_0^1 x^{(m-2)/2} (1-x)^{(n+2)/2}\, dx = \frac{m}{n+2} \int_0^1 x^{(m-2)/2} (1-x)^{(n+2)/2}.$$

Man führt dies so lange fort, bis man schließlich erhält

$$\int_0^1 x^{m/2} (1-x)^{n/2} = \frac{\frac{m}{2}\frac{m-2}{2} \cdots\cdots \frac{1}{2}}{\frac{n+2}{2}\frac{n+4}{2} \cdots\cdots \frac{n+m+1}{2}} \int_0^1 x^{-1/2} (1-x)^{(n+m+1)/2}\, dx$$

$$= \frac{\Gamma((m+2)/2)}{\Gamma(1/2)} \frac{\Gamma((n+2)/2)}{\Gamma((n+m+3)/2)} \frac{\Gamma(1/2)\, \Gamma((n+m+3)/2)}{\Gamma((n+m+4)/2)} = \frac{\Gamma((m+2)/2)\, \Gamma((n+2)/2)}{\Gamma((n+m+4)/2)} .$$

Dies schreibt man üblicherweise in der Form

$$\int_0^1 x^{m/2-1} (1-x)^{n/2-1}\, dx = \frac{\Gamma(m/2)\, \Gamma(n/2)}{\Gamma((m+n)/2)} .$$

Insgesamt erhält man für $m, n \in \mathbb{N}$: Die Dichte der $\beta(m/2, n/2)$ - verteilten Zufallsvariablen ist gegeben durch

$$f(x) = \begin{cases} 0 & x \notin (0,\ 1) \\ \dfrac{\Gamma((m+n)/2)}{\Gamma(n/2)\ \Gamma(m/2)}\ x^{(m-2)/2}\ (1-x)^{(n-2)/2} & x \in (0,\ 1) \end{cases} .$$

Exkurs: Der Zusammenhang zwischen Beta - Verteilung und Normalverteilung

In diesem Abschnitt soll angedeutet werden, wie man durch Grenzbetrachtungen die Normalverteilung aus der Beta - Verteilung gewinnen kann. Betrachte dazu unter 3.

$$\int_0^{\pi/2} \cos^{2n}(x)\ dx = \frac{\pi}{2}\ \frac{1}{2}\ \frac{3}{4} \cdots\frac{2n-1}{2n} \quad \text{und} \quad \int_0^{\pi/2} \cos^{2n+1}(x)\ dx = \frac{2}{3}\ \frac{4}{5} \cdots\cdots\frac{2n}{2n+1} .$$

Wegen

$$\cos^{2n}(x) \geq \cos^{2n+1}(x) \geq \cos^{2n+2}(x) \text{ für } x \in [0,\ \pi/2]$$

und

$$\int_0^{\pi/2} \cos^{2n}(x)\ dx = \frac{n+2}{n} \int_0^{\pi/2} \cos^{2n+2}(x)\ dx,$$

also

$$\lim_{n\to\infty} \frac{\int_0^{\pi/2} \cos^{n}(x)\ dx}{\int_0^{\pi/2} \cos^{n+1}(x)\ dx} = 1$$

erhält man:

$$\pi/2 = \frac{\frac{2}{3}\ \frac{4}{5} \cdots\cdots \frac{2n}{2n+1}}{\frac{1}{2}\ \frac{3}{4} \cdots\cdots \frac{2n-1}{2n}}\ \frac{\int_0^{\pi/2} \cos^{2n}(x)\ dx}{\int_0^{\pi/2} \cos^{2n+1}(x)\ dx} = \lim_{n\to\infty} \frac{\frac{2}{3}\ \frac{4}{5} \cdots\cdots \frac{2n}{2n+1}}{\frac{1}{2}\ \frac{3}{4} \cdots\cdots \frac{2n-1}{2n}}$$

$$= \lim_{n\to\infty} \frac{2^2\ 4^2 \cdots\cdots\cdots (2n)^2}{1\ 3^2\ 5^2 \cdots\cdots\cdots (2n-1)^2\ (2n+1)} .$$

Damit gilt die berühmte Wallis'sche Formel

$$(\pi/2)^{1/2} = \lim_{n\to\infty} (2n+1)^{-1/2} \frac{2}{1} \frac{4}{3} \cdots\cdots \frac{2n}{2n-1} = \lim_{n\to\infty} 2^{2n} \frac{(n!)^2}{(2n!)} (2n)^{-1/2}$$

$$= \lim_{n\to\infty} 2^{2n} \frac{(n!)^2 (2n)^{1/2}}{(2n)!\ 2n} = \lim_{n\to\infty} 2^{2n} \frac{(n!)^2 (2n)^{1/2}}{(2n+1)!} .$$

Hierbei wurde verwendet

$$\left(\prod_{j=1}^{n} (2j)\right)^2 = (2^n n!)^2 = 2^{2n} n!^2 \quad \text{sowie} \lim_{n\to\infty} (2n/(2n+1))^{1/2} = 1.$$

Schreibe nun die Wallis'sche Formel um zu

$$(\pi/2)^{1/2} = \lim_{n\to\infty} (2n)^{1/2} \frac{2}{3} \frac{4}{5} \cdots\cdots \frac{2n-2}{2n-1} \frac{2n}{2n+1} = \lim_{n\to\infty} (2n)^{1/2} \int_0^{\pi/2} \cos^{2n+1}(x)\, dx$$

$$= \lim_{n\to\infty} (2n)^{1/2} \int_0^1 (1-u^2)^n\, du \quad \text{mit } u = \sin(x).$$

Ersetze nun $z = u\,(2n)^{1/2}$ und erhalte mit $dz = du\,(2n)^{1/2}$

$$\lim_{n\to\infty} (2n)^{1/2} \int_0^1 (1-u^2)^n\, du = \lim_{n\to\infty} \int_0^{(2n)^{1/2}} (1-z^2/2n)^n\, dz.$$

$$= \lim_{n\to\infty} \left[\int_0^A (1-z^2/2n)^n\, dz + \int_A^{(2n)^{1/2}} (1-z^2/2n)^n\, dz \right] \quad \text{für } A > 0.$$

Man weist nun nach durch genaue Überprüfung der Limiten, daß dieser Limes übereinstimmt mit

$$(\pi/2)^{1/2} = \int_0^\infty \exp(-z^2/2)\, dz.$$

Zusammen erhält man

$$\int_{-\infty}^{\infty} \exp(-z^2/2)\, dz = 2 \int_0^\infty \exp(-z^2/2)\, dz = 2\,(\pi/2)^{1/2} = (2\pi)^{1/2}.$$

Aufgabe 11.1: Bestimme $\int_0^1 x^{(m-2)/2} \, (1 - x)^{(n-2)/2} \, dx$ unter Verwendung der Variablensubstitution $x = \cos^2(u)$.

Aufgabe 11.2: Zeige, daß im Falle der Existenz aller drei Integrale gilt

$$\int_a^b \left(\int_c^d f_1(x) \, f_2(y) \, dy \right) dx = \int_a^b f_1(x) \, dx \int_c^d f_2(y) \, dy.$$

Aufgabe 11.3: Setze $f_1(x) = \exp(-x^2/2)$ und $f_2(y) = \exp(- \; y^2/2)$. Zeige nun, daß gilt

$$\lim_{\substack{a \to -\infty \\ b \to \infty}} \lim_{\substack{c \to -\infty \\ d \to \infty}} \int_a^b \left(\int_c^d \exp(- x^2/2) \exp(- y^2/2) \, dy \right) dx = \lim_{r \to \infty} 2\pi \int_0^r \exp(-r^2/2) \, r \, dr$$

Anleitung: Integriere statt über Rechtecke über Kreisringe der Form

$$(r - \Delta r)^2 \le x^2 + y^2 \le r^2,$$

nutze aus, daß bei hinreichend kleinem Δr die Approximation

$$\exp(- x^2/2) \exp(- y^2/2) = \exp(- (x^2 + y^2)/2) \approx \exp(- r^2/2)$$

benutzt werden kann, und daß die Fläche F des Kreisringes, der durch

$$(r - \Delta r)^2 \le x^2 + y^2 \le r^2$$

gegeben ist, abgeschätzt werden kann durch

$$2\pi \, (r - \Delta r) \, \Delta r \le F \le 2\pi \, r \, \Delta r.$$

Damit ist eine zweite Möglichkeit zur Berechnung von

$$\int_{-\infty}^{\infty} \exp(- x^2/2) \, dx = (2\pi)^{1/2}$$

vorgestellt.

11.7. $\aleph^2(n)$ - Verteilung mit Parameter $n \in \mathbb{N}$:

Die Dichtefunktion einer $\aleph^2(n)$ - verteilten Zufallsvariablen ist gegeben durch

$$f(x) = \begin{cases} 0 & x \le 0 \\ \dfrac{1}{2^{n/2} \, \Gamma(n/2)} \, x^{n/2 - 1} \exp(- x/2) & x > 0 \end{cases}.$$

Sonderfall: n = 1. Es gilt unter Verwendung der Variablensubstitution

$$x = u^2 \text{ wegen } dx/du = 2u = 2\ x^{1/2},$$

also

$$dx = 2\ du\ x^{1/2}:$$

$$\int_0^\infty x^{-1/2} \exp(-\ x/2)\ dx = 2 \int_0^\infty x^{-1/2} \exp(-\ u^2/2)\ x^{1/2}\ du = \int_{-\infty}^\infty \exp(-\ u^2/2)\ du$$

$$= (2\pi)^{1/2} = 2^{1/2}\ \Gamma(1/2).$$

Damit ist die zugrundeliegende $\aleph^2(1)$ - verteilte Zufallsvariable X als Quadrat einer N(0, 1) - verteilten Zufallsvariablen U zu interpretieren. Allgemein gilt folgender

<u>Satz 11.1:</u> Seien X und Y stochastisch unabhängig, X sei $\aleph^2(m)$ - verteilt, Y sei $\aleph^2(n)$ - verteilt. Dann gilt:

Z = X + Y ist $\aleph^2(m+n)$ - verteilt.

<u>Beweis:</u> Nach Definition der Faltung gilt

$$f(z) = \int_{-\infty}^\infty f_1(x)\ f_2(z-x)\ dx$$

wobei f_1 die Dichte von X und f_2 die Dichte von Y ist. Da $f_1(x) > 0$ voraussetzt, daß $x > 0$ gilt und ebenso $f_2(z - x) > 0$ nur gilt für $z - x > 0$, erhält man folgenden Ausdruck für $z > 0$:

$$f(z) = \int_0^z \frac{1}{2^{m/2}\ \Gamma(m/2)}\ x^{(m-2)/2} \exp(-\ x/2)\ *$$

$$* \frac{1}{2^{n/2}\ \Gamma(n/2)}\ (z - x)^{(n-2)/2} \exp(-\ (z-x)/2)\ dx$$

$$= \frac{1}{2^{(m+n)/2}\ \Gamma(m/2)\ \Gamma(n/2)} \exp(-z/2) \int_0^z x^{(m-2)/2}\ (z - x)^{(n-2)/2}\ dx.$$

Setze u = x/z und du/dx = 1/z, also dx = z du und erhalte

$$\int_0^z x^{(m-2)/2}\ (z - x)^{(n-2)/2}\ dx =$$

$$= \int_0^z z^{(m-2)/2}\ (x/z)^{(m-2)/2}\ z^{(n-2)/2}\ (1 - x/z)^{(n-2)/2}\ dx$$

$$= z^{(n+m-2)/2} \int_0^1 u^{(m-2)/2}\ (1 - u)^{(n-2)/2}\ du = z^{(n+m-2)/2}\ \frac{\Gamma((n + m)/2)}{\Gamma(m/2)\ \Gamma(m/2)}\ .$$

Setzt man dies in den obigen Ausdruck ein, so erhält man unmittelbar

$$f(z) = \begin{cases} 0 & z \leq 0 \\ \dfrac{1}{2^{(n+m)/2} \, \Gamma((n+m)/2)} \; z^{(m+n-2)/2} \, \exp(-z/2) & z > 0. \end{cases}$$

Damit ist der Satz bewiesen. Insbesondere folgt unmittelbar, daß die Summe von n stochastisch unabhängigen Zufallsvariablen X, die $\aleph^2(1)$ - verteilt sind, $\aleph^2(n)$ - verteilt ist. Damit erhält man aber folgende Aussage:

<u>Satz 11.2:</u> Sei $\{X_1, \ldots X_n\}$ Folge von n stochastisch unabhängigen N(0, 1) - verteilten Zufallsvariablen. Dann ist

$$Z = \sum_{i=1}^{n} X_i^2$$

$\aleph^2(n)$ - verteilt.

Dieser Zusammenhang zwischen der $\aleph^2(n)$ - Verteilung und der Normalverteilung begründet die Bedeutung der $\aleph^2(n)$ - Verteilung. Dieser Zusammenhang wird später aufgegriffen im Rahmen der Testtheorie der Objektivisten. Denn Z ist das n - fache des empirischen Stichprobenmomentes zweiter Ordnung. Falls bekannt ist, daß $E \, X_i = 0$ gilt, kann Z/σ^2 als Prüfgröße für Hypothesen über σ^2 Verwendung finden.

11.8. Γ - Verteilung

$\Gamma(n, b)$ - Verteilung, $n \in \mathbb{N}$, $b \in \mathbb{R}_o^+$: Eine $\Gamma(n, b)$ - verteilte Zufallsvariable X besitzt folgende Dichtefunktion:

$$f(x) = \begin{cases} 0 & x \leq 0 \\ \dfrac{b^n}{\Gamma(n)} \; x^{n-1} \, \exp(-bx) \end{cases}$$

Die $\Gamma(m, b)$ - Verteilung kann unter einem Aspekt als Verallgemeinerung, unter einem anderen Aspekt als Spezialisierung der $\aleph^2(m)$ - Verteilung verstanden werden. Die Spezialisierung beruht auf der Beschränkung auf gerade n, in diesem Fall also auf m = 2n, die Verallgemeinerung hingegen darauf, daß anstelle von 1/2 der Faktor b auftritt.

Sei nämlich

$$f(z) = \begin{cases} 0 & z \leq 0 \\ \dfrac{1}{2^{(2n)/2}\,\Gamma(2n/2)}\, z^{(2n-2)/2} \exp(-z/2) & z \geq 0 \end{cases}$$

die Dichte einer $\chi^2(2n)$ - verteilten Zufallsvariablen. Setze

$$x = 2b\ z$$

und erhalte

$$dx/dz = 2b, \text{ also } dx = 2b\ dz$$

und gewinne so

$$\frac{1}{2^n\ \Gamma(n)}\ z^{n-1} \exp(-\ z/2)\ dz = \frac{1}{2^n\ \Gamma(n)}\ (2b\ x)^{n-1} \exp(-\ bx)\ 2b\ dx$$

$$= \frac{b^n}{\Gamma(n)}\ x^{n-1} \exp(-\ bx)\ dx.$$

Damit ist die $\Gamma(n, b)$ - Verteilung zu der $\chi^2(2n)$ - Verteilung in Verbindung gebracht.

11.9. Inverse Γ - Verteilung

Durch Variablentransformation

$$u = 1/x$$

gelangt man mittels $du/dx = -1/x^2$ sowie $dx = -\ du\ x^2 = -\ du\ u^{-2}$ und durch Beachtung, daß die Integrationsgrenzen von 0 bis ∞ übergehen zu ∞ bis 0, die Wiederherstellung der Reihenfolge der Integrationsgrenzen zu 0 bis ∞ das Vorzeichen ändert, aus der Dichte der $\Gamma(n, b)$ - Verteilung die Dichte der <u>Inversen $\Gamma(n, b)$ Verteilung</u> zu

$$f(u) = \begin{cases} 0 & u \leq 0 \\ \dfrac{b^n}{\Gamma(n)}\ u^{-(n+1)} \exp(-\ b/u) & u > 0 \end{cases}$$

11.10. Fisher' s F - Verteilung

Die H(m, n) - Verteilung, m, n $\in \mathbb{N}$: Eine Zufallsvariable Z heißt H(m, n) - verteilt, wenn sie folgende Dichtefunktion f aufweist:

$$f(u) = \begin{cases} 0 & u \leq 0 \\ \dfrac{\Gamma((n+m)/2}{\Gamma(n/2)\ \Gamma(m/2)} \dfrac{u^{(m-2)/2}}{(1+u)^{(n+m)/2}} & u > 0 \end{cases} .$$

Die Bedeutung der H(m, n) - Verteilung beruht auf folgendem

<u>Satz 11.3:</u> Seien X und Y stochastisch unabhängig, X sei $\aleph^2(m)$ - verteilt, Y sei $\aleph^2(n)$ - verteilt. Dann ist U = X/Y H(m, n) - verteilt.

<u>Beweis:</u> Da nach Voraussetzung X und Y stochastisch unabhängig sind, lautet die gemeinsame Dichtefunktion

$$f(x, y) = \frac{1}{2^{m/2}\ \Gamma(m/2)} \frac{1}{2^{n/2}\ \Gamma(n/2)} x^{(m-2)/2} \exp(-x/2)\ y^{(n-2)/2} \exp(-y/2).$$

Betrachte nun folgende Variablensubstitution:

$$u = x/y\ ,\ v = y.$$

Dann gilt:

$$du/dx = 1/y.$$

Also gilt mit y = v:

$$dx\ dy = du\ dv\ v.$$

Unter Verwendung von x = uv und v = y erhält man

$$x^{(m-2)/2} \exp(-\ x/2)\ y^{(n-2)/2} \exp(-\ y/2)\ dx\ dy$$

$$= (uv)^{(m-2)/2} \exp(-uv/2)\ v^{(n-2)/2} \exp(-v/2)\ v\ du\ dv$$

$$= u^{(m-2)/2}\ v^{(n+m-2)/2} \exp(-\ v(u+1)/2)\ du\ dv.$$

Damit erhält man durch Einsetzen dieses Ausdrucks in die Dichtefunktion von X, Y:

$$f(u, v) = \begin{cases} 0 & u \leq 0 \text{ oder } v \leq 0 \\ \dfrac{1}{2^{(n+m)/2}\,\Gamma(m/2)\,\Gamma(m/2)}\, u^{(m-2)/2}\, v^{(n+m-2)/2} \exp(-v(u+1)/2) & \text{sonst.} \end{cases}$$

Erhalte nun die Dichte von u als Randdichte der gemeinsamen Dichte von u und v, indem f(u, v) über v integriert wird. Führe dazu folgende Variablensubstitution durch:

$$z = v(u+1).$$

Dann gilt:

$$dz/dv = u+1, \text{ also } dv = dz/(u+1) \text{ und } v = z/(u+1).$$

Damit gilt

$$\int_0^\infty u^{(m-2)/2}\, v^{(m+n-2)/2} \exp(-(u+1)v/2)\, dv =$$

$$= \int_0^\infty \frac{u^{(m-2)/2}\, z^{(m+n-2)/2}}{(1+u)^{(n+m)/2}} \exp(-\, z/2)\, dz$$

$$= \frac{u^{(m-2)/2}}{(1+u)^{(m+n)/2}} \int_0^\infty z^{(m+n-2)/2} \exp(-\, z/2)\, dz$$

$$= \frac{u^{(m-2)/2}}{(1+u)^{(n+m)/2}}\, \Gamma((n+m)/2)\;\; 2^{(n+m)/2}.$$

Setzt man dies ein in

$$f(u) = \int_0^\infty f(u, v)\, dv ,$$

so erhält man unmittelbar die für f(u) angegebene Formel.

Die Bedeutung der H - Verteilung resultiert daraus, daß sie die Verteilung des Quotienten zweier stochastisch unabhängigen $\aleph^2(m)$ - und $\aleph^2(n)$ - verteilten Zufallsvariablen ist. Diese Zufallsvariablen wurden bereits mit dem Problem der Prüfung von Hypothesen über σ^2 in Verbindung gebracht. Die H - Verteilung kann ihre Anwendung finden insbesondere bei der Überprüfung der Hypothese, ob zwei verschiedene Zufallsprozesse gleiche Varianzen aufweisen.

Doch ist nicht die H - Verteilung tabelliert worden, sondern Fisher's F(m, n) - Verteilung, die mit der H(m, n) - Verteilung in folgender Beziehung steht: War die H zugrundeliegende Zufallsvariable U durch

$$U = X/Y$$

gegeben, so liegt der F(m, n) - Verteilung die Zufallsvariable

$$Z = \frac{X/m}{Y/n}$$

zugrunde. Die F(m, n) - Verteilung ergibt sich aus der H(m, n) - Verteilung durch die Variablensubstitution

$$z = u\ n/m \text{ und } u = z\ m/n$$

und liegt anschaulich deshalb nahe, da später X/m und Y/n als wichtige Schätzgrößen für die Varianz von X bzw. Y eingeführt werden. Eine vergleichbare Begründung kann für den Ausdruck X/Y nicht gegeben werden; seine Verteilung korrespondiert lediglich eineindeutig zur Verteilung des als Quotienten zweier Varianzschätzer interpretierbaren Ausdrucks X/Y * n/m.
Berücksichtigt man, daß gilt

$$dz/du = n/m, \text{ also } du = m/n\ dz,$$

so erhält man unmittelbar die Dichte der F(m, n) - Verteilung als

$$f(z) = \begin{cases} 0 & z \leq 0 \\ \dfrac{\Gamma((n+m)/2)}{\Gamma(m/2)\ \Gamma(n/2)} \dfrac{m}{n} \dfrac{(mz/n)^{(m-2)/2}}{(1 + mz/n)^{(m+n)/2}} & z > 0 \end{cases}$$

$$= \begin{cases} 0 & z \leq 0 \\ \dfrac{\Gamma((m+n)/2)\ m^{m/2}\ n^{n/2}}{\Gamma(m/2)\ \Gamma(n/2)} \dfrac{z^{(m-2)/2}}{(n + mz)^{(n+m)/2}} & z > 0 \end{cases}$$

11.11. Student's t - Verteilung

Von Interesse ist der Sonderfall der F(1, n) - Verteilung, der zu der Dichte

$$f(z) = \begin{cases} 0 & z \leq 0 \\ \dfrac{\Gamma((n+1)/2)\ n^{n/2}}{\Gamma(1/2)\ \Gamma(n/2)} \dfrac{z^{-1/2}}{(n + z)^{(n+1)/2}} & z \geq 0 \end{cases}$$

führt. Schreibe nun

$$z = t^2$$

und erhalte mit

$$dz/dt = 2t \ , \ \text{also } dz = 2t\, dt = 2\, z^{1/2}\, dt.$$

Beachtet man, daß $(-t)^2 = t^2$ ist, t also den Definitionsbereich $(-\infty, \infty)$ besitzt, so führt dies zu folgender Dichtefunktion:

$$f(t) = \frac{\Gamma((n+1)/2)\; n^{n/2}}{\Gamma(1/2)\; \Gamma(n/2)} \; \frac{t^{-1}}{(n + t^2)^{(n+1)/2}} \; t$$

$$= \frac{\Gamma((n+1)/2)}{(n\pi)^{1/2}\; \Gamma(n/2)} \; \frac{1}{(1 + t^2/n)^{(n+1)/2}} \; .$$

Dieser Ausdruck läßt sich interpretieren als der Quotient zweier stochastisch unabhängiger Zufallsvariabler X und Y, bei denen X $N(0, 1)$ - und nY^2 $\aleph^2(n)$ - verteilt ist. Die Verteilung von t wird <u>t(n) - Verteilung</u> genannt. Sie wird ihre Bedeutung gewinnen für den Test von Hypothesen über den Erwartungswert eindimensionaler Zufallsvariabler bei unbekannter Streuung. Dazu ist zu zeigen, daß für eine Folge stochastisch unabhängiger $N(0, 1)$ - verteilter Zufallsvariabler $\{X_i\}_{1 \leq i \leq n+1}$ gilt:

1.
$$\bar{X} = 1/(n+1) \sum_{t=1}^{n+1} X_t$$

ist stochastisch unabhängig von

$$\sum_{t=1}^{n+1} (X_i - \bar{X})^2.$$

2. Für

$$S^2 = 1/(n+1) \sum_{t=1}^{n+1} (X_t - \bar{X})^2$$

gilt: $(n + 1)\, S^2$ ist $\aleph^2(n)$ - verteilt und $E\, S^2 = n\sigma^2$.

Gehe nun über zu

$$t = \frac{\bar{X}\,(n+1)^{1/2}}{(S^2)^{1/2}}\; n^{1/2} = \frac{\bar{X}\,(n+1)^{1/2}}{(S^2/n)^{1/2}}.$$

Offenbar genügt t der t(n) - Verteilung. Man entnimmt der Ableitung der $\aleph^2(n)$ - Verteilung, der $F(m, n)$ - Verteilung und der t(n) - Verteilung unmittelbar, daß sie in engem Zusammenhang zur Normalverteilung stehen. Diese Verteilungen heißen auch Stichprobenfunktionen, da sie ihre Bedeutung daraus beziehen, daß sie als Funktionen empirischer Momente von Stichproben interpretiert werden können. Es gibt noch weitere Stichprobenfunktionen, die Ermittlung ihrer Verteilung ist aber mit größeren Schwierigkeiten verbunden und häufig analytisch nicht gelungen. Die Bestimmung der Verteilungen der bislang vorgestellten Stichprobenfunktionen fand statt unter der Annahme, daß die zugrundeliegenden Stichproben von normalverteilten Zufallsprozessen stammten. Wird diese Unterstellung aufgegeben, so können auch nicht die entsprechenden Verteilungsaussagen aufrechterhalten werden.

11.12. Nicht - zentrale Verteilungen

Ausgangspunkt der folgenden Überlegungen ist die Frage nach der Verteilung von $U = X^2$, falls X $N(\mu, 1)$ - verteilt ist. Dann gilt wegen

$$du/dx = 2x = 2\, u^{1/2}$$

also

$$dx = 1/2\, u^{-1/2}\, du:$$

$$(2\pi)^{-1/2}(\exp(-1/2\, (u^{1/2} - \mu)^2) + \exp(\, -1/2\, (-\, u^{1/2} - \mu)^2))\, dx =$$

$$= (2\pi)^{-1/2}\, 1/2\, (\exp(-1/2(u^{1/2} - \mu)^2) + \exp(-1/2\, (-u^{1/2} - \mu)^2))\, u^{-1/2} du$$

$$= f(u)\, du \qquad \text{für } u \geq 0.$$

Dies resultiert daraus, daß gilt

$$u = x^2 = (-\, x)^2.$$

Führt man die Reihenentwicklung für die Exponentialfunktion durch, so erhält man wegen

$$\exp(-\, 1/2\, (u^{1/2} - \mu)^2) + \exp(-1/2\, (-\, u^{1/2} - \mu)^2)$$

$$= \exp(-1/2\, (u + \mu^2))\, [\exp(u^{1/2}\mu) + \exp(-\, u^{1/2}\mu)]$$

die folgende Darstellung für f(u):

$$f(u) = \begin{cases} 0 & u \leq 0 \\ 1/2\, (2\pi)^{-1/2} \exp(-1/2(u + \mu^2)) \sum_{j=0}^{\infty} [(u^{1/2}\mu)^j/j! + (-u^{1/2}\mu)^j/j!]\, u^{-1/2} & \text{sonst} \end{cases}$$

$$= \begin{cases} 0 & u \leq 0 \\ (2\pi)^{-1/2} \exp(-1/2\ (u + \mu^2)) \sum\limits_{j=0}^{\infty} u^j\ \mu^{2j}/(2j)!\ u^{-1/2} & u \geq 0 \end{cases}$$

$$= \begin{cases} 0 & u \leq 0 \\ \dfrac{1}{\Gamma(1/2)\ 2^{1/2}} \exp(-\mu^2/2) \sum\limits_{j=0}^{\infty} \dfrac{(\mu^2/2)^j\ 2^{2j}}{(2j)!\ 2^j}\ u^{(2j+1)/2 - 1} \exp(-u/2) & u > 0 \end{cases}$$

Wegen

$\Gamma(1/2)\ (2j)! = 2^j\ j!\ \ 2^j\ \Gamma(1/2)\ 1/2\ 3/2 \ldots\ (2j-1)/2 = 2^{2j}\ j!\ \Gamma((2j+1)/2)$,

also

$$\frac{2^{2j}}{\Gamma(1/2)\ (2j)!} = \frac{1}{j!\ \Gamma((2j+1)/2)}$$

erhält man für die Dichte von U durch Einsetzen der letzten Zeile

$$f(u) = \begin{cases} 0 & u \leq 0 \\ \exp(-\mu^2/2) \sum\limits_{j=0}^{\infty} \dfrac{(\mu^2/2)^j}{j!} \dfrac{u^{(2j+1)/2 - 1}}{2^{(2j+1)/2}\ \Gamma((2j+1)/2)} \exp(-u/2) & u > 0 \end{cases}$$

und so erhält man als Dichte von U eine Dichte, die sich darstellen läßt als gewichtete Summe von $\aleph^2(2j+1)$ - verteilten Zufallsvariablen. Die Gewichte g_j für die Dichten der $\aleph^2(2j+1)$ - verteilten Zufallsvariablen sind gegeben durch

$$g_j = \exp(-\mu^2/2)\ \frac{(\mu^2/2)^j}{j!},$$

womit gesichert ist, daß alle Gewichte ≥ 0 und die Summe der Gewichte 1 ist. Für den Sonderfall $\mu = 0$ erhält man $g_0 = 1$ und $g_j = 0$ für $j \in \mathbb{N}$. Dies führt zur $\aleph^2(1)$ - Verteilung. Man beachte das Bildungsgesetz der g_j, die bestimmt sind, wenn μ bestimmt ist.

Wegen der Analogie zur $\aleph^2(1)$ - Verteilung nennt man U $\aleph^2(1, \mu^2/2)$ - verteilt oder nicht zentral $\aleph^2(1)$ - verteilt mit Nicht - Zentralitätsparameter $\mu^2/2$. Man definiert nun analog eine $\aleph^2(n, \mu^2/2)$ - Verteilung durch folgendes Verteilungsgesetz:

$$f(u) = \begin{cases} 0 & u \leq 0 \\ \exp(-\mu^2/2) \sum\limits_{j=0}^{\infty} \dfrac{(\mu^2/2)^j}{j!} \dfrac{u^{(2j+n)/2 - 1}}{2^{(2j+n)/2}\, \Gamma((2j+n)/2)} \exp(-u/2) & u \geq 0 \end{cases}$$

und kann beweisen den folgenden

<u>Satz 11.4:</u> Seien X und Y stochastisch unabhängige Zufallsvariable, X sei $\aleph^2(m, \mu^2/2)$ - verteilt und Y sei $\aleph^2(n, \nu^2/2)$ - verteilt. Dann genügt Z = X + Y einer $\aleph^2(m+n, (\mu^2 + \nu^2)/2)$ - Verteilung.

Analog kann man nicht - zentrale F - Verteilungen und t - Verteilungen definieren. Die nicht - zentrale F - Verteilung wird wieder gewonnen als Quotient zweier Zufallsvariabler X und Y, wobei mX $\aleph^2(m, \mu^2/2)$, nY $\aleph^2(n, \nu^2/2)$ - verteilt seien. Mindestens einer der Werte μ^2 und ν^2 sei $\neq 0$, X und Y seien wieder stochastisch unabhängig. Für den Fall $\nu^2 = 0$ erhält man für

$$Z = \frac{X/m}{Y/n}$$

folgende Dichtefunktion:

$$f(z) = \begin{cases} 0 & u \leq 0 \\ \exp(-\mu^2/2) \sum\limits_{j=0}^{\infty} \dfrac{(\mu^2/2)^j}{j!} \dfrac{\Gamma((m+n+2j)/2)}{\Gamma((m+2j)/2)\, \Gamma(n/2)} \dfrac{m}{n} \dfrac{(mz/n)^{(m+2j-2)/2}}{(1 + mz/n)^{(m+n+2j)/2}} & u \geq 0 \end{cases}$$

Dies ist wieder die Summe von mit

$$\exp(-\mu^2/2) \frac{(\mu^2/2)^j}{j!}$$

gewichtete Summe von F(m+2j, n) - Dichten. Die Fälle $\mu^2 = 0$, $\nu^2 > 0$ bzw. μ^2 und $\nu^2 > 0$ haben analoge Entwicklungen und können nach Verständnis der bisherigen Ausführungen als Übung entwickelt werden.

Es sei daran erinnert, wie die t(n) - Verteilung interpretiert wurde: Sie ergab sich als Verteilung des Quotienten zweier stochastisch unabhängiger Zufallsvariabler X und Y, wobei X N(0, 1) - und nY^2 $\aleph^2(n)$ - verteilt waren. Sei nun X N(μ, 1) - verteilt und nY $\aleph^2(n)$ - verteilt, X und Y seien stochastisch unabhängig. Dann ist die Dichte von $t = X/(Y^{1/2})$ gegeben durch

$$f(t) = \exp(-\mu^2/2) \frac{\Gamma((n+1)/2)}{\Gamma(1/2)\ \Gamma(n/2)\ n^{1/2}} \left[\frac{n}{n + t^2}\right]^{(n+1)/2} *$$

$$* \sum_{j=0}^{\infty} \frac{\Gamma((n+j+1)/2)}{j!\ \Gamma((n+1)/2)} \mu^j \left[\frac{2^{1/2}\ t}{n + t^2}\right]^j .$$

Diese Dichte ist nicht mehr als gewogene Summe zentraler t - Dichten interpretierbar.

11.13. Zusammenfassung

Ziel dieses Kapitels war die Kenntnis wichtiger parametrischer Klassen von Verteilungen, die in den verschiedenen Statistikauffassungen eine wesentliche Rolle spielen. Dabei sollte die Bedeutung der Normalverteilung klar werden, denn F - Verteilung, t - Verteilung und χ^2 - Verteilung beziehen sich auf besondere Stichprobenfunktionen. Ihre Verteilung ist ohne Bezug zur Normalverteilung nicht ableitbar. Der mathematisch weniger interessierte Teilnehmer soll nicht gezwungen werden, sämtliche aufgetretenen Integrale zu kennen. Er soll aber erlebt haben, daß die Verteilungen mit sehr elementaren Hilfsmitteln, die ihm nach der Einführung in Mathematik bekannt sein sollten, zu gewinnen sind.

Übersicht

$$(X_1, \ldots\ldots, X_n,\ X_{n+1}, \ldots\ldots,\ X_{n+m}) \quad N(0,\ I) \text{ - verteilt}$$

Dann gilt

1. $\sum_{i=1}^{n} X_i^2$ $\chi^2(n)$ - verteilt, $\sum_{i=n+1}^{m} X_i^2$ $\chi^2(m)$ - verteilt.

Bei dieser Prüfgröße handelt es sich um die Schätzung des zweiten Momentes auf der Grundlage der Stichprobe $\{X_1, \ldots\ldots, X_n\}$ bis auf den Faktor 1/n. Da der Erwartungswert nach Voraussetzung 0 ist, ist dieser Schätzer gleichzeitig Varianzschätzer, wenn durch n dividiert wird. Man kann die Verteilung von

$$1/n \sum_{i=1}^{n} X_i^2$$

durch Variablensubstitution ableiten.

2. $$\frac{\frac{1}{n}\sum_{i=1}^{n} X_i^2}{\frac{1}{m}\sum_{i=n+1}^{m} X_i^2}$$ ist F(n, m) - verteilt.

Offenbar handelt es sich bei dieser Größe um den Quotienten zweier stochastisch unabhängiger Varianzschätzer. Diese Größe kommt zum Einsatz in der Statistik, wenn untersucht werden soll, ob zwei Stichproben aus Grundgesamtheiten mit gleicher Varianz stammen.

3. Aus der F(1, m) - Verteilung gewinnt man die t(m) - Verteilung. Diese Verteilung dient zum Test von Hypothesen über Erwartungswerte bei unbekannter Varianz bei Stichproben aus normalverteilten Grundgesamtheiten.
4. Sei Z F(m, n) - verteilt. Dann ist Y = Z/(1 + Z) Beta(m, n) - verteilt. Denn es gilt:

   a: $z \in [0, \infty) \rightarrow z/(1+z) \in [0, 1)$.

   b: mit $y = z/(1 + z)$ gilt: $dy/dz = 1/(1 + z)^2$, also $dz = (1 - y)^{-2}\, dy$.

   c: $$\frac{\Gamma((n+m)/2)}{\Gamma(n/2)\,\Gamma(m/2)} \frac{z^{(m-2)/2}}{(1+z)^{(m-2)/2}} \frac{1}{(1+z)^{(n+2)/2}}\, dz =$$

   $$\frac{\Gamma((n+m)/2)}{\Gamma(n/2)\,\Gamma(m/2)}\, y^{(m-2)/2}\, (1-y)^{(n-2)/2}\, dy\, .$$
5. Ist umgekehrt Y Beta(m, n) - verteilt, so ist Z = Y/(1 - Y) F(m, n) - verteilt. Denn es gilt:

   a: $y \in [0, 1) \rightarrow y/(1 - y) \in [0, \infty)$ und $y = z/(1 + z)$, $1 - y = 1/(1 + z)$.

   b: $z = y/(1 - y) \rightarrow dz/dy = (1 - y + y)/(1 - y)^2 = 1/(1 - y)^2$.

   c: $$\frac{\Gamma((m+n)/2)}{\Gamma(m/2)\,\Gamma(n/2)}\, y^{(m-2)/2}\, (1 - y)^{(n-2)/2}\, dy =$$

   $$\frac{\Gamma((m+n)/2)}{\Gamma(m/2)\,\Gamma(n/2)} \frac{z^{(m-2)/2}}{(1+z)^{(m+n)/2}}\, dz.$$

   Dies stellt den engen Zusammenhang zwischen Beta - Verteilung und F - Verteilung her. Die Beta - Verteilung kommt zum Einsatz bei speziellen Problemen des Varianzvergleichs bei normalverteilten Grundgesamtheiten.
6. Die nicht zentralen Verteilungen spielen in der Testtheorie eine wichtige Rolle, weil sie die Verteilung der Gegenhypothese unter bestimmten Umständen sind. In Kapitel 6 wurde anhand eines Beispiels gezeigt, daß unter bestimmten Bedingungen Quotienten von Varianzschätzern Informationen

über mögliche Gleichheiten von Erwartungswerten liefern. Werden Varianzvergleiche mit diesem Ziel durchgeführt, hat man es mit solchen Gegenhypothesen zu tun. Dies ist Gegenstand von Kapitel 15 und Kapitel 17.

7. Im Kapitel 13 wird gezeigt, welche Rolle die einzelnen Verteilungen im Subjektivismus spielen.

8. Zu Graphiken zur $\aleph^2$-, F - und t - Verteilung siehe S. 245f.

Aufgabe 11.4: Sei X $N(0, \sigma^2)$ - verteilt. Zeigen Sie, daß gilt:

1. $E\ X^{2j+1} = 0$.
2. $E\ X^{2j} = \sigma^{2j} \prod_{k=1}^{j} (2j+1-2k)$

Anleitung: Verwenden Sie die Produktregel der Integrationsrechnung und das Induktionsprinzip.

Aufgabe 11.5: Sei X $N(0, \sigma^2)$. Bestimmen Sie $E\ |X|^j$ für $j \in \mathbb{N}$.

Anleitung: Führen Sie $E\ |X|^{2j+1}$ auf die $\aleph^2$ - Verteilung zurück.

Aufgabe 11.6: Bestimmen Sie alle Momente einer $\Gamma(m, b)$ - verteilten Zufallsvariablen.

Aufgabe 11.7: Bestimmen Sie alle Momente einer $B(m/2, n/2)$ - verteilten Zufallsvariablen.

Aufgabe 11.8: Bestimmen Sie alle Momente einer $\aleph^2(n)$ - verteilten Zufallsvariablen.

Aufgabe 11.9: Bestimmen Sie alle Momente einer $F(m, n)$ - verteilten Zufallsvariablen, soweit sie existieren.

Aufgabe 11.10: Bestimmen Sie Erwartungswert und Varianz einer nicht - zentralen $\aleph^2(n)$ - verteilten Zufallsvariablen mit Nicht - Zentralitätsparameter $\mu^2/2$.

Aufgabe 11.11. Sei X $\aleph^2(m)$ - verteilt, Y sei nicht - zentral $\aleph^2(n)$ - verteilt mit Nicht - Zentralitätsparameter $\nu^2/2$. X und Y seien stochastisch unabhängig. Bestimmen Sie die Dichte von $Z_1 = X/Y$ bzw. $Z_2 = n/m\ X/Y$.

Aufgabe 11.12: Sei X nicht - zentral $\aleph^2(m)$ - verteilt mit Nicht - Zentralitätsparameter $\mu^2/2$; Y sei nicht - zentral $\aleph^2(n)$ - verteilt mit Nicht - Zentralitätsparameter $\nu^2/2$. X und Y seien stochastisch unabhängig. Bestimmen Sie die Dichte von $Z_1 = X/Y$ und $Z_2 = n/m\ X/Y$.

Aufgabe 11.13: Bestimmen Sie die Dichte einer zentralen t - verteilten Zufallsvariablen.

Anleitung: Sei nY^2 $\aleph^2(n)$ - verteilt. Bestimmen Sie die Dichte von Y. Dann falten Sie die gemeinsame Dichte einer $N(0, 1)$ - verteilten Zufallsvariablen X und von Y unter der Bedingung, daß X und Y stochastisch unabhängig sind.

Aufgabe 11.14: Bestimmen Sie nun die Dichte einer nicht - zentralen t(n) - Verteilung.

Anleitung: Gehen Sie vor wie in Aufgabe 11.13 und beachten Sie, wie die Dichte einer nicht - zentralen F - Verteilung durch Variablensubstitution gewonnen wurde. Nutzen Sie eine weitere Variablensubstitution, um das Problem auf χ^2 - Verteilungen zurückzuführen. Verwenden Sie weiterhin die Formel

$$\exp(\mu t) = \sum_{j \in \mathbb{N}} \frac{(t\mu)^j}{j!}$$

Aufgabe 11.15: Bestimmen Sie die momenterzeugende Funktion einer $\Gamma(n, b)$ - verteilten Zufallsvariablen. Für welche Werte $t \in \mathbb{R}$ ist die momenterzeugende Funktion definiert?

Aufgabe 11.16: Sei X $\Gamma(n, b)$ - verteilt. Zeigen Sie, daß gilt:

$$E\, e^{itX} = \frac{1}{(1 - itb)^n}.$$

Anleitung: Führen Sie die Variablentransformation $u = x(1 - itb)$ durch und beweisen Sie, daß gilt:

$$\lim_{x \to \infty} \frac{(x(b + it))^n}{\exp(x(b + it))} = 0 \qquad \text{für } x, t \in \mathbb{R},\ b \neq 0,\ n \in \mathbb{N}.$$

Verwenden Sie dazu, daß für $x, b \geq 0$ gilt:

$$\left|\frac{(x(b + it))^n}{\exp(x(b + it))}\right| = \frac{|x(b + it)|^n}{|\exp(x(b + it))|} = \frac{(b^2 + t^2)^{n/2}}{(b^2 x^2)^{n/2}} \; \frac{(bx)^n}{\exp(bx)}$$

Welche Schwierigkeiten treten auf, wenn Sie die charakteristische Funktion durch Potenzreihenentwicklung

$$e^{itx} = \sum_{j \in \mathbb{N}} \frac{(itx)^j}{j!}$$

lösen wollen?

Sei X $\Gamma(m, b)$ - verteilt, Y $\Gamma(n, b)$ - verteilt; X und Y seien stochastisch unabhängig. Zeigen Sie, daß X+Y $\Gamma(m+n, b)$ - verteilt sind.

Aufgabe 11.17: Führen Sie Aufgabe 11.16 durch für $\chi^2(n)$ - verteilte Zufallsvariable.

Aufgabe 11.18: Erklären Sie den Zusammenhang zwischen der Klasse der t - Verteilungen und der Klasse der Cauchy - Verteilungen (vgl. Kapitel 6). Bestimmen Sie die Momente der t(n) - Verteilung, soweit sie existieren.

Welche Momente der t(n) - Verteilung existieren?

Achtung: Momente ungerader Ordnung sind nur dann 0, wenn das Integral

$$\int_0^\infty x^{2j+1} f(x)\, dx$$

existiert bei Dichten, die symmetrisch um 0 sind.

Aufgabe 11.19: Beweisen Sie:

$$\frac{(n - j)\, n!}{j!\, (n-j)!} \int_\alpha^1 x^j (1 - x)^{n-j}\, dx = \sum_{i=0}^{j} \frac{n!}{i!\, (n-i)!} \alpha^i (1 - \alpha)^{n-i}.$$

Anleitung: Lösen Sie das Integral unter Verwendung der Produktregel mit $u(x) = x^j$ und $d/dx\ v(x) = (1 - x)^{n-j}$ unter Verwendung des Induktionsprinzips. Diese Aufgabe liefert den Zusammenhang zwischen den Verteilungsfunktionen der Beta - Verteilung und der Binomialverteilung.

12. Das Konzept suffizienter (erschöpfender) Statistiken

12.1. Einleitung

Ziel dieses Kapitels ist die Einführung von Kennzahlen, die unter besonderen Umständen bereits anstelle der Stichprobe ausreichen, um statistische Schlüsse ohne Verlust der für die Untersuchung der zugrundeliegenden Verteilungsgesetze relevanten Information durchzuführen. Die statistische Analyse wird auf Kapitel 15 verschoben. Es soll aber bereits jetzt festgestellt werden, daß die statistische Analyse äußerst erschwert wird in Situationen, in denen diese Kennzahlen (die suffizienten Statistiken) nicht zur Verfügung stehen.
Das Konzept der Suffizienz zerlegt die Stichprobeninformation in einen relevanten Teil, der sich in wenigen Kennzahlen zusammenfassen läßt, und in die restliche Stichprobeninformation, die als irrelevant angesehen wird. Relevanz und Irrelevanz sind nicht einführbar ohne Verweis auf die zugrundeliegende Fragestellung. Das Konzept der suffizienten Statistiken knüpft an die Frage nach der Likelihood - Funktion an und beurteilt die Stichprobeninformation danach, ob sie für die Bestimmung des Likelihood - Quotienten wesentlich ist oder nicht. Stichprobeninformationen, die in die Bestimmung des Likelihood - Quotienten nicht eingehen, werden entsprechend als irrelevant betrachtet. Das Interesse am Likelihood - Quotienten wird in Kapitel 14 und 15 verständlich, wo die Interpretation des Likelihood - Quotienten als Plausibilitätsmaß für den Vergleich statistischer Hypothesen im Fall seiner Existenz eingeführt wird (Kapitel 14), und wo seine zentrale Rolle für die statistische Testtheorie nach Neyman - Pearson offenbar wird (Neyman - Pearson - Fundamentallemma, Kapitel 15).
Es zeigt sich, daß die Likelihoodfunktion im Falle, daß die der Stichprobe zugrundeliegenden Zufallsvariablen stochastisch unabhängig sind, Produktform aufweist. Die Reihenfolge der Faktoren hängt von der Reihenfolge ab, in der die einzelnen Experimentausgänge stattgefunden haben. Für den Wert eines Produktes reeller Zahlen spielt die Reihenfolge der Faktoren aber keine Rolle. Informationen über Reihenfolgen sind also z.B. Stichprobeninformationen, die für die Bestimmung der Likelihood - Funktion unter der Voraussetzung stochastischer Unabhängigkeit irrelevant sind. Andere Beispiele für Irrelevanz ergeben sich, wenn die Likelihood - Funktion nicht von den genauen Werten der Stichprobe abhängt, sondern nur von Stichprobenfunktionen, also etwa von der Summe der Stichprobenelemente. Sobald verschiedene Serien etwa zur gleichen Summe der Stichprobenelemente führt und die Likelihood - Funktion nur von der Summe der Stichprobenelemente abhängt, stellen deren genaue Werte Stichproben-

informationen dar, die für die Bestimmung der Likelihood - Funktion irrelevant sind. Auf den ersten Blick erscheint es, als ob das Reihenfolgenargument und das Argument der Stichprobenfunktionen nur wenig miteinander zu tun haben. Genauere Nachprüfung zeigt aber, daß beide Argumente in engem Zusammenhang mit der Unterstellung der stochastischen Unabhängigkeit gesehen werden können. Denn als naheliegende Stichprobenfunktionen ergeben sich Produkte oder Summen von Funktionen der Stichprobenelemente etwa als Stichprobenmomente. Denn die Verteilungsfunktion (Dichte) von stochastisch unabhängigen Zufallsvariablen $\{X_i\}_{1 \leq i \leq n}$ läßt sich gewinnen als Produkt der Verteilungsfunktionen (Dichten) der einzelnen X_i, $1 \leq i \leq n$. Dies führt zunächst zu Stichprobenfunktionen, die sich als Produkte von Funktionen der einzelnen Stichprobenelemente gewinnen lassen. Da Multiplikation von Potenzen mit gleicher Basis zur Addition der Exponenten führt, gelangt man etwa für den Fall der Normalverteilung von Produkten zu Summenausdrücken. In Kapitel 15 wird eine komplette parametrische Klasse von Verteilungen eingeführt, bei denen Punktwahrscheinlichkeiten bzw. Dichten für alle Verteilungen der jeweiligen parametrischen Klasse einem einheitlichen Funktionstyp genügen und die jeweilige spezielle Verteilung aus der Klasse von Verteilungen durch Festlegung einzelner Parameter vollzogen wird. Falls der der einzelnen Klasse zugrundeliegende Funktionstyp durch die Exponentialfunktion gegeben ist, spricht man von der Exponentialfamilie. Zu ihr gehört Normalverteilung, Poisson - Verteilung, Binomialverteilung, Γ - Verteilung. Man kann zeigen, daß suffiziente Statistiken, die gewissen Mindestanforderungen genügen, nur dann für eine parametrische Klasse von Verteilungen existieren, wenn diese parametrische Klasse zur Exponentialfamilie gehört. Dies macht die entscheidende Rolle der Exponentialfunktion innerhalb des statistischen Schließens deutlich.

Die statistische Hilfestellung, die sich aus der Existenz suffizienter Statistiken ergibt, besteht neben der Reduktion der Untersuchung auf wenige Kennzahlen in der Fähigkeit zur Unterscheidung zwischen seltenen Ereignissen und weniger plausiblen Hypothesen, solange man sich auf eine Klasse von Hypothesen beschränkt. Dies ist Gegenstand späterer Ausführungen.

12.2. Definition suffizienter Statistiken

Es wurde bereits die Bedeutung von Produkt - Verteilungen für das Lernen aus Erfahrung gesehen, sind doch alle die Verteilungen, die dem Lernen aus Erfahrung zugrundeliegen, entstanden als gewichtete Summen oder Integrale von Produktverteilungen. Viele der im vorigen Abschnitt vorgestellten parametrischen Klassen von Verteilungen erlauben eine besonders einfache Darstellung der Produktverteilung, der folgendes allgemeine Bildungsprinzip zugrundeliegt:

Definition 12.1: Sei $f(x_1,\ldots\ldots,x_n|\lambda)$ die Dichte der Produktverteilung von $\{X_1,\ldots\ldots,X_n\}$, wobei die Verteilung der einzelnen X_i einer parametrischen Klasse von Verteilungen angehört, deren Parametermenge durch $\Psi \subset \mathbb{R}^m$ gegeben sei. Existieren Funktionen $y_i(x_1,\ldots\ldots,x_n)$, $1 \leq i \leq p$, derart, daß gilt

1. $f(x_1,\ldots\ldots,x_n|\lambda) = g(y_1,\ldots\ldots,y_p|\lambda)\ h(\lambda)\ k(x_1,\ldots\ldots,x_n)$
2. $\{(x_1,\ldots\ldots,x_n)|(y_1(x_1\ldots x_n),\ \ldots\ldots,y_p(x_1\ldots x_n)) \in B \in \mathcal{B}^p\} \in \mathcal{B}^n \quad \forall B \in \mathcal{B}^p$
3. $\{(x_1,\ldots\ldots,x_n)|k(x_1,\ldots\ldots,x_n) \in B \in \mathcal{B}^1\} \in \mathcal{B}^n \quad \forall B \in \mathcal{B}^1$

für alle $\lambda \in \Psi$, so heißen die Funktionen $y_i(x_1,\ldots\ldots,x_n)$, $1 \leq i \leq p$, suffiziente (erschöpfende) Statistiken für $\lambda = (\lambda_1,\ldots\ldots,\lambda_m) \in \Psi$.

Im Falle diskreter Verteilungen definiert man suffiziente Statistiken, indem man die Dichten $f(x_1,\ldots,x_n|\lambda)$ durch die Wahrscheinlichkeiten $p(x_1,\ldots,x_n|\lambda)$ ersetzt.

Die Bedingungen 2 und 3 lassen sich verbal wie folgt erläutern: Faßt man die $(y_1,\ldots\ldots,y_p)$ als Realisationen von Zufallsvariablen $(Y_1,\ldots\ldots,Y_p)$ auf, so liegen allen Ereignissen B, derart, daß $(Y_1,\ldots\ldots,Y_p) \in B$ gilt, Ereignisse B' zugrunde derart, daß $(X_1,\ldots\ldots,X_n) \in B'$ gilt. Gleiche Aussage gilt für die eindimensionale Zufallsvariable $k(X_1,\ldots\ldots,X_n)$. Dies bedeutet, daß die in der Produktzerlegung 1. auftretenden Ereignisse derart sind, daß ihnen Ereignisse bezüglich der $(X_1,\ldots\ldots,X_n)$ zugrundeliegen.

Um die Hilfestellung zu verstehen, die dem Statistiker im Falle der Existenz suffizienter Statistiken gegeben wird, mache man sich klar, was obige Definition bedeutet: sie zerlegt die Wahrscheinlichkeit für das gemeinsame Eintreten von $(x_1,\ldots\ldots,x_n)$ in drei Faktoren: der erste Faktor ist allein eine Funktion der $(y_1,\ldots\ldots,y_p)$ und von λ, der zweite Faktor ist allein eine Funktion von λ und der dritte Faktor ist allein eine Funktion der $(x_1,\ldots\ldots,x_n)$. Interpretiert man nun $f(x_1,\ldots\ldots,x_n|\lambda)$ nicht als Dichte, sondern als Likelihoodfunktion, d.h. nimmt man $(x_1,\ldots\ldots,x_n)$ als gegeben an und wählt bei gegebenem $(x_1,\ldots\ldots,x_n)$

$$l(\lambda|x_1,\ldots\ldots,x_n) = f(x_1,\ldots\ldots,x_n|\lambda)$$

als Plausibilitätsmaß für das durch λ bestimmte Verteilungsgesetz aus der parametrischen Klasse von Verteilungen, so zerfällt dieses Plausibilitätsmaß in drei Faktoren, von denen nur ein Faktor gemeinsam von den $y_i(x_1,\ldots\ldots,x_n)$ und von λ abhängt, der dritte Faktor für alle λ gleich ist, also zur Unterscheidung der Plausibilität unterschiedlicher λ nicht beiträgt,und der zweite Faktor allein von λ abhängt, also durch die vorliegende Stichprobe nicht beeinflußt wird. Der Wert des dritten Faktors dient der Unterscheidung, ob es sich um eine Stichprobe handelt, bezüglich derer keine der Hypothesen hohe Plausibilität aufweist, oder ob einzelne Parameterkonstellationen existieren können, die aufgrund der vorliegenden Stichprobe hohe Plausibilität aufweisen können. Der erste Fall trifft zu, falls der Wert des dritten Faktors klein ist und gleichzeitig Stichproben existieren, für die der dritte Faktor einen großen Wert annimmt. Der zweite Fall tritt ein, wenn der dritte Faktor groß ist. Man kann also den dritten Fall als Maß dafür auffassen, ob man es mit einem seltenen Ereignis zu tun hat oder nicht. Existieren für die zugrundeliegende parametrische Klasse von Verteilungsfunktionen suffiziente Statistiken, so kann unterschieden werden, ob es sich um ein besonders seltenes Ereignis handelt oder ob die zur Erklärung herangezogenen Hypothesen schlecht sind, eine Unterscheidung, die für die Möglichkeiten statistischer Analyse fundamental ist.

Hinweise auf die Plausibilität der einzelnen Hypothesen aufgrund empirischer Erfahrung (aufgrund der vorliegenden Stichprobe) beinhaltet allein der erste Faktor, auf den sich folglich der Statistiker allein stützt.

Die große Bedeutung dessen, daß suffiziente Statistiken existieren, resultiert daraus, daß die Anzahl der suffizienten Statistiken sich oft nicht am Stichprobenumfang orientiert. Dann stellen suffiziente Statistiken Kennzahlen dar, die bezüglich der Stichprobe sämtliche Informationen beinhalten, die zur Unterscheidung der Plausibilität der einzelnen Verteilungsgesetze aus der zugrundeliegenden parametrischen Klasse von Verteilungen herangezogen werden können, ohne daß sich mit zunehmendem Stichprobenumfang das Kennzahlensystem vergrößert. Dies begründet die Bezeichnung "suffiziente" oder "erschöpfende" Statistik. Im Hinblick auf die Beurteilung der Likelihood als Plausibilitätsmaß ist die in den Statistiken y_i enthaltene Stichprobeninformation vollständig.

Es gibt in vielen Fällen unterschiedliche Systeme suffizienter Statistiken. Dies ist mit der wirtschaftlichen Situation vergleichbar, wo man für einen Betrieb unterschiedliche Systeme von Kennzahlen entwickeln kann. Anders als Betriebskennzahlen leisten aber verschiedene Systeme suffizienter Statistiken das gleiche, sie genügen dem in Definition 12.1 genannten Kriterium. Aus diesem Grunde liegt für den Statistiker anders als für den Betriebswirt die Frage nach einem möglichst kleinen derartigen System suffizienter Statistiken nahe.

<u>Definition 12.2:</u> Sei K eine parametrische Klasse von Verteilungen mit Parametermenge Ψ. $\{(z_i(x_1,\ldots\ldots,x_n)\}_{1\leq i\leq q}$ heißt <u>minimales System suffizienter Statistiken für K,</u> wenn für jedes System $\{y_i(x_1,\ldots\ldots\ldots\ldots,x_n)\}_{1\leq i\leq p}$ suffizienter Statistiken gilt:

$$z_i(x_1,\ldots\ldots,x_n) = z_i(y_1(x_1,\ldots\ldots,x_n),\ldots\ldots,y_p(x_1,\ldots\ldots\ldots,x_n)).$$

<u>Satz 12.1:</u> Sei $\{z_i(x_1,\ldots\ldots\ldots,x_n)\}_{1\leq i\leq q}$ minimales System suffizienter Statistiken für die parametrische Klasse K von Verteilungen mit Parametermenge Ψ. Dann besitzt jedes weitere System suffizienter Statistiken für K mindestens q Elemente.

Die Aussage dieses Satzes ist die, daß die Vorstellung, die man mit Minimalsuffizienz verbindet, nämlich die Vorstellung von einer minimalen Anzahl von Kennzahlen zur Charakterisierung jeder Stichprobe, der eine Verteilung aus K zugrundeliegt, richtig ist. Der Beweis ist schwierig und wird hier nicht erbracht. Wichtig ist, daß Kennzeichen der Suffizienz nicht ist, daß Streichen einer suffizienten Statistik nicht zu einem System suffizienter Statistiken führt. Selbstverständlich kann man aus einem minimalsuffizienten System keine Statistik streichen, ohne die Suffizienz zu verlieren. Umgekehrt gilt aber nicht, daß Informationsverlust durch Streichen einer Statistik Minimalsuffizienz impliziert. So ist die gesamte Stichprobe etwa suffizient, aber nicht notwendig minimalsuffizient, obwohl Streichen eines Stichprobenelementes Informationsverlust bedeutet.

Zur Veranschaulichung der Bedeutung suffizienter Statistiken sei folgender Zusammenhang zu Randverteilungen, die in Kapitel 8 eingeführt wurden, hergestellt: Randverteilungen wurden motiviert mit dem Hinweis auf Information, die für die Diskussion einer allgemeineren als der aktuellen Frage erhoben wurden. Dadurch kam es zu Unterscheidungen aufgrund von Merkmalen, die für die aktuelle Frage bedeutungslos sind. Zur Randverteilung gelangte man durch Nichtbeachtung solcher Unterschiede; Randverteilungen wurden also durch Summation bzw. Integration gewonnen. In Kapitel 8 wurde das Konzept der Randverteilungen beschränkt auf die Behandlung irrelevanter Merkmale; das Konzept der suffizienten Statistiken ist zunächst allgemeiner, läßt sich aber oft folgendermaßen auf das Konzept der Randverteilungen zurückführen: Gelingt es, eine eineindeutige Transformation der Form

$$(x_1,\ldots\ldots\ldots,x_n) \xrightarrow{f}$$
$$(y_1(x_1\ldots,x_n),\ldots\ldots,y_m(x_1,\ldots\ldots,x_n),\ z_{m+1}(x_1,\ldots x_n),\ldots\ldots,z_n(x_1\ldots x_n))$$

anzugeben, so läßt sich $\{y_1(x_1\ldots x_n),\ldots\ldots\ldots,y_m(x_1\ldots\ldots x_n)\}$ als für die Fragestellung relevanter Teil der Daten, $\{z_{m+1}(x_1 \ldots x_n), \ldots\ldots, z_n(x_1 \ldots x_n)\}$ als irrelevanter Teil der Daten $(y_1, \ldots, y_m, z_{m+1}, \ldots, z_n)$ auffassen. Das Konzept der Randverteilung liefert also das Hilfsmittel zur Berechnung der Verteilung suffizienter Statistiken. Die Frage nach Randverteilungen bzw. nach suffizienten Statistiken ist also in beschriebener Weise als gleichartig anzusehen: Unterscheidung nach für eine bestimmte Frage relevanten und irrelevanten Informationen. Die Verallgemeinerung besteht im Übergang zu Transformationen des Datenmaterials.

12.3. Beispiele

12.3.1. Normalverteilung

Seien $\{X_i\}_{1 \leq i \leq n}$ $N(\mu, \sigma^2)$ - verteilt, und stochastisch unabhängig. Dann lautet die gemeinsame Dichte der $X_1, \ldots\ldots, X_n$:

$$f(x_1, \ldots\ldots\ldots, x_n) = \frac{1}{(2\pi)^{n/2}\sigma^n} \prod_{i=1}^{n} \exp\{- 1/2\sigma^2 \, (x_i - \mu)^2\}$$

$$= \frac{1}{(2\pi)^{n/2}\sigma^n} \exp\{- 1/2\sigma^2 \sum_{j=1}^{n} (x_i - \mu)^2\}$$

$$= \frac{1}{(2\pi)^{n/2}\sigma^n} \exp\{- 1/2\sigma^2 (\sum_{i=1}^{n} x_i^2 - 2\mu \sum_{i=1}^{n} x_i + n\mu^2)\}$$

$$= \frac{1}{(2\pi)^{n/2}\sigma^2} \exp\{- 1/2\sigma^2 \, (\sum_{i=1}^{n} x_i^2 - 2\mu \sum_{i=1}^{n} x_i)\} \exp\{- n\mu^2/2\sigma^2\} \; 1.$$

Offenbar sind

$$\sum_{i=1}^{n} x_i^2 \quad \text{und} \quad \sum_{i=1}^{n} x_i$$

suffiziente Statistiken. Der zweite Faktor in der Zerlegung aus Definition 12.1 kann mit

$$\frac{1}{(2\pi)^{n/2}\sigma^{n/2}} \exp\{- n\mu^2/2\sigma^2\}$$

angegeben werden, der dritte Faktor nimmt den Wert 1 an, und der erste Faktor ist gegeben durch

$$\exp\{- 1/2\sigma^2 \quad (\sum_{i=1}^{n} x_i^2 - 2\mu \sum_{i=1}^{n} x_i)\}.$$

Dieses System ist gleichzeitig minimalsuffizient.

12.3.2. Γ - Verteilung

Sei $\{X_t\}_{1\leq t\leq n}$ Folge stochastisch unabhängiger $\Gamma(p,\,b)$ - verteilter Zufallsvariabler. Dann hat die gemeinsame Verteilung der $\{X_i\}_{1\leq i\leq n}$ folgende Dichtefunktion:

$$f(x_1,\ldots,x_n) = \begin{cases} 0 & (x_1,\ldots,x_n) \notin \mathbb{R}_0^{+^n} \\ \dfrac{b^{np}}{(\Gamma(p))^n} \left(\prod_{i=1}^{n} x_i\right)^{p-1} \exp\left\{-\, b \sum_{i=1}^{n} x_i\right\} & (x_1,\ldots,x_n) \in \mathbb{R}_0^{+^n} \end{cases}$$

Damit lauten die suffizienten Statistiken

$$\prod_{i=1}^{n} x_i \quad \text{und} \quad \sum_{i=1}^{n} x_i$$

und der erste Faktor lautet

$$\left(\prod_{i=1}^{n} x_i\right)^{p-1} \exp\left\{-\, b \sum_{i=1}^{n} x_t\right\}.$$

Der zweite Faktor lautet

$$\frac{b^{np}}{\Gamma(p)^n}.$$

Der dritte Faktor ist wieder 1.

12.3.3. Poisson - Verteilung

Die $\{X_t\}_{1\leq t\leq n}$ seien stochastisch unabhängige $P(\alpha)$ - verteilte Zufallsvariable. Dann lautet die gemeinsame Verteilung

$$p(j_1,\ldots\ldots,j_n) = \exp\{-\, n\alpha\} \prod_{i=1}^{n} \frac{\alpha^{j_i}}{j_i!} = \exp\{-\, n\alpha\}\, \alpha^{\sum_{i=1}^{n} j_i} \frac{1}{j_1!\ldots\ldots j_n!}$$

Damit existiert eine suffiziente Statistik

$$\sum_{i=1}^{n} j_i$$

und die drei Faktoren lauten

$$\alpha^{\sum_{j=1}^{n} j_i}, \quad \exp\{-\, n\alpha\}, \quad \frac{1}{j_1!\; j_2!\;\ldots\ldots j_n!}\,.$$

12.3.4. Binomial - Verteilung

Die $\{X_t\}_{1 \le t \le n}$ seien $B(m, \alpha)$ - verteilte Zufallsvariable, m sei bekannt. Dann besitzen sie die gemeinsame Verteilung

$$p(j_1, \ldots\ldots, j_p) = \prod_{i=1}^{n} \frac{m!}{j_i!\,(m-j_i)!} \; \alpha^{\sum_{i=1}^{n} j_i} (1-\alpha)^{nm - \sum_{i=1}^{n} j_i}$$

$$= \left[\frac{\alpha}{1-\alpha}\right]^{\sum_{i=1}^{n} j_i} (1-\alpha)^{nm} \; \frac{(m!)^n}{\prod_{i=1}^{n} j_i! \prod_{i=1}^{n} (m-j_i)!} .$$

Die suffiziente Statistik lautet

$$\sum_{i=1}^{n} j_i .$$

Die drei Faktoren lauten

$$\left[\frac{\alpha}{1-\alpha}\right]^{\sum_{i=1}^{n} j_i}, \quad (1-\alpha)^{nm}, \quad \frac{(m!)^n}{\prod_{i=1}^{n} j_i! \prod_{i=1}^{n} (m-j_i)!}$$

Aufgabe 12.1: Seien $\{X_i\}_{1 \le i \le T}$ stochastisch unabhängige $B(m/2, n/2)$ - verteilte Zufallsvariable. Zeigen Sie, daß durch

$$\prod_{j=1}^{T} \frac{x_j}{1-x_j} \quad \text{und} \quad \prod_{j=1}^{T} \frac{1}{1-x_j}$$

ein System suffizienter Statistiken gegeben ist.

Aufgabe 12.2: Seien $\{(X_{1t}, X_{2t})\}_{1 \le t \le T}$ stochastisch unabhängige $N(\mu, \Omega)$ - verteilte Zufallsvariable mit

$$\mu = \begin{bmatrix} \mu_1 \\ \mu_2 \end{bmatrix} \quad \text{und} \quad \Omega = \begin{bmatrix} \omega_{11} & \omega_{12} \\ \omega_{21} & \omega_{22} \end{bmatrix} .$$

Zeigen Sie, daß durch

$$\left\{ \sum_{t=1}^{T} x_{1t},\; \sum_{t=1}^{T} x_{2t},\; \sum_{t=1}^{T} x_{1t}^2,\; \sum_{t=1}^{T} x_{2t}^2,\; \sum_{t=1}^{T} x_{1t} x_{2t} \right\}$$

ein System suffizienter Statistiken gegeben ist.

Aufgabe 12.3. Überlegen Sie, welche Verbindungen zwischen dem Konzept der suffizienten Statistiken und dem Konzept der Faltung bestehen.

Aufgabe 12.4: Nicht immer gelingt es, auf der Basis einer invertierbaren Transformation einen Zusammenhang zwischen Suffizienz und Randverteilungen herzustellen. Falls die Transformationen nicht - linear sind, kann es passieren, daß es Stellen $(x_1,\dots\dots,x_n)$ gibt, an denen die Transformation nicht umkehrbar ist. Überlegen Sie, unter welchen Bedingungen die Existenz solcher Punkte für die Gewinnung der Verteilung der suffizienten Statistik als Randverteilung keine Probleme mit sich bringt.

Aufgabe 12.5: Sei $\{X_i\}_{1\leq i\leq n}$ Folge stochastisch unabhängiger $N(\mu, \sigma^2)$ - verteilter Zufallsvariabler. Sei $\{x_1,\dots\dots,x_n\}$ Stichprobe. Dann lautet die gemeinsame Dichte

$$f(x_1,\dots\dots,x_n) = \frac{1}{(2\pi)^{n/2}\,\sigma^n}\exp(-\sum_{i=1}^{n} x_i^2/\sigma^2)$$

$$= \frac{1}{(2\pi)^{n/2}\,\sigma^n}\exp(-(ns^2 + n\bar{x}^2)/\sigma^2).$$

mit $\bar{x} = 1/n \sum_{i=1}^{n} x_i$ und $s^2 = 1/n \sum_{i=1}^{n} (x_i - \bar{x})^2$.

Betrachte folgende Variablentransformation:

$$x_j = z_j + s\bar{x}, \quad 1 \leq j \leq n.$$

Zeige, daß gilt:

1. $\sum_{j=1}^{n} z_j = 0$
2. $\sum_{j=1}^{n} z_j^2 = n$

Benutze diese beiden Informationen, um z_{n-1}, z_{n-2} nach $(z_1,\dots\dots\dots,z_{n-2})$ aufzulösen.

Erhalten Sie mit

$$A = -\sum_{j=1}^{n-2} z_j \quad \text{und} \quad B = (2n - 2\sum_{j=1}^{n-2} z_j^2 - \sum_{i=1}^{n-2}\sum_{j=1}^{n-2} z_i z_j)^{1/2},$$

daß gilt:

$$z_{n-1} = \frac{A - B}{2} \quad \text{und} \quad z_n = \frac{A + B}{2}$$

oder

$$z_{n-1} = \frac{A + B}{2} \quad \text{und} \quad z_n = \frac{A - B}{2}.$$

(Die Mehrdeutigkeit resultiert aus der Nichtlinearität der Transformation).

Zeigen Sie, daß unter der Bedingung

$$s > 0, \quad \sum_{j=1}^{n-2} z_j \neq 0, \quad \sum_{j=1}^{n-2} z_j^2 < n$$

gilt:

$$x_k = \bar{x} + s\, z_k, \qquad 1 \leq k \leq n-2$$

$$x_{n-1} = \bar{x} + s\,\frac{A + B}{2} \quad \text{und} \quad x_n = \bar{x} + s\,\frac{A - B}{2}$$

bzw.

$$x_{n-1} = \bar{x} + s\,\frac{A - B}{2} \quad \text{und} \quad x_n = \bar{x} + s\,\frac{A + B}{2}$$

gilt, die Transformation

$$t(x_1,\ldots\ldots,x_n) = (\bar{x},\ s,\ z_1,\ldots\ldots,z_n)$$

also umkehrbar ist.

Zeigen Sie, daß die obige Bedingung nur mit Wahrscheinlichkeit 0 angenommen wird, daß die Transformation t also fast - sicher umkehrbar ist.

Zeigen Sie, daß die Funktionaldeterminante

$$\det \partial(x_1,\ldots\ldots,x_n)/\partial(\bar{x},s,z_1,\ldots\ldots,z_{n-2})$$

ein Ausdruck der Form

$$s^{n-2}\, k(z_1,\ldots\ldots,z_{n-2})$$

ist. (Wie $k(z_1,\ldots\ldots,z_{n-2})$ genau aussieht, ist ohne Interesse.)

Zeigen Sie nun, daß gilt:

$$f(\bar{x},\ s,\ z_1,\ldots\ldots,z_{n-2}) =$$

$$\frac{n^{1/2}}{\sigma\ (2\pi)^{1/2}}\ \exp(-\ n\bar{x}^2/2\sigma^2)\ \frac{n^{(n-1)/2}\ s^{n-2}\ \exp(-\ ns^2/2\sigma^2)}{2^{(n-3)/2}\ \Gamma((n-1)/2)\ \sigma^{n-1}}\ *$$

$$\frac{\Gamma((n-1)/2}{n^{n/2}\ \pi^{(n-1)/2}}\ k(z_1,\ldots\ldots,z_{n-2}).$$

Dies beweist, daß $\bar{x}$ und s stochastisch unabhängig sind, und daß außerdem gilt: $\bar{x}$ und s sind stochastisch unabhängig von $z_1,\ldots\ldots,z_{n-2}$.

Aufgabe 12.6: Sei $\{X_j\}_{1\leq j\leq n}$ Folge stochastisch unabhängiger Zufallsvariabler aus einer k - parametrischen Klasse von Verteilungen mit Parametermenge $\Gamma \subset \mathbb{R}^k$ und dem System suffizienter Statistiken $\{t_j(X_1,\ldots\ldots,X_n)\}_{1\leq j\leq k}$. Die gemeinsame Dichte $f(x_1,\ldots\ldots,x_n)$ sei stetig und lasse sich in der Form

$$f(x_1,\ldots\ldots,x_n) = h(x_1,\ldots\ldots,x_n)\ k(\lambda)\ g(t_1,\ldots\ldots,t_k|\lambda)$$

darstellen. $g(t_1,\dots\dots,t_k|\lambda)$ sei stetig in $(t_1,\dots\dots,t_k)$, $k(\lambda)$ sei stetig in λ, $h(x_1,\dots\dots\dots,x_n)$ sei stetig in $(x_1,\dots\dots,x_n)$.
Beweisen Sie, daß mit $t = (t_1,\dots\dots,t_k)$ gilt:

$$f_\lambda(x_1,\dots\dots,x_n)|t) = h(x_1,\dots\dots\dots,x_n) \qquad \text{für } \lambda \in \Gamma,$$

daß also die t - bedingte Dichte $f_\lambda(x_1,\dots,x_n|t)$ von $(X_1,\dots,X_n)$ nicht von λ abhängt.

Aufgabe 12.7: Es sei $\{X_j\}_{1\leq j\leq n}$ Folge stochastisch unabhängiger Zufallsvariabler, die Verteilung von X_j gehöre einer k - parametrischen Klasse K von Parametern mit Parametermenge $\Psi \subset \mathbb{R}^n$ an. $\{t_j(x_1,\dots\dots,x_n)\}_{1\leq j\leq k}$ sei System suffizienter Statistiken.

Definiere

$$S_t = \{B|B \in \mathcal{B}^n \wedge \exists\, A \in \mathcal{B}^k \text{ mit } B = t^{-1}(A)\}$$

mit

$$t^{-1}(A) = \{x|x \in \mathbb{R}^n \wedge t(x) \in A\}.$$

Zeigen Sie, daß S_t σ - Algebra ist.

Definiere zu p_λ: $\{\mathcal{B}^n, \mathbb{R}^n\} \to [0, 1]$, $p_\lambda \in K$

$$p_\lambda^t: \mathcal{B}^k \to [0, 1]$$

mittels

$$p_\lambda^t(A) = p_\lambda(t^{-1}(A)).$$

Zeigen Sie, daß p_λ^t Wahrscheinlichkeitsverteilung über $\{\mathcal{B}^k, \mathbb{R}^k\}$ ist. Diese Wahrscheinlichkeitsverteilung heißt <u>durch p_λ und t induzierte</u> Wahrscheinlichkeitsverteilung.

13. Natürlich konjugierte a - priori - Verteilungen als Konzept der mathematisch leichten Durchführbarkeit des Lernens aus Erfahrung

13.1. Überlegungen zur Wahl der a - priori - Verteilung

In Abschnitt 10.4. wurde bereits ein Beispiel für das Lernen aus Erfahrung gegeben. In Abschnitt 10.7. wurde das Wissenschaftsprogramm der Subjektivisten vorgestellt. Es besteht zum großen Teil darin, die a - priori - Verteilung zu ermitteln.

Zwar kann man unter recht allgemeinen Bedingungen und der zusätzlichen Voraussetzung, daß man sich auf den Wettansatz einläßt, die Existenz einer a - priori - Verteilung beweisen, aber die praktische Anwendung verlangt zur Ermittlung der a - priori - Verteilung die praktische Formulierung entsprechender Wettsysteme. Würde man die Möglichkeiten zur Wahl der a - priori - Verteilung nicht drastisch einschränken, müßten die zugehörigen Wettsysteme eine Größenordnung annehmen, daß sie nicht mehr praktisch durchführbar wären. Deshalb beschränken sich die Subjektivisten in ihrer praktischen Arbeit auf Approximationen. Diese Approximationen verlangen von der Person die Angabe des Typs des Verteilungsgesetzes, das sie ihrer a - priori - Bewertung der Plausibilität von Alternativen zugrundelegen. Dies mag auf den ersten Blick als erhebliche Einschränkung erscheinen, man beachte aber, daß das Verteilungsgesetz angebbar sein muß, nach dem die Plausibilität unterschiedlicher Alternativen zu bewerten ist, und mit diesem Zwang der Angabe des Verteilungsgesetzes gelangt man schnell zu den parametrischen Klassen von Verteilungen. Damit ist die Likelihoodfunktion explizit angebbar.

Der nächste Schritt besteht in der Approximation der a - priori - Verteilung. Dieser Schritt muß unter dem Aspekt durchgeführt werden, daß die mathematische Operation, die hinter dem Lernen aus Erfahrung steht, Summation oder Integration des Produktes aus a - priori - Wahrscheinlichkeit (a - priori - Dichte) und Likelihoodfunktion ist. Damit dies durchführbar ist, legt man die parametrische Klasse von Verteilungen fest, aus der die a - priori - Verteilung zu sein hat. Diese Klasse wird so gewählt, daß sie "analytisch paßt" zur Likelihood - Funktion. Spielraum zur Approximation der a - priori - Verteilung ist bei der Festlegung der Parameter der a - priori - Verteilung gegeben. Diese Parameter werden so gewählt, daß sie mit den Wahrscheinlichkeitsvorstellungen der Person so gut wie möglich in Übereinstimmung gebracht werden können.

Es wurde bereits gezeigt, daß in vielen Fällen die a - priori - Verteilung, die die Wahrscheinlichkeitsbewertung auf der Grundlage fehlender empirischer Erfahrung bestimmte, keinen wesentlichen Einfluß mehr hat auf die Wahrscheinlichkeitsbewertung im Anschluß an reiche empirische Erfahrung. Deshalb ist für die Schilderung des Lernprozesses bedeutsam, wie sich die Wahrscheinlichkeitsbewertung, die aufgrund einiger empirischer Erfahrung zustandegekommen ist, die angesichts einer neu anstehenden Serie von Experimenten aber als a - priori - Verteilung verstanden wird, aufgrund zusätzlicher empirischer Erfahrung wandelt.

Man gehe davon aus, die den neuen Experimenten $\{X_{s+1},..........,X_{s+r}\}$ zugrundeliegende Produktverteilung gehöre einer parametrischen Klasse K von Verteilungen an mit Parametermenge Ψ, und zu dieser Klasse gebe es suffiziente Statistiken $y_i(x_{s+1},......,x_{s+r})$, $1 \leq i \leq p$. Dann läßt sich gemäß Definition 12.1 das Verteilungsgesetz oder die Dichte der zugrundeliegenden Produktverteilung in drei Faktoren zerlegen, von denen nur der erste Faktor

$$g(y_1(x_{s+1},....,x_{s+r}),.......,y_p(x_{s+1},.....,x_{x+r})|\lambda)$$

für Plausibilitätsvergleiche der durch unterschiedliche λ festgelegten Alternativen auf der Grundlage der $(x_{s+1},........,x_{s+r})$ maßgeblich ist.

Besitzt die a - priori - Verteilung für λ, wie sie auf der Basis bisheriger Erfahrungen $(x_1,......,x_s)$ zustandegekommen ist, die Gestalt

$$l(\lambda|x_1,........,x_s) = g(y_1(x_1,...,x_s),...,y_p(x_1,....,x_s)|\lambda)\ h(\lambda)\ k(x_1,...,x_s),$$

so gewinnt man die a - posteriori - Verteilung auf der Basis der zusätzlichen Erfahrung $(x_{s+1},.....,x_{s+r})$ mittels

$$l(\lambda|(x_1,....,x_{s+r}) = g(y_1(x_1,.....,x_{s+r}),.......,y_p(x_1,.......,x_{s+r})|\lambda)$$
$$h(\lambda)\ k(x_1,............,x_{s+r}).$$

In diesem Fall ist also die mathematische Verarbeitung des Lernens aus Erfahrung auf eine Neuberechnung der suffizienten Statistiken zurückgeführt. Dieses Vorgehen ist bereits bekannt aus dem Beispiel in 10.6. zum Lernen aus Erfahrung. Damit ist motiviert die Begriffsbildung in

Definition 13.1: Die Produktverteilungen von $\{X_i\}_{i\in\mathbb{N}}$ gehören einer parametrischen Klasse K von Verteilungen mit Parametermenge Ψ an, es existieren suffiziente Statistiken $y_i(x_1,.......,x_n)$, $1 \leq i \leq p$. Der erste Term der Produktverteilungen von $\{X_i\}_{1\leq i\leq n}$ sei gegeben durch

$$g(y_1,.....,y_p|\lambda).$$

Erfüllt die a - priori - Verteilung $l(\lambda|y'_1,.....y'_p)$ die Bedingung

$$l(\lambda|y'_1,.....y'_p) = a\ g(y'_1,....,y'_p|\lambda)\ h(\lambda),$$

so heißt die so gegebene a - priori - Verteilung natürlich konjugiert zur Klasse K der Produktverteilungen.

Es ist nicht einfach, unmittelbar zu erkennen, welche die natürlich konjugierte Verteilung ist, denn dies erfordert die Bestimmung der gemeinsamen Verteilung der suffizienten Statistiken $Y_i(X_1,.......,X_n)$, und dies ist möglicherwei-

se ein schwieriges Unterfangen.
Soweit sich Subjektivisten mit der Anwendung des Lernens aus Erfahrung befassen, legen sie die Klasse K der Produktverteilungen so fest, daß suffiziente Statistiken existieren, und als a - priori - Verteilung wählen sie die natürlich konjugierte Verteilung aus.

13.2. Beispiele

13.2.1. Binomial - Verteilung

Sei die Klasse K der zugrundeliegenden Produktverteilungen durch $B(\alpha, 1)$ gegeben. Da die suffiziente Statistik durch j gegeben ist, kann als a - priori - Verteilung die Beta(v, w) - Verteilung gewählt werden. Dies ergibt als a - priori - Verteilung

$$l(\alpha|v, w) = \frac{\Gamma(v+w)}{\Gamma(v)\ \Gamma(w)}\ \alpha^{v-1}\ (1-\alpha)^{w-1}.$$

mit

$$v \geq -1/2,\ w \geq -1/2.$$

Dann gilt bei einem empirischen Befund von r_1 Erfolgen in r Versuchen:

$$l(\alpha|v, w, r_1, r-r_1) = \frac{\Gamma(v+w+r)}{\Gamma(v+r_1)\ \Gamma(w+r-r_1)}\ \alpha^{v+r_1-1}\ (1-\alpha)^{w+r-r_1-1}$$

mit

$$l(\alpha|v, w, r_1, r-r_1) = \frac{l(\alpha|\ v, w)\ l(\alpha, r_1, r-r_1)}{\int_0^1 l(\alpha|\ v, w)\ l(\alpha|\ r_1, r-r_1)\ d\alpha}.$$

Es gilt weiterhin

$$E\ (X = 1|v, w, x_1, \ldots\ldots, x_r) = \int_0^1 \alpha\ l(\alpha|v, w, x_1, \ldots\ldots, x_r)\ d\alpha$$

$$= \frac{\Gamma(r+v+w)}{\Gamma(r_1+v)\ \Gamma(r-r_1+w)}\ \frac{\Gamma(r_1+v+1)\ \Gamma(r-r_1+w)}{\Gamma(r+v+w+1)} = \frac{r_1+v}{r+v+w}.$$

Man erinnere sich an das ähnliche Ergebnis aus 10.6.

13.2.2. Eindimensionale Normalverteilung

13.2.2.1. Bei bekannter Varianz

Die Dichte einer Folge stochastisch unabhängiger $N(\mu, \sigma^2)$ - verteilter Zufallsvariabler kann in folgender Form geschrieben werden:

$$f(x_1,\ldots\ldots,x_n|\mu, \sigma^2) = \frac{1}{(2\pi)^{n/2}\,\sigma^n} \exp(\mu/\sigma^2 \sum_{i=1}^{n} x_i) \exp(- n\mu^2/2\sigma^2)$$
$$\exp(- 1/2\sigma^2 \sum_{i=1}^{n} x_i^2).$$

Da σ^2 als bekannt unterstellt wurde und μ/σ^2 der einzige Parameter ist, ist der Faktor

$$\exp(- 1/2\sigma^2 \sum_{i=1}^{n} x_i^2)$$

als Funktion allein von $(x_1,\ldots\ldots,x_n)$, also als dritter Faktor, zu interpretieren, die einzige suffiziente Statistik lautet

$$y = 1/n \sum_{i=1}^{n} x_i.$$

Da

$$Y = 1/n \sum_{i=1}^{n} X_i$$

$N(\mu, \sigma^2/n)$ - verteilt ist, falls die gemeinsame Verteilung der $(X_1,\ldots\ldots,X_n)$ Produktverteilung ist und die X_i $N(\mu, \sigma^2)$ - verteilt sind, bietet sich als natürlich konjugierte a - priori - Verteilung die Normalverteilung an.

Man wähle etwa als a - priori - Verteilung

$$l(\mu|y') = \frac{m^{1/2}}{(2\pi)^{1/2}\,\sigma} \exp\{- m/2\sigma^2 (y' - \mu)^2\}.$$

Dann erhält man als a - posteriori - Verteilung von μ auf der Basis von $(x_1,\ldots\ldots,x_n)$:

$$l(\mu|y', y) = \frac{(n+m)^{1/2}}{(2\pi)^{1)/2}\,\sigma} \exp\{- (n+m)/2\sigma^2 [\mu - (\frac{m}{m+n} y' + \frac{n}{m+n} y)]^2\}$$

unter Verwendung von

$$l(\mu, y', y) = \frac{\dfrac{n^{1/2}\, m^{1/2}}{2\pi\, \sigma^2} \exp\{- m/2\sigma^2 (y' - \mu)^2 - n/2\sigma^2 (y - \mu)^2\}}{\dfrac{n^{1/2}\, m^{1/2}}{2\pi\, \sigma^2} \displaystyle\int_{-\infty}^{\infty} \exp\{- m/2\sigma^2 (y' - \mu)^2 - n/2\sigma^2 (y - \mu)^2\}\, d\mu}$$

$$= \frac{l(\mu|y')\; l(\mu|y)}{\displaystyle\int_{-\infty}^{\infty} l(\mu|y')\; h(\mu|y)\, d\mu}$$

mit

$$y = 1/n \sum_{i=1}^{n} x_i .$$

Man erhält unmittelbar

$$E(X|y', m, y, n) = \int_{-\infty}^{\infty} \mu\; l(\mu|y', n, y)\, d\mu = \frac{ny + my'}{m + n} .$$

13.2.2.2. Bei bekanntem Erwartungswert

O.B.d.A. kann von $\mu = 0$ ausgegangen werden. Schreibe

$$f(x_1, \ldots\ldots\ldots, x_n) = \frac{1}{(2\pi)^{n/2}\, \sigma^{n/2}} \exp\{- 1/2\sigma^2 \sum_{i=1}^{n} x_i^2\}.$$

Da X_i/σ $N(0, 1)$ - verteilt sind, genügt

$$Y = \sum_{i=1}^{n} X_i^2/\sigma^2$$

einer $\aleph^2(n)$ - Verteilung, d.h. es gilt

$$f(y) = \begin{cases} 0 & y \leq 0 \\ \dfrac{1}{2^{n/2}\, \Gamma(n/2)}\; y^{(n-2)/2} \exp(- y/2) & y > 0 \end{cases} .$$

Also besitzt

$$U = \sigma^2 Y/n = \sum_{i=1}^{n} X_i^2/n$$

wegen

$$u = \sigma^2/n\; y \text{ und } dy = \sigma^{-2}\, n\, du \text{ und } y = n\, u/\sigma^2$$

die Dichte

$$f(u) = \begin{cases} 0 & u \leq 0 \\ \dfrac{n^{n/2} \sigma^{-n}}{2^{n/2} \Gamma(n/2)} (u^{(n-2)/2} \exp(-nu/2\sigma^2) & u > 0 \end{cases} .$$

Damit bietet sich als a - priori - Verteilung für σ^2 die inverse Γ - Verteilung an:

$$l(\sigma^2 | u, m) = \begin{cases} 0 & u \leq 0 \\ \dfrac{(mu)^{m/2}}{2^{m/2} \Gamma(m/2)} (\sigma^{-2})^{(m/2 + 1)} \exp(-mu/2\sigma^2) & u > 0 \end{cases} .$$

Man erhält als a - posteriori - Verteilung auf der Basis von $\{x_1,......,x_n\}$ mit

$$w = \sum_{t=1}^{n} x_t^2:$$

$$l(\sigma^2 | u, m, x_1,.......,x_n) = l(\sigma^2 | u, m, w)$$

$$= \frac{(m+n) \quad [(mu+nw)]^{(m+n)/2}}{2^{(m+n+2)/2} \Gamma((m+n+2)/2)} \sigma^{-m-n-2} \exp\{- (mu + nw)/2\sigma^2\}.$$

Setzt man $\sigma^{-2} = h$, so erhält man: $dh/d\sigma^2 = - \sigma^{-4} = - h^2$, also $d\sigma^2 = -dh/h^2$. Beachtet man noch, daß beim Integrieren durch diese Transformation 0 in ∞ und ∞ in 0 überführt wird, so erhält man

$$l(h | u, m, x_1,......,x_n) =$$

$$\frac{[(mu + nw)]^{(m+n)/2}}{2^{(m+n)/2} \Gamma((m+n)/2} h^{(m+n-2)/2} \exp\{-1/2\ h(mu + nw)\}.$$

Ersetzt man bereits bei der Formulierung der a - priori - Verteilung σ^2 durch 1/h, so erhält man als a - priori - Verteilung in h:

$$l(h | u, m) = \begin{cases} 0 & u \leq 0 \\ \dfrac{(mu)^{m/2}}{2^{m/2} \Gamma(m/2)} h^{(m-2)/2} \exp(- mhu) & u \geq 0 \end{cases}$$

Dies verdeutlicht, wie σ^2 und u bzw. h und u in der a - priori - Verteilung für σ^2 bzw. h ihre Rolle gegenüber der Dichte von u tauschen. Man beachte dazu die Verknüpfung von n und u, n und σ^2 bzw. n und h.

13.2.2.3. Erwartungswert und Varianz unbekannt

Grundlage der Untersuchung dieses Falles ist folgender

Satz 13.1: Seien $\{X_i\}_{1 \leq i \leq n}$ stochastisch unabhängige $N(0, \sigma^2)$ - verteilte Zufallsvariable. Sei

$$\bar{X} = 1/n \sum_{i=1}^{n} X_i \qquad \text{und } S^2 = 1/n \sum_{i=1}^{n} (X_i - \bar{X})^2.$$

Dann gilt (vgl. Aufgabe 12.5.):

1. $\bar{X}$ und S^2 sind stochastisch unabhängig voneinander.
2. $\bar{X}$ ist $N(\mu, \sigma^2/n)$ - verteilt
3. nS^2/σ^2 ist $\aleph^2(n-1)$ - verteilt.

Damit ist die gemeinsame Verteilung von $Z = \bar{X}$ und $U = nS/\sigma^2$ gegeben durch

$$f(z,u,n) = \begin{cases} 0 & u \leq 0 \\ \dfrac{n^{1/2}}{(2\pi)^{1/2}\,\sigma} \exp\{- n/2\sigma^2\ (z-\mu)^2\} \dfrac{1}{2^{(n-1)/2}\Gamma((n-1)/2)}\ u^{(n-3)/2}\exp(-u/2) & \end{cases}$$

und die gemeinsame Verteilung von $Z = \bar{X}$ und S^2 ist wegen

$$U = nS^2/\sigma^2,$$

also

$$du/ds^2 = n/\sigma^2 \quad \text{und} \quad du = n/\sigma^2\ ds^2 \quad \text{sowie} \quad u = ns^2/\sigma^2$$

gegeben durch

$$f(z,s^2,n) = \frac{n^{n/2}\ \sigma^{-n}}{2^{n/2}\ \Gamma(1/2)\ \Gamma((n-1)/2)} \exp\{- n(z-\mu)^2/2\sigma^2\}\ s^{2(n-3)/2} \exp\{-ns^2/2\sigma^2).$$

Wähle

$$l(\mu,\ \sigma^2 | w,\ v^2,\ n) =$$

$$\frac{n^{1/2}}{(2\pi)^{1/2}\sigma} \exp(-\ n(w-\mu)^2/2\sigma^2)\ \frac{n^{(n-1)/2}\quad \sigma^{-2\ (n+1)/2}}{2^{(n-1)/2}\ \Gamma((n-1)/2)}\ v^{(n-1)} \exp(-\ nv^2/2\sigma^2)$$

als natürlich konjugierte a - priori - Verteilung. Sie wird gewonnen als Produkt der Dichten einer Inversen Γ - Verteilung und einer Normalverteilung.

Die a - posteriori - Verteilung für μ, σ^2 auf der Basis der Erfahrung der Stichprobe $(x_1, \ldots\ldots, x_T)$ ergibt sich mit

$$\bar{x} = 1/T \sum_{t=1}^{T} x_t,\quad s^2 = 1/T \sum_{t=1}^{T} (x_t - \bar{x})^2$$

und

$$n' = n + T,\ w' = n'^{-1}(nw + T\bar{x}),\ v'^2 = n'^{-1}\ (nv^2 + nw^2 + Ts^2 + T\bar{x}^2 - n'w'^2)$$

zu

$$l(\mu,\ \sigma^2 | n,\ T,\ w,\ \bar{x},\ v^2,\ s^2) =$$

$$\frac{n'^{n'/2} \qquad v'^{(n'-1)/2}}{2^{n'/2}\quad \Gamma(1/2)\ \Gamma((n'-1)/2)}\ \sigma^{-\ n'-2} \exp\{-\ n'/2\sigma^2\ (\mu-w')^2\} \exp\{-n'v'^2/2\sigma^2\}.$$

Dies sieht man wie folgt: Integriere das Produkt aus Likelihood - Funktion und a - priori - Verteilung über μ und σ^2 und erhalte für das zu untersuchende Integral:

$$c^{-1} \int_0^\infty \int_\infty^\infty f(\mu,\ \sigma^2 | w,\ v^2,\ \bar{x},\ s^2)\ d\mu\ d\sigma^2 =$$

$$\int_0^\infty \int_{-\infty}^\infty \exp(-[n(w-\mu)^2 + T(\bar{x}-\mu)^2]/(2\sigma^2))\ \sigma^{-(n+T+2)} \exp(-\ (nv^2 + Ts^2)/2\sigma^2)\ d\mu\ d\sigma^2$$

Berechnung des Integrals zuerst über μ führt unter Verwendung der quadratischen Ergänzung zu

$$\frac{(2\pi)^{1/2}}{(n+T)^{1/2}} \int_0^\infty \sigma^{-(n+T+1)} \exp(-(nv^2 + Ts^2 + \frac{Tn\,(\bar{x}-w)^2}{(T+n)})/2\sigma^2)$$

$$= \frac{(2\pi)^{1/2}}{n'^{1/2}} \int_0^\infty \sigma^{-(n+T+1)} \exp(n'\,v'^2/2\sigma^2)\, d\sigma^2$$

$$= \frac{(2\pi)^{1/2}\,\Gamma((n'-1)/2)\,2^{(n'-1)/2}}{n'^{1/2}\,n'^{(n'-1)/2}\,v'^{(n'-1)/2}} = \frac{2^{n'/2}\,\Gamma(1/2)\,\Gamma(n'/2)}{n'^{n'/2}\,v'^{(n'-1)/2}} .$$

Dies resultiert aus der Variablensubstitution

$$z = n'v'^2/\sigma^2$$

mit

$$\sigma^2 = \frac{z}{n'v'^2} \qquad \text{und } d\sigma^2 = -\,dx\,\frac{(n'v'^2)}{x^2}$$

Man erkennt, daß die a - posteriori - Verteilung wieder eine Dichte hat, die sich als Produkt der Dichte einer inversen Γ - Verteilung mit (n+T-1) Freiheitsgraden und dem Parameter v' sowie einer $N((nw+T\bar{x})/(n+T),\ \sigma^2/(T+n))$ Verteilung darstellen läßt.

13.2.3. Poisson - Verteilung

Es gilt für die gemeinsame Verteilung der stochastisch unabhängigen $P(\lambda)$ - verteilten Zufallsvariablen $\{X_i\}_{1\leq i\leq n}$: die gemeinsame Verteilung ist bestimmt durch

$$p(j_1,\ldots\ldots,j_n) = \exp\{-\,n\lambda\}\,\frac{\lambda^j}{j!}\,\frac{j!}{j_1!\,j_2!\,\ldots j_n!}$$

mit

$$j = \sum_{i=1}^{n} j_i .$$

Wähle als natürlich konjugierte a - priori - Verteilung die Γ - Verteilung

$$l(\lambda|p,\ r) = \exp\{-\,p\lambda\}\,\frac{\lambda^{r-1}}{\Gamma(r)}\,p^r .$$

Erhalte aufgrund der Stichprobe $(j_1,\ldots\ldots,j_s)$ mit

$$j = \sum_{t=1}^{s} j_t :$$

die a - posteriori - Verteilung

$$l(\lambda|p, r, j_1, \ldots\ldots, j_s) = \exp\{-(p+s)\lambda\} \frac{\lambda^{j+r-1}}{\Gamma(j+r)} (p+s)^{j+r}.$$

13.2.4. Die a - posteriori - Wahrscheinlichkeit von Ereignissen

Die a - posteriori - Wahrscheinlichkeit eines Ereignisses B bestimmt man folgendermaßen: sei K die zugrundegelegte Klasse von Verteilungen mit Parametermenge Ψ. Für $\lambda \in \Psi$ sei p_λ das zugehörige Verteilungsgesetz. Für $\lambda \in \Psi$ bestimme $p_\lambda(B)$.

Falls Ψ diskret ist, multipliziere $p_\lambda(B)$ mit der a - posteriori - Wahrscheinlichkeit von λ und bilde die Summe aller dieser Ausdrücke.

Falls die a - posteriori - Verteilung von λ eine Dichte besitzt, multipliziere $p_\lambda(B)$ mit der a - posteriori - Dichte an der Stelle λ und integriere das Produkt über Ψ.

Damit sind die statistischen Grundlagen des Lernens aus Erfahrung, so wie es die Subjektivisten verstehen, beschrieben.

13.3. Kritik am Subjektivismus

Gegen das Wissenschaftsprogramm der Subjektivisten, wie es hier geschildert worden ist, sind folgende Einwände erhoben worden:

1. Der Wettzwang wurde moniert. Man kann nicht erwarten, daß eine Person bereit ist, derartige Wettsysteme abzuschließen. Aufgrund des Wettzwangs muß befürchtet werden, daß Wettquotienten Ausdruck des Zwangs und nicht Ausdruck der subjektiven Fähigkeit zur Wahrscheinlichkeitsbewertung ist.
2. Die Objektivisten werfen den Subjektivisten vor, ihre Theorie sei uninteressant. Es könne nicht darum gehen, subjektive Meinungen zu erkunden, Ziel des Objektivismus sei es vielmehr, richtige Aussagen über reale Vorgänge zu formulieren. Dieses Ziel sei zwar schwierig zu erreichen, aber das Abgehen der Subjektivisten von dieser Zielsetzung sei als Kapitulation vor den Schwierigkeiten dieses Unterfangens zu verstehen. Allerdings bin ich der Auffassung, daß der Wissenschaftler keine Möglichkeiten hat, zu beweisen, daß er über objektive Tatbestände und nicht über Auffassungen von Wissenschaftlern über diese Tatbestände spricht. Vielmehr impliziert eine derartige Stellungnahme der Objektivisten gegenüber den Subjektivisten das nicht beweisbare Vorurteil, Aussagen über objektive Tat-

bestände seien losgelöst von Aussagen über Auffassungen über diese Tatbestände formulierbar. Der Vorwurf der Objektivisten an die Subjektivisten bezüglich ihres langweiligen Wissenschaftsverständnisses resultiert aus dem Weltbild der Objektivisten und nicht aus beweiskräftigen Argumenten.

3. Bei der Bestimmung der a - priori - Verteilung müssen alle möglichen Alternativen bekannt sein. Denn nicht bekannte Alternativen werden implizit mit Dichte 0 versehen. Damit kann solchen nicht vorher bekannten Alternativen keine von 0 verschiedene a - posteriori - Dichte zuwachsen. Dieses Argument nennt man auch kurz das vom Verbot überraschender Alternativen. Dieses Problem ist vergleichbar mit dem Problem, in der Ökonomie vollständige Information zu unterstellen, und erscheint somit gravierend. Man erinnere sich an den Hinweis, daß Vertreter der neoklassischen Theorie im Subjektivismus ein Hilfsmittel sahen, die Prämisse der vollständigen Information abzubauen. Sie benötigen jedoch nach wie vor die Kenntnis sämtlicher möglicher Alternativen. Ein wesentliches Merkmal der Unsicherheit besteht aber darin, daß nicht nur nicht bekannt ist, welche Alternative wohl eintritt, sondern daß eine unsichere Person in der Regel auch nicht in der Lage ist, sämtliche möglichen Alternativen anzugeben. Die überraschende Alternative ist vielmehr das tägliche Brot des Wissenschaftlers und vermutlich die entscheidende Triebfeder wissenschaftlichen Fortschritts, weil häufig der Versuch der nachträglichen Erklärung der überraschenden Alternative nur mit einem Wechsel des Paradigmas möglich wird. Damit beschneidet sich der Subjektivismus eines wichtigen Momentes zur Erklärung wissenschaftlichen Fortschrittes.

4. Es wurden bereits in einfachsten Fällen deutlich, daß die Wettsysteme, die der Bestimmung der a - priori - Verteilung zugrundeliegen, wegen der unendlich vielen abzuschließenden Wetten nicht praktizierbar sind. Will man praktisch a - priori - Verteilungen bestimmen, so muß dies auf viel pauschalere Weise geschehen.

5. Die strenge Negierung eines Konzepts objektiver Wahrscheinlichkeiten von Seiten der Subjektivisten wurde aufgrund des physikalischen Weltbildes, das dem Indeterminismus verpflichtet ist, von zahlreichen Philosophen kritisiert.Insbesondere wurde die Unfähigkeit des Subjektivismus beklagt, zwischen epistemologisch bedingtem und ontologisch bedingtem Indeterminismus zu unterscheiden.

6. Es ist noch kein praktisches Beispiel für Lernen aus Erfahrung im subjek tivistischen Sinne von Subjektivisten vorgelegt worden. Bei aller Ge

schlossenheit des Vorgehens sei die Diskussion der Subjektivisten im akademischen Bereich verblieben und habe sich noch nicht in empirischer Feldarbeit bewährt.

7. Es sei schließlich auf eine sehr merkwürdige Konzeption des Lernens aus Erfahrung hingewiesen. Lernen aus Erfahrung besagt aus Sicht der Subjektivisten, daß Wahrscheinlichkeitsbewertungen sich angesichts zusätzlicher Erfahrungen ändern. Dies geschieht aber in der Weise, daß das Individuum ohne jede Erfahrung vorher sagen kann, welche Positionen es einnehmen würde, wenn bestimmte Ereignisse tatsächlich auftreten. Das "Lernen aus Erfahrung" reduziert sich also darauf, daß aus bedingten Wahrscheinlichkeiten unbedingte Wahrscheinlichkeiten werden. Praktische Erfahrungen führen also nur zu Neubewertungen, die auf von Erfahrungen unabhängigen Wertungen und Einstellungen beruhen. Die Frage taucht auf, worin eigentlich der Lernprozeß besteht. Ich halte die Bezeichnung "Lernen aus Erfahrung" für eine, die ein praktisches Problem benennt, ohne den entscheidenden Aspekten dieses Problems näherzukommen. Ich würde schlicht von einer "Mogelpackung" sprechen.

Gegen alle diese Einwände lassen sich Erwiderungen vorbringen, es reicht an dieser Stelle aus, festzustellen, daß es zahlreiche Gründe dafür gibt, weshalb sich der Subjektivismus nicht allgemein durchgesetzt hat und in vielen Fällen hart kritisiert wird. Vor allem als Grundlage einer ökonomischen Theorie mit einem Realitätsbezug als Erklärungsanspruch, wie er gern von Neoklassikern vorgetragen wird, erscheint der Subjektivismus unplausibel. Realitätsbezug als Erklärungsanspruch erscheint aber unverzichtbar, wenn auf der Basis eines derartigen Theoriegebäudes wirtschaftspolitische Beratung betrieben werden soll. Verzicht auf Realitätsbezug erscheint kaum als geeignete Rückzugsposition, will man nicht gleichzeitig theoretisch fundierte Beratungskompetenz preisgeben.

14. Die Wahrscheinlichkeitskonzeption der Objektivisten

14.1. Einige einleitende Bemerkungen

Die Objektivisten fassen Wahrscheinlichkeit als Charakteristikum einer außerhalb von ihnen existierenden realen Welt auf. Sie unterscheiden Situationen, in denen aufgrund geltender Naturgesetze Kausalbegründungen möglich sind gemäß dem Prinzip "gleiche Ursachen, gleiche Wirkungen", von solchen Situationen, in denen entsprechende Naturgesetze nicht gelten, in denen bei Vorliegen einer als gleich angesehenen Ausgangslage dennoch verschiedene Wirkungen möglich sind. Diese Situation beschreibt man mit dem Schlagwort des Indeterminismus, aufgrund dessen es experimentelle Situationen gibt, bei denen bei Geltung gleicher für die Erklärung des Phänomens relevanter Bedingungen verschiedene Experimentausgänge möglich sind. Daß bei wiederholter Durchführung von Experimenten bestimmte Ausgänge mit vergleichsweise stabilen relativen Häufigkeiten auftreten, fassen sie als Erscheinungsform einer Eigenschaft der experimentellen Anordnung auf, die sie mit dem Begriff der Wahrscheinlichkeit belegen. Für Objektivisten ist es sinnvoll, von einer existierenden, aber ihnen nicht bekannten Wahrscheinlichkeitsverteilung zu sprechen, die der experimentellen Anordnung zugrundeliegt. Die Gesetze der großen Zahlen geben Auskunft darüber, welcher Zusammenhang zwischen empirischen und theoretischen Momenten einer Verteilung bestehen, sofern die theoretischen Momente existieren. Insbesondere zeigt sich dabei, daß Wahrscheinlichkeiten sich nicht durch relative Häufigkeiten messen lassen, da die Gesetze der großen Zahlen (ebenso wie die zentralen Grenzwertsätze) nur Aussagen der folgenden Form erlauben: Die Wahrscheinlichkeit dafür, daß ein theoretisches Moment vom Stichprobenmoment sich um mehr als ϵ unterscheidet, ist kleiner als δ. Der Versuch, Wahrscheinlichkeiten durch relative Häufigkeiten zu messen, wie sie sich nach Durchführung einer hohen Anzahl von Wiederholungen eines Experimentes ergeben, würde also Wahrscheinlichkeiten durch Wahrscheinlichkeiten definieren und somit zu einem Zirkelschluß führen. Der Objektivist ist also gezwungen, Wahrscheinlichkeit als einen <u>theoretischen Begriff</u> aufzufassen, also als einen Begriff, der nicht allein auf der Basis der wiederholten Beobachtung erklärbar ist.

14.2. Die Wahrscheinlichkeitsauffassungen verschiedener Objektivisten

14.2.1.Die relative - Häufigkeitsinterpretation

Zur objektivistischen Auffassung sind einige Zitate aufschlußreich. Popper schreibt: "I had developed .... the idea that probabilities are physical propensities, comparable to Newtonian forces ...... they must be physical propensities, abstract relational properties of the physical situation" (Popper in [1959], S. 27). Hacking demonstriert seine Auffassung am Beispiel des Münzwurfes: ".....it is a property of the coin and tossing device, not only that, in the long run, heads fall more often than tails, but also that this would happen even if in fact the device were dismantled and the coin melted. This is a dispositional property of the coin: what the long run frequency is or would be or would have been" (Hacking in [1965], S.2). Hiernach sind Wahrscheinlichkeitsüberlegungen auch angebracht, wenn die Serie nicht vorliegt. Entscheidend ist, daß sie hätte grundsätzlich durchgeführt werden können.

Kolmogoroff schreibt in [1933], S. 10:

"Die Anwendung der Wahrscheinlichkeitsrechnung auf die reale Erfahrungswelt geschieht nach folgendem Schema:

1. Es wird ein gewisser Komplex $\aleph$ von Bedingungen vorausgesetzt, welcher unbeschränkter Wiederholung fähig ist.
2. Man untersucht einen bestimmten Kreis von Ereignissen, welche infolge der Realisation der Bedingungen $\aleph$ entstehen können. In den einzelnen Fällen der Realisationen der Bedingungen $\aleph$ verlaufen die erwähnten Ereignisse im allgemeinen auf verschiedene Weisen. Es sei E die Menge der verschiedenen möglichen Varianten $\eta_1, \eta_2, \ldots$ des Verlaufes der besagten Ereignisse. Einige unter diesen Varianten brauchen dabei überhaupt nicht zur Realisation zu gelangen. Wir nehmen in die Menge E alle Varianten auf, die wir a priori für möglich erachten.
3. Wenn die nach der Realisation der Bedingungen $\aleph$ praktisch aufgetretene Variante unserer Ereignisse zu der (durch irgendwelche Bedingungen definierten) Menge A gehört, so sagen wir, daß das Ergebnis A stattgefunden hat.

Der in diesen drei Zitaten dokumentierten Auffassung, daß Wahrscheinlichkeit eine Versuchsanordnung charakterisiert, stellt von Mises die Auffassung gegenüber, Wahrscheinlichkeit sei Charakteristikum der Ausgänge langer Versuchsserien. Ausgangspunkt ist folgendes Poisson - Zitat: "Erscheinungen verschiedenster Art sind einem allgemeinen Gesetz unterworfen, das man das Gesetz der großen Zahlen nennen kann. Es besteht darin, daß, wenn man sehr große Anzahlen von gleichartigen Ereignissen betrachtet, die von konstanten Ursachen und von solchen abhängen,die regelmäßig, nach der einen und anderen Richtung veränderlich sind, ohne daß ihre Veränderung in einem bestimmten Sinne fortschreitet, man zwischen diesen Zahlen Verhältnisse finden wird, die nahezu unveränderlich sind. Für jede Arten von Entscheidungen haben diese Verhältnisse besondere Werte, denen sie sich umso mehr nähern, je größer die Reihe der beobachtbaren Erscheinungen ist, und die sie in aller Strenge erreichen würden, wenn es möglich wäre, die Reihe der Beobachtungen ins unendliche auszudehnen." Von Mises zog daraus die folgende Konsequenz: "Gegenstand der Wahrscheinlichkeitsrechnung sind Massenerscheinungen oder Wiederholungsvorgänge; sie bestehen aus einer sehr großen Zahl aufeinanderfolgender Elemente (Beobachtungen), deren jedes als Merkmal (Beobachtungsergebnis) eine Zahl (oder Gruppe von Zahlen) in "regelloser Anordnung" aufweist. Die Einzelbeobachtung vollzieht sich nach einer festen Vorschrift, die über die Bestimmung des Merkmals oder die eventuelle Ausscheidung der Beobachtung verfügt" (zitiert nach von Mises in [1971], S.3). Auffallend ist die Behauptung, daß die strengen Verhältnisse exakt eintreten würden, wenn nur die Serie unendlich lange fortgesetzt werden könnte. Dies ist durch die Gesetze der großen Zahlen nicht abgedeckt, wo diese Aussage lediglich mit der Wahrscheinlichkeit 1 gesichert wird. Dieser fundamentale Unterschied weist sich darin aus, daß von Mises solche Serien von Realisationen stochastisch unabhängiger Zufallsvariabler, die die geforderte Bedingung nicht erfüllen, nicht als Zufallsserien anerkennen würde. Für ihn sind also die Konzepte von Zufallsfolgen, die diesem strengen Anspruch genügen, und von Folgen stochastisch unabhängiger gleichverteilter Zufallsvariabler, die diese Bedingungen nur mit der Wahrscheinlichkeit 1 erfüllen, verschiedene Konzepte.

14.2.2.Das Problem der Wahrscheinlichkeit des Einzelereignisses

Diese zunächst als Wortklauberei anzusehenden konzeptionellen Unterscheidungen haben einen praktischen Anwendungsaspekt: das Problem der Ziehung repräsentativer Stichproben. Als Instrument zur Gewinnung derartiger Stichproben dient die Zufallsauswahl, die Gesetze der großen Zahlen liefern dafür die statistische Begründung. Genaue Analyse der Aussage des Gesetzes der großen Zahlen besagt aber folgendes: Wenn man permanent Erhebungen nach dem Prinzip der Zufallsauswahl (Folge stochastisch unabhängiger gleichverteilter Zufallsvariabler) durchführen würde, erzielte man im Regelfall annähernd repräsentative Stichproben. Für den Einzelfall, also für eine spezielle vorgenommene Zufallsauswahl, besagt dies aber nichts. Für eine spezielle Serie kann die Repräsentativität nicht mit dem Gesetz der großen Zahlen begründet werden. Die bisher zitierten Autoren würden dies auch nicht tun, für sie charakterisieren Wahrscheinlichkeitsaussagen das langfristige Verhalten wiederholbarer Vorgänge, aber nicht den Einzelfall. Sie lehnen vielmehr eine statistische Analyse des Einzelfalls ab.

14.2.3.Die Einzelfall - Interpretation der Wahrscheinlichkeit

Es ist aber gerade die statistische Analyse des Einzelfalles, die viele Anwender der Statistik interessiert. Es kann also nicht verwundern, daß sie mit der strikten Ablehnung der Einzelfallwahrscheinlichkeit, wie sie die herrschende Meinung der Statistiker darstellt, brechen. Sie beklagen vielmehr solche merkwürdigen Prämissen wie die der prinzipiell unbeschränkt häufigen Wiederholbarkeit von Experimenten. Insbesondere nehmen sie Anstoß an einer nicht objektiv zu fassenden Bedeutung dessen, was Wiederholung heißen soll. Die Erklärung der stochastischen Unabhängigkeit stellte auf Beschreibungen ab und ist folglich nicht im objektiven Sinne formuliert, sondern im logischen Sinne, wo explizit Wahrscheinlichkeitsbewertungen auf das Hintergrundwissen des Individuums abstellten. In dieser Situation gelangte Giere zu folgender Interpretation:
"Consider a chance setup, CSU, with a finite set of outcomes and an associated probability function p(E) with the usual formal properties. The following is then a simple statement of the desired physical interpretation of the statement p(E) = r:
'The strength of the propensity of CSU to produce outcome E on trial L is r.'
This statement clearly refers to a particular trial. Given this single - case interpretation, one may of course generalize to any number of trials" (Giere in [1973], S. 471). Diese Auffassung genügt zwar dem Wunsch nach der Vorlage eines Konzeptes der Wahrscheinlichkeit des Einzelfalls, stößt aber auf folgendes Problem: wie sollen Informationen über die so verstandene Wahrscheinlichkeit eines Ereignisses erzielt werden, da der Ausgang des Einzelexperiments nicht eindeutig bestimmt ist und Wiederholungen nicht vorgesehen sind, also auf eine Häufigkeitsinterpretation der Erscheinungsform von Wahrscheinlichkeit nicht zurückgegriffen werden kann. Hier ist ein Lösungsvorschlag unter

breitet worden, der <u>epistemologische Belange ontologischen Wünschen strikt unterordnete</u>. Dies wurde auch gesehen von Giere in [1973], S. 471,, der dazu schreibt: "Thus I will simply insist that this must be done in such a way that the ontological question "What are statistical probabilities?" be logically distinct from the epistemological question "When may one legitimately assert the existence of a certain statistical Probability?" ". Die Kyburg'sche Kritik an derartigen Konzeptionen läßt sich auf folgenden knappen Nenner bringen: "This is a selfimposed dilemma of all propensity theories: they are (in part) inspired to reject frequency theories for the sake of a practical problem, - the single case - and then, in the attempt to account for the probability of the single case, they find themselves in the position where the single case can be accounted for - but only in such a way that the concerns that motivated the departure from thew frequency view are all frustrated as ever" (Kyburg in [1974], S.343f.).

Unabhängig davon,ob moderne Objektivisten von dem Wahrscheinlichkeitsverständnis als Konzept auf lange Sicht oder als Konzept der Wahrscheinlichkeit des Einzelereignisses ausgehen, gleich ist bei allen die Auffassung, daß Wahrscheinlichkeiten nicht meßbar sind, daß Wahrscheinlichkeit vielmehr als theoretischer Begriff eingeführt werden muß, der seine Bedeutung erlangt aus der Theorie, mittels derer er eingeführt wird. Tatsächlich weist Popper der Wahrscheinlichkeit einen ähnlichen Rang zu wie Newton'schen Kräften; hiergegen wird allerding der Einwand erhoben, daß die Newton'sche Theorie sehr präzise Gesetze vorgibt, denen diese Kräfte genügen sollen. Diese Gesetze haben real- und nicht formaltheoretischen Charakter. Wo ist aber die vergleichbare Realtheorie, aufgrund derer Wahrscheinlichkeiten durch Gesetze in einen realen und nicht in einen formalen Zusammenhang zueinander gebracht werden, aufgrund derer es also möglich ist, Aussagen über das zugrundeliegende Wahrscheinlichkeitsgesetz zu treffen? Um zu demonstrieren, was hiermit gemeint sein könnte, sei das Beispiel des radioaktiven Zerfalls präsentiert. Physiker gehen davon aus, daß jedes radioaktive Teilchen die Tendenz zum Zerfall aufweist. Es zerfällt aber innerhalb eines gewissen Zeitraumes nicht sicher, sondern nur mit einer bestimmten Wahrscheinlichkeit. Diese Wahrscheinlichkeit steht mit der Halbwertzeit in engem Zusammenhang. Die Form des zugrundeliegenden Verteilungsgesetzes wird eindeutig festgelegt aufgrund folgender realwissenschaftlichen Theorie: die Wahrscheinlichkeit, daß ein bestimmtes radioaktives Teilchen innerhalb einer gegebenen Periode zerfällt, ist unabhängig von der bisherigen Lebensdauer des Teilchens. Man kann mathematisch nachweisen, daß dies folgende Aussage über den Verteilungstyp impliziert: die Wahrscheinlichkeit, daß ein bestimmtes Teilchen innerhalb eines gegebenen Punktes zerfällt (X = x, falls es zum Zeitpunkt 0 + x, 0 der gegenwärtige Zeitpunkt, noch nicht zerfallen ist, ist bestimmt durch die Angabe der folgenden Dichtefunktion:

$$f(x) = \begin{cases} 0 & x \leq 0 \\ \lambda \exp(-\lambda x) & x > 0 \end{cases}$$

Man erkennt unmittelbar, daß die Wahrscheinlichkeit dafür, daß das Teilchen bis zum Zeitpunkt x+h nicht zerfällt unter der Bedingung, daß es bis zum Zeitpunkt x nicht zerfallen ist, gegeben ist durch

$$p(x+h)|x) = p(x+h)/p(x) = \frac{\lambda \int_{x+h}^{\infty} \exp(-\lambda u)\, du}{\lambda \int_{0}^{x} \exp(-\lambda u)\, du} = \frac{-\exp(-\lambda u)\,]_{x+h}^{\infty}}{-\exp(-\lambda u)\,]_{x}^{\infty}} =$$

$$\frac{\exp(-\lambda(x+h))}{\exp(-\lambda x)} = \exp(-\lambda h).$$

Die Wahrscheinlichkeit hängt also nicht von der Vorgeschichte, sondern nur von der ausstehenden Frist h ab. Daß die Klasse der Exponentialverteilungen die einzige ist, die dies leistet, geht daraus hervor, daß die Exponentialfunktion die einzige Funktion ist, die der Bedingung

$$\exp(\lambda x)\ \exp(\lambda y) = \exp(\lambda(x+y)) \qquad \forall\ \lambda,\ x,\ y \in \mathbb{R}$$

genügt. Dies weist man mit Hilfe des Satzes von Taylor nach. In [1973], S.250, zitiert Stegmüller den folgenden wichtigen Satz von Bar - Hillel: "Termini sine theoria nihil valent". Dieser Satz verweist alle Überlegungen, die mit Wahrscheinlichkeiten als theoretischen Begriffen operieren, ohne die zugrundeliegende Realtheorie zu nennen, aus dem Bereich der Theorien heraus in einen Zustand, den man bestenfalls als prätheoretisch bezeichnen kann. Einer solchen Schwierigkeit unterliegen die Subjektivisten nicht, die ja Wahrscheinlichkeiten am Wettkonzept festmachen konnten und somit von einer <u>Bekundung der Wahrscheinlichkeitseinschätzungen von Seiten der Person ausgehen konnten.</u>

14.2.4. Wahrscheinlichkeit als ungeklärtes Konzept mit hohem pragmatischem Wert

Angesichts einer derartigen Unklarheit derer, die Wahrscheinlichkeit als Charakteristikum des Objektes ansehen, über das Wesen der Wahrscheinlichkeit ist es wohltuend, einen pragmatischen Statistiker zu zitieren: R.A. Fisher nimmt zum Wesen der Wahrscheinlichkeit in [1925], S. 700, wie folgt Stellung: "Some of the statistical ideas employed .... have never received a strictly logical definition and analysis..... These ideas have grown up in the minds of practical statisticians and lie at the basis especially of recent work: there can be no question of their pragmatic value." Wahrscheinlichkeit ist also ein höchstens rudimentär geklärtes Konzept von dennoch hohem pragmatischem Wert. Statistiker wenden also den Wahrscheinlichkeitsbegriff an, ohne sagen zu können, was damit genau gemeint ist. Dies ist festzuhalten, wenn das Wissenschaftsprogramm der Objektivisten gleich formuliert wird: Es ist ein Wissenschaftsprogramm, das sich auf einen ungeklärten Kernbegriff stützt. Mit Hinweis auf die Aussage von Bar - Hillel muß also festgestellt werden, daß das Wissenschaftsziel der Objektivisten ein sehr ambitioniertes ist, das Stadium, in dem sie sich derzeit befinden, aber in fast allen Fällen bestenfalls als prätheoretisch bezeichnet werden kann, da in den meisten Fällen nicht aufgrund einer Realtheorie darauf geschlossen werden kann, welcher Typ von Verteilungsgesetzen zu unterstellen ist. In einer solchen Situation haftet allen Festlegungen dessen, wie Wahrscheinlichkeitsüberlegungen in Realtheorien eingebettet werden können, etwas Willkürliches an. Es bildet sich so etwas heraus wie handwerkliche Gepflogenheiten, deren Begründung nur sehr rudimentär stattfindet, wo die Begründung dafür, daß man Dinge so und nicht anders macht, häufig die ist, daß sonst niemand es bislang anders gemacht hat. Dies bedeutet aber nichts anderes als folgende Aussage: versteht man Wahrscheinlichkeit wie die Objektivisten, muß man entweder die Anwendung der Statistik auf wenige überzeugende Situationen beschränken, oder man befindet sich in der Situation, in der man auf Methoden zurückgreift, deren Problemadäquanz nicht zu beurteilen ist, eine Situation, die die Anwendung der Statistik mit vielen anderen vorgeschlagenen Methoden teilt.

14.2.5. Bemerkungen zum Einsatzbereich objektiver Wahrscheinlichkeitsauffassungen

Unter Umständen, in denen Wahrscheinlichkeit als Konzept mit hohem pragmatischen Wert noch am ehesten als akzeptable Auffassung erscheint, drängt sich die Frage nach möglichen Einsatzbereichen einer derartig begründeten Methodik auf. Diese Frage kann naturgemäß nur mit Verweis auf das Weltbild des Antwortenden diskutiert werden.

Ein Anhänger der Häufigkeitsinterpretation von Wahrscheinlichkeit kann das methodische Instrumentarium der Statistik guten Gewissens nur auf Massenerscheinungen anwenden. Was als Massenerscheinung anzusehen ist und was nicht, hängt vom jeweiligen Stand der Realtheorie ab und muß auf diesen Stand relativiert werden. Zahlreiche Probleme der Versicherungsbranche werden als derartige Massenerscheinungen verstanden, wobei aber sehr wohl beachtet wird, daß nicht alle Fälle gleich sind. Man sieht dies etwa anhand der Existenz von Rabatten für bestimmte Gruppen von Versicherten. Hinter diesen Rabatten steht als realwissenschaftliches Problem die Frage des typischen Falles. Dieses Problem heißt in der Statistik das Referenzklassenproblem. Seine Lösung ist allein auf realtheoretischer und nicht auf statistischer Basis möglich.

<u>Beispiel</u>: Ein allgemein bekanntes Beispiel ist die unterschiedliche Tarifgestaltung von KFZ - Versicherungen nach dem Regionalprinzip. Die Erfahrung hat gezeigt, daß die Anzahl der Schadensfälle pro Jahr abhängt von der Verkehrsdichte, in der die Fahrzeuge vorwiegend unterwegs sind. Die dieser Klasseneinteilung zugrundeliegende Theorie ist zweifellos eine sehr grobe, aber eine derartige Klasseneinteilung und die damit verbundene Einordnung des jeweiligen Einzelfalls läßt sich nur auf der Grundlage solcher Theorien durchführen. Bekannt ist auch die enge Kopplung des Einstiegssatzes in eine KFZ - Versicherung in Abhängigkeit von der Dauer des Führerscheinbesitzes.

Ein weiterer Ansatzpunkt zu objektiven Wahrscheinlichkeitsüberlegungen beruht auf der Anwendung des Prinzips vom unzureichenden Grunde, wenn die Basis für die Anwendung dieses Prinzips aus einer experimentellen Anordnung bezogen wird. Hierbei ist zu denken an die Glücksspielsituationen, aber auch an Aspekte der Qualitätskontrolle, wo Stücke zufällig ausgewählt werden, um sie einer Qualitätskontrolle zu unterziehen. Man denke etwa daran, daß man die einzelnen Stücke numerieren und dann eine Lostrommel zur Auswahl der zu prüfenden Stücke heranziehen könnte. Die Begründung für ein derartiges Vorgehen liefert die Anordnung des Ziehungsvorganges, dem ein Mischungsvorgang zugrun-

deliegt mit dem Ziel, die Ziehungschance für jede Nummer gleich zu gestalten. Dies führt zur Annahme der Binomialverteilung im Falle des Zurücklegens oder zur Annahme der hypergeometrischen Verteilung im Falle, daß nicht zurückgelegt wird.
Die Beschränkung auf die Kontrolle einer Stichprobe mag sich aus Kostengründen anbieten, sie mag aber auch daraus resultieren, daß die Prüfung der Qualität in zahlreichen Fällen notwendig mit der Zerstörung des Stücks verbunden ist.
Weitere Ansatzpunkte für objektivistische Überlegungen resultieren daraus, daß Stichprobenpläne zur Durchführung von Teilerhebungen auf Zufallsbasis durchgeführt werden sollen. Man erinnere sich an Zusammenhänge zwischen Repräsentativität und Zufallsstichprobe. Damit liegen objektivistische Interpretationen der <u>Erhebung zahlreicher ökonomischer Daten</u> zugrunde.
In allen diesen Fällen sind Ansatzpunkte einer Theorie vorhanden, die Hinweise auf den Typ des zugrundeliegenden Wahrscheinlichkeitsgesetzes erlauben. Folglich wird hier der Einsatz statistischer Methoden als vergleichsweise unproblematisch angesehen.
Zweifelhaft werden alle die Fälle, in denen Wahrscheinlichkeitsannahmen unterstellt werden ohne Bezug auf eine Versuchsanordnung, die derartige Annahmen sichern soll. So ist die Annahme der stochastischen Unabhängigkeit für die einzelnen Ausgänge von Laborexperimenten unter Kontrolle der Randbedingungen eine vergleichsweise unproblematische Unterstellung; problematisch wird aber eine derartige Unterstellung, wenn das Labor verlassen und eine derartige Voraussetzung auf unkontrollierbare Vorgänge außerhalb des Labors angewandt wird. Hier liefern Realtheorien häufig weder Hinweise auf das zugrundeliegende Verteilungsgesetz noch auf die Berechtigung derartiger Unterstellungen wie die der Unabhängigkeit der verschiedenen Beobachtungen zugrundeliegenden Ereignisse. Solche Situationen trifft man häufig in der Ökonomie an, die Unterstellung der Geltung bestimmter statistischer Annahmen ist dann nicht mehr durch die Realtheorie begründbar und wird folglich mit Ersatzargumenten begründet: derartige Ersatzargumente sind:

- im Zweifelsfall unterstelle die handhabbarste Annahme. Komplexität um der Komplexität willen ist unsinnig. Prämissen, die zu einer komplexeren Analyse führen, erlangen ihre Berechtigung nur daraus, daß man gute Gründe dafür vorlegen kann, daß sie zur Beschreibung der Situation geeigneter sind als diejenigen, die eine einfachere Analyse erlauben würden. Es gilt also das Prinzip: Im Zweifel für das Einfache.
- Ein anderes Argument ist das des Verweises auf das Vorgehen anderer in

gleicher Situation. Man denke etwa daran, welche Bedeutung der Verweis auf Ausführungen anderer Ökonomen zur Bestärkung der eigenen Argumente in der Ökonomieliteratur besitzt. Verweise auf Fakten statt auf Meinungen wären überzeugender. Mangels Masse muß aber stattdessen auf Meinungen zurückgegriffen werden. Dies kann zusammengefaßt werden unter dem Schlagwort der Zugehörigkeit zu Denkschulen.

14.3. Diskussion der Möglichkeiten der Beantwortung verschiedener Fragen aus objektivistischer Sicht

Wie bereits vorher erwähnt, ist es das Ziel der Objektivisten, aufgrund empirischer Erfahrungen Aussagen über ein unbekanntes, den Erscheinungen zugrundeliegendes Verteilungsgesetz zu treffen; dies kann geschehen in Form der Überprüfung oder der Aufstellung von Hypothesen über das zugrundeliegende Verteilungsgesetz. Soweit sich also der objektivistische Statistiker mit der Diskussion von Hypothesen beschäftigt, sind dies ausschließlich Hypothesen über Verteilungsgesetze oder spezielle Charakteristika von Verteilungsgesetzen, etwa Momente oder α - Quantile (Lageparameter zu einem gegebenen α). Hypothesen, die sich auf Verteilungen oder Charakteristika von Verteilungen beziehen, heißen stochastische oder statistische Hypothesen. Stegmüller diskutiert in [1973], S. 76ff. die Sinnhaftigkeit folgender von ihm als wissenschaftstheoretisch interessant bezeichneten Fragen:

1. Gegeben eine statistische Hypothese H und bestimmte Erfahrungsdaten E. Wird H durch E <u>gestützt</u>? und wenn ja, <u>in welchem Grade</u>?
2. Gegeben seien die statistischen Hypothesen $H_1,\ldots\ldots\ldots,H_n$ sowie Erfahrungsdaten E. Welche dieser Hypothesen wird durch E <u>am besten gestützt?</u>
3. Unter welchen Bedingungen kann man behaupten, daß eine statistische Hypothese <u>erhärtet</u> sei?
4. Unter welchen Bedingungen kann man behaupten, daß eine statistische Hypothese <u>widerlegt</u> sei?
5. Wann ist es vernünftig, eine statistische Hypothese zu <u>akzeptieren</u>?
6. Wann ist es vernünftig, eine statistische Hypothese <u>zurückzuweisen</u>?
7. Was darf man unter der Annahme der Richtigkeit einer statistischen Hypothese über die Resultate (von Versuchen vom Typ T an einer Anordnung A) <u>vernünftigerweise erwarten</u>?
8. Was ist die <u>beste Schätzung</u> einer Größe, über die mehrere Messungen vor-

liegen?

Vergleicht man Frage 1 mit Frage 2, so stellt man fest, daß in Frage 2 nach der Stützung konkurrierender Hypothesen gefragt wird, in Frage 1 nach der Stützung einer einzigen Hypothese. Die erste Frage erscheint auf den ersten Blick einfacher als die zweite Frage; doch der Schein trügt. Man denke nämlich darüber nach, welche Antwort man auf die jeweilige Frage als informativ bewerten würde. Im Falle der ersten Frage müßte die Antwort zu einer Zahlenangabe führen, d.h. man müßte in der Lage sein, den Grad der Stützung zahlenmäßig anzugeben. Eine Aussage der Form "H ist gut gestützt" ist ohne Angabe der zugrundegelegten Skala wissenschaftlich sinnlos. Ist die zugrundeliegende Skala kardinal, so ist die Antwort in Form einer Zahlenangabe möglich. Ist die Skala jedoch ordinal, ist die Aussage "H ist gut gestützt" nur im Vergleich zum Grad der Stützung anderer Hypothesen interpretierbar. Dies wäre aber der Gegenstand der zweiten Frage. Kurzum: die erste Frage unterstellt die Existenz eines strengeren, da notwendig kardinalen Stützungsmaßes, während ein ordinales Skalenmaß informative Antworten auf die zweite Frage gestattet.

Die dritte Frage ist unklar gestellt, da der Begriff "erhärtet", obwohl oft verwendet, unklar bleibt. Versteht man unter "erhärtet" "bewiesen", so sind keine nicht trivialen Bedingungen zu nennen, unter denen der Beweis einer statistischen Hypothese möglich wäre. Das gleiche gilt für die Widerlegung einer statistischen Hypothese, solange E nicht im Widerspruch zu den unter H logisch möglichen Ereignissen zählt. Die Fragen 5 und 6 sind Gegenstand der statistischen Testtheorie. Ihre Beantwortung impliziert eine Präzisierung dessen, was "vernünftig" heißen soll. Ihre Antwort impliziert aber auch die Feststellung, ob es einer Annahme oder Ablehnung der Hypothese bedarf.

<u>Beispiel</u>: Es werde die Hypothese aufgestellt, eine Warensendung genüge den Anforderungen, d.h. der Ausschuß verbleibe innerhalb akzeptabler Grenzen. Dies ist zunächst keine statistische Hypothese, da sie sich zunächst auf kein Wahrscheinlichkeitsgesetz bezieht. Innerhalb einer Stichprobe werde aber ein Teil der Ware geprüft, die ausgewählten Stücke seien zufällig gezogen. Der auf Zufall beruhende Ziehungsvorgang der Stichprobe impliziert ein Verteilungsgesetz über die Anzahl der fehlerhaften Stücke, dies ermöglicht es, die Hypothese, der Ausschuß verbleibe innerhalb akzeptabler Grenzen, in eine statistische Hypothese über das Verteilungsgesetz der Anzahl fehlerhafter Stücke umzuformulieren. In dieser Situation ist Annahme oder Ablehnung der statistischen Hypothese geboten, da sie Annahme oder Ablehnung der Warenlieferung impliziert. Gleichzeitig ist festzuhalten, daß man es nicht nur mit einer Hypothese zu tun

hat, sondern mindestens mit zweien: die Warenlieferung könnte auch nicht in Ordnung sein.

Beispiel: Einem Naturwissenschaftler werde eine Hypothese über das einem Wiederholungsvorgang zugrundeliegende Verteilungsgesetz vorgelegt. Daß es sich um einen Wiederholungsvorgang handelt, dem ein Verteilungsgesetz zugrundeliegt, wird durch das physikalische Weltbild, das der Naturwissenschaftler hat, nahegelegt, ist also nicht aufgrund der Erstellung einer bestimmten Versuchsanordnung wie im ersten Beispiel begründbar. Die Annahme, eine sinnvolle Hypothese zur Beschreibung des Wiederholungsvorganges müsse statistisch sein, ist also Bestandteil des Hintergrundwissens und ist als Oberhypothese zu interpretieren, im Hinblick auf die das Ergebnis einer die statistische Hypothese betreffenden Untersuchung zu relativieren ist. Der Naturwissenschaftler mag zu dem Ergebnis kommen, daß das Verteilungsgesetz mit seiner Erfahrung nur sehr wenig verträglich ist und er mag es deshalb verwerfen. Ein derartiges Verwerfen findet vor dem Hintergrund statt, daß seine Erfahrung nicht im Widerspruch steht zu der Hypothese, daß aber andere statistische Hypothesen seine Erfahrung wesentlich besser stützen als die vorliegende Hypothese. Eine Verwerfung beruht auf dem Entschluß, nicht an das Eintreten eines besonders seltenen Ereignisses zu glauben, so lange Hypothesen zur Verfügung stehen, die mit der Erfahrung besser in Einklang stehen als die vorgelegte Hypothese. Nachträglich kann sich angesichts neuer Erfahrung herausstellen, daß es viel plausibler ist, vom Eintreten eines seltenen Ereignisses auszugehen, weil die zusätzlich gewonnenen Informationen die Hypothese in einem viel günstigeren Licht erscheinen lassen als alternative Hypothesen. Die Verwerfung hat also in diesem Fall nur vorläufigen Charakter.

Findet keine Verwerfung statt, so bedeutet dies aber nicht die Akzeptanz der Hypothese in dem Sinne, daß man sie für richtig hielte. Es bedeutet vielmehr, daß die Hypothese vorläufig im Kreise der Hypothesen verbleibt, die miteinander in Konkurrenz stehen bei der Erklärung des Wiederholungsvorgangs. Das Verwerfen ist also nicht unwiderruflich, eine Nichtverwerfung impliziert keine Anerkennung der Richtigkeit der Hypothese.

Zur Verdeutlichung dessen, daß Akzeptanz und Verwerfung nicht nur mit dem Grad der Stützung zu begründen sind, sondern auch mit den Folgen der Verwerfung oder der Akzeptanz, diene folgendes

Beispiel: Ein Chemiekonzern habe ein hochwirksames Medikament gegen Erkältungskrankheiten entwickelt mit dem Forschungsaufwand von 10^8 DM. Ein Mitarbeiter des Bundesgesundheitsamtes hege nach Prüfung der chemischen Formel aufgrund von Erfahrungen in zwar anders gearteten, aber nicht völlig von der Hand zu weisenden Fällen den Verdacht, das Medikament könne krebserregend sein. Es werde also ein Großversuch mit Tieren bei stark überhöhter Dosis mit diesem Medikament durchgeführt. Der Verdacht auf Krebserzeugung bestätigt sich zwar nicht, aber er kann nicht ganz ausgeräumt werden. Auf jeden Fall ist die Hypothese, das Medikament sei nicht krebserzeugend, die wesentlich besser gestützte.

Eine Entscheidung, ob das Medikament zugelassen wird oder nicht, findet statt vor folgendem Dilemma: Das Medikament würde zwar die Bevölkerung vor der unangenehmen, aber harmlosen Seuche "Schnupfen in der nassen Jahreszeit" bewahren, aber es ist nicht auszuschließen, daß nach der Mücke des Schnupfens mit dem Elefanten der Krebserzeugung geschlagen wird. Eine Entscheidung muß also neben dem Grad der Stützung auch die Auswirkungen der Entscheidung auf die Betroffenen einbeziehen. In diese Entscheidung muß auch der erbrachte Forschungsaufwand von 10^8 DM einfließen. Der Konzern wird diesen Forschungseinsatz sehr hoch gewichten und den verbleibenden Restzweifeln an der Unschädlichkeit des Medikaments nicht die gleiche Bedeutung beimessen wie ein Vertreter der Gesundheitsbehörde, für den das eventuelle Krebsrisiko schon deshalb im Vordergrund stehen könnte, weil er im Falle einer Zulassung eines sich nachträglich als tatsächlich krebserzeugend erweisenden Medikaments mit einem Karriereknick rechnen muß. Andererseits hat er im Falle der Erlaubnisverweigerung mit Vorwürfen der Fortschrittsfeindlichkeit und der Demotivation der Industrie sowie damit verbundenen Ankündigungen der Einschränkung der Forschungsaktivitäten auch in gesundheitlich gravierenderen Bereichen zu rechnen.

Das dritte Beispiel zeigt ganz deutlich das Zusammenspiel von Stützungsgrad einer Hypothese und Interessenkonflikten aufgrund unterschiedlicher Betroffenheit der einzelnen Akteure von den Folgen einer Annahme oder Ablehnung der Hypothese. Insbesondere läßt sich folgende Aussage gewinnen:

> Es muß nicht vernünftig sein, davon auszugehen,daß die am besten gestützte Hypothese wahr ist. Dieser Satz kann selbst dann richtig sein, wenn man nicht mit Folgen von Entscheidungen operiert.

Für die Begründung sei auf folgendes Beispiel von Stegmüller verwiesen:

<u>Beispiel:</u> Es stehen Alternativen H_1: $\lambda = 0.01$. H_2: $\lambda = 0.02$, H_3:$\lambda = 0.03$, H_4: $\lambda = 0.99$ zur Diskussion. Die Hypothese H_4 sei nur unwesentlich besser gestützt als die anderen drei Hypothesen;insbesondere sei H_4 schlechter gestützt als die Hypothese H_5: $\lambda \leq 0.03$. Man wird intuitiv annehmen, daß H_5 und H_4 die

eigentlich miteinander konkurrierenden Hypothesen sind und sich folglich für H_5 als die besser gestützte Hypothese entscheiden. Was ist an dieser Stelle passiert? Jemand, der eine Hypothese aufgrund ihres Stützungsvorteils gegenüber Alternativhypothesen durchsetzen will, müßte bei Anerkennung des Prinzips, die am besten gestützte Hypothese als wahr anzuerkennen, lediglich mißliebige Hypothesen hinreichend aufspalten, um so den Grad der Stützung jeder Teilhypothese entsprechend abzusenken.

Die Frage 7 könnte etwa zu folgender Auffassung Anlaß geben: Es ist zwar richtig, daß selbst im Falle dessen, daß die Hypothese den wahren Sachverhalt ausdrückt, etwas sehr Unwahrscheinliches passiert, aber in der Regel kann man davon ausgehen, daß etwas passiert, mit dem man bei Unterstellung der Gültigkeit gerechnet hätte, man kann insbesondere davon ausgehen, daß die Hypothese nachträglich in hohem Maße durch die Erfahrung gestützt wird.

Diese Auffassung erscheint mir aber unhaltbar. Gründe dafür sind folgende:

Es ist bereits aus der Theorie der Wahrscheinlichkeitsverteilungen bekannt, daß es Situationen geben kann, in denen jedes Elementarereignis, das eintritt, nur eine sehr geringe Wahrscheinlichkeit aufweist im Falle der Gültigkeit des hypothetischen Verteilungsgesetzes. Wenn "mit etwas rechnen" heißen soll "genau mit diesem Ausgang rechnen", so würde niemand mit "genau diesem Ausgang rechnen". Man rechnet also höchstens damit, daß irgendein zusammengesetztes Ereignis eintritt, mit dem Eintritt eines bestimmten Elementarereignisses zu rechnen, erscheint unter solchen Umständen einfach als unvernünftig.

In gleicher Weise ist die Vorstellung zu beurteilen, empirische Erfahrung würde das wahre Verteilungsgesetz im Regelfall in großem Umfang stützen. Diese Vorstellung wurde bereits bei der Diskussion der ersten Frage abgelehnt. Das einzige, was überhaupt nach der Beantwortung der ersten Frage sinnvoll sein könnte, wäre die Hoffnung, daß die wahre Hypothese durch die Erfahrung im Regelfall die am besten unter allen alternativen Hypothesen gestützte ist. Aber selbst zur Aufrechterhaltung dieser Aussage wurde kein Stützungsmaß vorgelegt, das in der Lage wäre, dieses generell zu gewährleisten. Vielmehr konnte lediglich ein Stützungsmaß vorgeschlagen werden, für das die folgende Aussage gilt: Selbst wenn man im objektivistischen Sinne von wahren, aber nicht bekannten statistischen Hypothesen zu sprechen berechtigt ist, so wird im Regelfall auf der Basis der empirischen Erfahrung eine andere als die wahre Hypothese am besten gestützt. Das einzige, was man hinsichtlich der am besten gestützten Hypothese sagen kann, ist folgendes: im Regelfall unterscheidet sich die durch Erfahrung am besten gestützte Hypothese nur geringfügig von der

wahren Hypothese, falls die Erfahrung hinreichend umfangreich ist.
Die Frage 8, die sich auf die beste Schätzung bezieht, ist zunächst einmal unklar, weil sie keinerlei Kriterien dafür in sich birgt, worin sich die Qualität der besten Schätzung manifestiert. Schätzung stellt ja keinen Selbstzweck dar, sondern ist in vielen Fällen die Basis für Entscheidungen über Handlungen. Angesichts dessen, daß es nicht vernünftig sein muß, die am besten gestützte Hypothese als wahr anzusehen und sich so zu verhalten, sind also Kriterien zu formulieren, im Hinblick auf die beurteilt werden kann, welches Schätzverfahren, d.h. welche Form der Verarbeitung empirischer Erfahrungen, als bestes anzusehen ist.
Derartige Kriterien können orientiert sein an den Folgen der auf der Schätzung basierenden Aktionen, sie können aber auch orientiert sein an der Nähe der geschätzten Verteilung zur wahren Verteilung, insbesondere können sie daran orientiert sein, wie gut die einzelnen statistischen Hypothesen durch die empirische Erfahrung gestützt sind.

14.4. Likelihood ein komparatives Stützungsmaß

14.4.1. Anforderungen an ein komparatives Stützungsmaß

Koopman hat an ein Konzept, das er zur Diskussion der Frage der Stützung von Hypothesen durch Erfahrung zugrundegelegt hat, zunächst folgende Mindestanforderungen gestellt (Stegmüller in [1973], S. 84):

1. Die Gültigkeit der Hypothese H_1 impliziere die Gültigkeit der Hypothese H_2. Dann wird H_2 durch die empirische Erfahrung E mindestens ebenso sehr gestützt wie die Hypothese H_1.
2. Impliziert die empirische Erfahrung E die Gültigkeit von H_2, so wird die Geltung von $H_1 \wedge H_2$ durch E in mindestens dem gleichen Umfang durch E gestützt wie H_1. Beachte, daß normalerweise $H_1 \wedge H_2$ schärfer ist als H_1.
3. Wird die Hypothese H_2 durch die empirische Erfahrung E_2 mindestens ebenso gestützt wie die Hypothese H_1 durch die Erfahrung E_1 und wird die Hypothese H_3 durch E_3 zumindest genau so gut gestützt wie H_2 durch E_2, so wird H_3 durch E_3 mindestens genau so gut gestützt wie H_1 durch E_1. Diese Forderung impliziert die Möglichkeit, Hypothesen aus unterschiedlichen Wissenschaftsbereichen hinsichtlich ihrer Plausibilität zu vergleichen.
4. Eine Hypothese H stützt sich selbst mindestens in gleichem Maße, wie irgendwelche Aussagen eine Hypothese H_1 stützen können.

Im Fall der Gültigkeit dieser vier Bedingungen kann man die Richtigkeit des folgenden Satzes beweisen:

Satz 14.1: Die Erfahrung E_1 impliziere die Geltung von H_1', weiterhin sei $H_1 \wedge H_1'$ durch E_1 schlechter abgestützt als $H_2 \wedge H_2'$ durch Erfahrungen E_2. Dann ist H_1 durch E_1 schlechter abgestützt als H_2 durch E_2.

Eine Diskussion der vier Bedingungen zeigt, daß der Stützungsbegriff als komparativer, d.h. ordinaler gefaßt ist, aber insbesondere verlangt, daß ein Vergleich der Stützung zweier Hypothesen auch dann möglich sein soll, wenn beide Hypothesen ihre Stützung aus unterschiedlichen empirischen Befunden beziehen. Dies ist, wie noch zu zeigen ist, eine Anforderung, die die Likelihood nicht zu leisten vermag.

14.4.2. Die Likelihood als objektivististisches Konzept

Die Likelihood - Funktion wurde bereits eingeführt bei der Diskussion der subjektivistischen Auffassung des Lernens aus Erfahrung. Ihre Rolle ist darin zu sehen, daß sie ein Plausibilitätsmaß für die Geltung von Hypothesen auf der Grundlage empirischer Erfahrung ist unter Verwendung folgender Überlegung: hätte man es mit einem bestimmten Verteilungsgesetz p zu tun, so wäre die Wahrscheinlichkeit dafür, in einer Serie von n Versuchen die der empirischen Erfahrung entsprechende Realisation $\{x_1,\ldots\ldots,x_n\}$ zu erzielen, durch die Wahrscheinlichkeit

$$p(x_1,\ldots\ldots,x_n)$$

bzw. die Dichte $f_p(x_1,\ldots\ldots,x_n)$ bestimmt. Da diese Sprechweise einer objektivistischen Interpretation fähig ist, bietet sich die Likelihood - Funktion auch für den Objektivisten als Maß für den Grad der Stützung einer Hypothese an.

Verwendung der Likelihood - Funktion setzt voraus, daß man das zugrundeliegende Verteilungsgesetz angeben kann. Die statistische Hypothese, deren Likelihood als Maß ihrer Plausibilität dienen soll, kann sich also nur dann auf einzelne Parameter beschränken, wenn die parametrische Klasse feststeht, aus der die Verteilung stammt.

14.4.2.1. Likelihood und zusammengesetzte Hypothesen

Definition 14.1: Eine statistische Hypothese heißt einfach, wenn sie eine eindeutige Aussage über eine einzige Verteilung darstellt. Sind mit der Hypothese mehrere Verteilungen verträglich, heißt die Hypothese zusammengesetzt.
Beispiel: Sei H gegeben in der Form: die Zufallsvariable X ist N(0, 1) - verteilt. Dann ist H eine einfache Hypothese.
Ist jedoch H gegeben in der Form:die Zufallsvariable X ist $N(\mu, 1)$ - verteilt, so ist H zusammengesetzte Hypothese, weil verschiedene sich nur durch μ unterscheidbare Verteilungsgesetze mit H verträglich sind.
In einem Beispiel war bereits vom Grade der Stützung zusammengesetzter Hypothesen die Rede, ohne daß klar war, wie die Stützung der zusammengesetzten Hypothesen auf die Grade der Stützung jedes einzelnen, die zusammengesetzte Hypothese bestimmenden Verteilungsgesetzes zurückgeführt werden könnte. Wurde nun ein konkretes Stützungsmaß, in diesem Fall die Likelihood, vorgeschlagen, so stellt sich die Frage, in welchem Umfang die Likelihood lauter einfacher Hypothesen zur Stützung zusammengesetzter Hypothesen eingesetzt werden könnte. Die Likelihood wurde als

$$l(p|x_1,\ldots\ldots,x_n) = p(x_1,\ldots\ldots\ldots, x_n)$$

bzw. im Falle, daß p die Dichte f_p besitzt, als

$$l(p|x_1,\ldots\ldots\ldots,x_n) = f_p(x_1,\ldots\ldots\ldots, x_n)$$

definiert. Damit ist die Likelihood zwar aus Wahrscheinlichkeitsüberlegungen entstanden, ist aber nicht notwendig als Wahrscheinlichkeit interpretierbar in dem Sinne, daß die Summe aller Likelihoods 1 ergäbe. Vielmehr kann im Falle unendlich vieler verschiedener einfacher Hypothesen die Summation oder Integration in vielen Fällen nicht durchgeführt werden. Weiterhin kann die Erklärung der Likelihood auf der Basis nachträglicher Wahrscheinlichkeitsüberlegungen nur für einfache Hypothesen aufrechterhalten werden, da diese Interpretation die genaue Spezifikation des zugrundeliegenden Verteilungsgesetzes verlangt.Damit ist etwas mit der Konstruktion der σ - Algebra in der Wahrscheinlichkeitstheorie Vergleichbares im Sinne der Konstruktion einer Hypothesenalgebra, in der dann die Möglichkeit der Feststellung des Grades der Stützung zusammengesetzter Hypothesen möglich wäre, nicht durchführbar. Damit ist eine zur Diskussion zusammengesetzter Ereignisse analoge Diskussion zusammengesetzter Hypothesen nicht durchführbar. Die Likelihood ist also nur für einfache Hypothesen definierbar. Die Addition von Likelihoods verschiedener Hypothesen wird als eine sinnlose Operation angesehen und

folglich nicht definiert.
Wie man der Definition der Likelihood entnehmen kann, ist die Likelihood in der Lage, als Plausibilitätsmaß für Hypothesen aufgrund empirischer Erfahrung zu dienen. Die Definition verbietet es aber keinesfalls, die Likelihood als Plausibilitätsmaß für Hypothesen im Falle des hypothetischen Eintretens von Ereignissen aus der zugehörigen Ereignis - σ - Algebra zu definieren und in gleicher Weise zu interpretieren. Damit ist die Likelihood ein Konzept, das seinen Sinn behält, wenn man zu hypothetischen Erfahrungen übergeht, d.h. wenn man Fragen der folgenden Form stellte: Welchen Grad der Stützung im Vergleich zu anderen Hypothesen würde eine spezielle Hypothese erfahren aufgrund eines hypothetischen Experimentausganges? Die Likelihood läßt sich also auch als a - priori - Konzept interpretieren.
Daß sich die Likelihood einer Hypothese nur relativ zu anderen Hypothesen beurteilen läßt, resultiert aus der Art ihrer Definition, genauer auf der Art ihrer Rückführung auf Wahrscheinlichkeiten. Es ist sinnlos, große Likelihoods für eine Hypothese zu verlangen, um ihr Plausibilität zuzusprechen, wenn aufgrund der probabilistischen Struktur und des großen Stichprobenumfangs, also der Vielfältigkeit möglicher Elementarereignisse, kein Elementarereignis eine große Wahrscheinlichkeit oder Dichte besitzen kann. Die Likelihood einer Hypothese kann also nur relativ zu der Likelihood alternativer Hypothesen interpretiert werden.
Beispiel: Der Anteil der neugeborenen Jungen an neugeborenen Kindern beträgt ziemlich stabil über den Zeitablauf 0.507. Es ist also sinnvoll, die Anzahl der neugeborenen Jungen eines Landes für den Fall,daß n Kinder geboren werden, nach folgendem Verteilungsgesetz zu diskutieren:

$$p(j) = \frac{n!}{j!\,(n-j)!}\, 0.507^{j}\, 0.493^{n-j}$$

Es seien von 1000 000 Neugeborenen 507 000 männlich. Eine bessere Übereinstimmung mit der Hypothese H: p = B(0.507, 1000 000) ist also gar nicht vorstellbar. Dennoch weist H eine ungeheuer kleine Likelihood auf, jede andere Hypothese über α würde aber eine noch kleinere Likelihood aufweisen. Die Hypothese H wäre also durch eine derartige empirische Erfahrung im Vergleich zu anderen Hypothesen die mit dem höchsten Stützungsgrad.

14.4.2.2. Likelihood und unterschiedliche Erfahrungen für unterschiedliche Hypothesen

Bei der Diskussion der Prämissen zur Einführung des komparativen Stützungsbegriffs wurde bereits darauf hingewiesen, daß die Frage des Stützungsvergleichs zweier Hypothesen auf unterschiedlicher Erfahrungsbasis auf großes Interesse stößt. Angewandt auf die Likelihood lautet die Frage folgendermaßen: ist die Aussage

$$l(p_1|x_1,\ldots\ldots,x_n) > l(p_2|y_1,\ldots\ldots\ldots,y_m)$$

interpretierbar, ohne zu intuitiven Schwierigkeiten zu führen? Man erinnere sich daran, daß Likelihoods mit Bezug auf eine gegebene Stichprobe ursprünglich definiert worden ist. Die ursprüngliche Definition wurde bereits verallgemeinert, als realisierte Stichproben durch hypothetische, aber für alle Hypothesen einheitliche Ereignisse ersetzt wurde. Die jetzt angestrebte Verallgemeinerung geht in der Form darüber hinaus, daß die Likelihood verschiedener Hypothesen auf unterschiedliche hypothetische Ereignisse bezogen wird. Dies könnte die Interpretierbarkeit des Likelihood - Vergleichs unmöglich machen. Daß dies so ist, belege folgendes Beispiel von Stegmüller in [1973], S. 93:

H_1: X B(0.9, 1) - verteilt

H_2: X B(0.02, 1) - verteilt

H_3: X B(0.01, 1) - verteilt.

Es gilt

$$l(H_1|1) = 0.9$$
$$l(H_2|1) = 0.02$$
$$l(H_3|1) = 0.01$$
$$l(H_1|0) = 0.1$$
$$l(H_2|0) = 0.98$$
$$l(H_3|0) = 0.99.$$

Offensichtlich gilt

$$l(H_2|0) > l(H_1|1).$$

Mit welchem Argumentes begründet man, daß die Hypothese H_2 aufgrund X = 0 größere Plausibilität aufweist als H_1 aufgrund von 1? H_1 erklärt die 1 45 mal besser als H_2 und 90 mal besser als H_3. H_2 erklärt die 0 nur 10 mal besser als H_1 und schlechter als H_3. Dies spricht intuitiv dagegen, H_2 durch 0 plausibler einzuschätzen als H_1 aufgrund von 1. Eine Ausdehnung der Likelihood als Plausibilitätsmaß im Fall unterschiedlicher empirischer Erfahrung für unterschiedliche Hypothesen erscheint also nicht tragfähig. Damit leistet die Likelihood als Plausibilitätsmaß weniger als durch die Anforderung an ein Stützungsmaß festgelegt wird. Die Verwendung der Likelihood als Plausibilitätsmaß verlangt den Bezug aller alternativen Hypothesen auf dieselbe empirische Basis. Verantwortlich dafür ist u.a. die gleiche Überlegung, die bereits zur Ablehnung der Likelihood zusammengesetzter Hypothesen geführt hat: die Summe (das Integral über alle Likelihoods) kann mit sich änderndem empirischen Befund ebenfalls variieren. Damit wäre lediglich eine Relativierung auf diese Summe (dieses Integral) denkbar. Die Untersuchung der Summe (des Integrals) über Likelihoods wurde bereits als sinnlos bezeichnet und abgelehnt.

Zusammenfassung:

1. Die Likelihood ist ein Plausibilitätsmaß, das zwar mit Wahrscheinlichkeitsüberlegungen motiviert wird, aber keinen Wahrscheinlichkeitscharakter hat.
2. Die Likelihood läßt sich nicht für zusammengesetzte Hypothesen bilden, sondern nur für einfache. Für zusammengesetzte Hypothesen versagt insbesondere die wahrscheinlichkeitstheoretische Motivation, außerdem muß das Integral bzw. die Summe über alle Likelihoods nicht 1 sein.
3. Die Likelihood kann lediglich als auf andere Hypothesen relativiertes Plausibilitätsmaß interpretiert werden, nicht als absolutes Plausibilitätsmaß. Damit hat die Likelihood lediglich ordinalen Charakter.
4. Die Likelihood ermöglicht lediglich den Vergleich der Plausibilität unterschiedlicher Alternativen auf der Basis des gleichen empirischen oder des gleichen hypothetischen empirischen Befundes. Damit kann etwa die Likelihood nicht dazu herangezogen werden, Hypothesen aus unterschiedlichen Wissenschaften, die sich zwangsläufig auf unterschiedliche empirische Befunde beziehen, hinsichtlich ihrer Plausibilität zu vergleichen. Insbesondere läßt sich mit Hilfe der Likelihood die folgende Aussage nicht stützen: Naturwissenschaftliche Hypothesen weisen einen höheren Plausibilitätsgrad auf als Hypothesen aus der Ökonomie. Dies war aber eine Anforderung an die Leistungsfähigkeit eines Stützungsbegriffs nach Koopman.
5. Die Einschränkung, daß die Plausibilität unterschiedlicher Hypothesen auf der Basis gleichen empirischen oder hypothetischen empirischen Befundes mit der Likelihood untersucht werden muß, stellt keine Einschränkung dar, wenn der verschiedene empirische Befund relevant für alle auf Plausibilität hin zu beurteilende Hypothesen ist. Denn in diesem Falle ist es viel näherliegender, statt die Plausibilität der verschiedenen Hypothesen auf

der Basis unterschiedlicher empirischer Befunde zu beurteilen, die verschiedenen empirischen Befunde zu einem gemeinsamen gewichtigeren empirischen Befund zusammenzufassen.

Aufgabe 14.1: Sei x fest gegeben. Beweisen Sie, daß nicht für alle x gilt:

$$\int_0^\infty \frac{b^n}{\Gamma(n)} x^{n-1} \exp(-bx)\, db = 1.$$

Anmerkung: Dies ist ein einfaches Beispiel dafür, daß das Integral über die Likelihood - Funktion nicht 1 ergeben muß.

Aufgabe 14.2: Zeigen Sie, daß für festes x gilt:

$$\int_{-\infty}^{\infty} \frac{1}{(2\pi)^{1/2}} \exp(-(x-\mu)^2/2)\, d\mu = 1.$$

Anmerkung: Offenbar unterscheiden sich verschiedene parametrische Klassen danach, ob sich die Likelihoodfunktion zu 1 integrieren läßt oder nicht. Diese Unterscheidung fand Eingang in das Konzept der "Fiduzialwahrscheinlichkeit", das von R.A. Fisher formuliert wurde. Lesen Sie nun etwa bei Stegmüller in [1973], S. 258ff. den Rekonstruktionsversuch von Fisher's Fiduzialargument nach. Dieses Argument ist bedeutsam, da es einen Versuch darstellte, Hypothesenwahrscheinlichkeiten einzuführen.

Aufgabe 14.3: Lesen Sie in einem Buch über Wissenschaftstheorie nach, was man unter "Operationalismus" versteht.

Aufgabe 14.4: Lesen Sie etwa bei Seidenfeld in [1979] nach, was man unter dem Konzept "ancillary statistics" als Gegenpart zu suffizienten Statistiken versteht.

15. Objektivistische Testtheorien

15.1. Klassifikation der objektivistischen Testtheorien

Objektivistische Testtheorien befassen sich mit der Fragestellung, unter welchen Bedingungen es vernünftig ist, statistische Hypothesen zu akzeptieren bzw zu verwerfen.

Dabei lassen sich verschiedene Testtheorien (nicht mit dem Anspruch auf Vollständigkeit) nach folgenden Kriterien unterscheiden:

1. Beschränkt sich das Ziel der Testtheorie darauf, Kriterien dafür zu finden, wann es vernünftig ist, Hypothesen (vorläufig) abzulehnen, oder ist eine Entscheidung zwischen Annahme und Ablehnung der Hypothese zu treffen? Die zweite Frage stellt sich typisch dann ein, wenn von dem Ausgang bestimmter Prüfverfahren, die sich auf die Feststellung der Anwendbarkeit einer Hypothese beziehen, die Entscheidung für bestimmte Aktionen abhängt. Eine derartige Testtheorie ist also handlungsorientiert. Kriterien zur Charakterisierung dessen, was "plausibel" heißen soll, sind also an den Konsequenzen der Handlungen unter den hypothetischen Bedingungen, die fragliche Hypothese sei richtig oder falsch, ebenso wie am Grade der Plausibilität der jeweiligen Hypothese angesichts des Ausganges des noch durchzuführenden Prüfverfahrens (Experiments) zu beurteilen.

   Die Verwerfung einer Hypothese angesichts einer Handlungsorientierung bedeutet die implizite Akzeptanz einer anderen Hypothese, die dann die im Anschluß an die Ablehnung der Hypothese gewählte Handlung begründet.

   Akzeptanz und Verwerfung sind also nur dann sinnvoll gemeinsam zu thematisieren, wenn neben der Hypothese H auch eine Gegenhypothese H' formuliert worden ist. Man nennt $H = H_o$ dann die Nullhypothese und $H' = H_1$ die Gegenhypothese. Eine sich mit der Akzeptanz bzw. Verwerfung von H_o angesichts der Gegenhypothese H_1 befassende Testtheorie haben Neyman - Pearson vorgelegt.

   Das Problem der alleinigen Ablehnung von Hypothesen stellt sich eher bei wissenschaftsorientierten Hypothesen, wo man ohnehin nicht von der Möglichkeit der Verifikation von Hypothesen ausgeht, sondern bestenfalls davon, daß sich Hypothesen für die Erklärung bestimmter Phänomene als ungeeignet herausstellen. Dabei muß die Möglichkeit der Revision dieses Urteils offen bleiben, solange die Hypothese durch den empirischen Befund nicht logisch ausgeschlossen wird. Logisch ausgeschlossen würde eine statistische Hypothese allein aufgrund eines empirischen Befundes, der angesichts der Definition der Trägermenge der Verteilung bei Geltung der Hypothese unmöglich hätte eintreten können. In allen anderen Fällen könnte man es mit einem sehr unwahrscheinlichen Ereignis als empirischem Befund zu tun haben. Bei wissenschaftlichen Hypothesen stellt sich also nicht die Frage der Akzeptanz von Hypothesen, denn nicht verworfene Hypothesen verbleiben ohnehin im Kreise der bei die Erklärung bestimmter Zusammenhänge miteinander konkurrierenden Hypothesen. Was sollte also eine ausdrückliche Akzeptanz der Hypothese noch anderes besagen als die Anerkennung ihrer Richtigkeit, die aufgrund empirischen Befundes ohnehin nicht festgestellt werden kann. Mit Testtheorien, die sich auf die Untersuchung vorläufiger Verwerfung einer statistischen Hypothese beschränken, ist der Name R.A. Fisher verbunden.

2. Handelt es sich um Hypothesen, die den Typ des zugrundeliegenden Verteilungsgesetzes vollständig festlegen und lediglich Spielraum für bestimmte Parameter belassen, oder handelt es sich um Hypothesen, die lediglich Aussagen über einzelne Charakteristika, etwa Momente, der zugrundeliegenden Verteilung beinhalten, den Typ der Verteilung aber nicht fixieren?
Im ersten Fall steht das Konzept der Likelihood zur Verfügung, das ja die explizite Angabe des Typs von Wahrscheinlichkeitsverteilung verlangt, mit Hilfe derer Wahrscheinlichkeiten für empirische oder hypothetische empirische Befunde erst bestimmbar werden. Im zweiten Fall steht die Likelihood nicht zur Verfügung. Damit muß ein neues Plausibilitätsmaß gefunden werden, das es erlaubt, neben den schon erwähnten Folgen einer Entscheidung auch die Plausibilität der Hypothese angesichts eines empirischen oder hypothetischen empirischen Befundes in die Bestimmung dessen, was "plausibel" sein soll, einzubeziehen. Aufgrund dessen, daß im Falle eines nicht explizit festgelegten Verteilungsgesetzes präzise Wahrscheinlichkeitsaussagen für einen empirischen oder hypothetischen empirischen Befund nicht getroffen werden können, ist festzustellen, daß die Beurteilung der Plausibilität der Hypothese aufgrund des empirischen Befundes auf einer wesentlich schwächeren Basis erfolgt. Die Testsituation ist aus Sicht der Bewertung des empirischen Befundes also wesentlich unstrukturierter und weniger informativ. Der Verzicht auf die Likelihood führt weg von den auf Likelihoods basierenden Tests zum Signifikanztest.
Die Neyman - Pearson - Testtheorie setzt die Existenz der Likelihood voraus.

3. Ein für die Neyman - Pearson - Testtheorie wichtiger Ansatzpunkt zu einer weiteren Fallunterscheidung bezieht sich auf die Ausgestaltung der Gegenhypothese: Angesichts dessen, daß die Neyman - Pearson - Testtheorie die Existenz der Likelihood - Funktion voraussetzt, hat man es mit Situationen zu tun, in denen von vornherein der Typ des Verteilungsgesetzes feststeht und Nullhypothese bzw. Gegenhypothese sich allein auf unterschiedliche Verteilungen gleichen Typs beziehen. In zahlreichen Fällen ist also die Klasse K von Verteilungen mit Parametermenge Ψ vorgegeben, die Hypothese H_0 bezieht sich somit auf eine Teilmenge $\Psi_0 \subset \Psi$ und die Hypothese H_1 bezieht sich auf eine Teilmenge $\Psi_1 \subset \Psi - \Psi_0$. Von Interesse ist nun die folgende Fallunterscheidung:

1. $\Psi_1 = \Psi - \Psi_0$

2. $\Psi_1 \subsetneq \Psi - \Psi_0$.

Eine derartige Unterscheidung spiegelt einen unterschiedlichen Stand der a - priori - Information über das zugrundeliegende Verteilungsgesetz wider. Ihre Relevanz besteht darin, daß die Likelihood einer Hypothese als Grad ihrer Plausibilität nur relativ auf konkurrierende Hypothesen beurteilt werden kann und somit eine Hypothese möglicherweise dann zunehmende Plausibilität aufweist, wenn die Menge der konkurrierenden Hypothesen abnimmt.

15.2. Die Testtheorie von Neyman - Pearson

15.2.1. Wie Neyman - Pearson die Konsequenzen des Hypothesentests einbeziehen

Zunächst einmal sei genauer die Situation beschrieben, in der Neyman - Pearson ihre Testtheorie zur Anwendung empfehlen: In einer gegebenen Entscheidungssituation ist auf der Basis eines empirischen Befundes, der keinen vollkommenen Aufschluß gibt über das zugrundeliegende Verteilungsgesetz, zu entscheiden, welche Handlung vorzunehmen ist. Es stehen zwei Handlungen zur Auswahl. Die Handlung A bietet sich an, falls das dem empirischen Befund zugrundeliegende Verteilungsgesetz zu der Menge H_α von Wahrscheinlichkeitsgesetzen gehört, die Handlung B bietet sich an, falls das Verteilungsgesetz zu der Menge H_β von Verteilungsgesetzen zählt. Es wurde bewußt nicht von H_0 und H_1, sondern von H_α und H_β gesprochen, obwohl eine der beiden Hypothesen die Nullhypothese und die andere die Gegenhypothese H_1 sein wird, da bislang die Situation hinsichtlich beider Hypothesen symmetrisch beschrieben ist insofern, daß Handlung A nur vernünftig ist im Falle H_α und B nur vernünftig ist im Falle H_β. Ungeklärt sind jedoch noch die Konsequenzen von Handlung A im Falle H_β und von Handlung B im Falle H_α. Ist die Handlung A auch vernünftig im Fall H_β und/oder die Handlung B auch vernünftig im Fall H_α, so besteht kein Handlungsproblem, da eine Handlung existiert, die auf jeden Fall vernünftig ist. Von Interesse ist als Testproblem also allein der Fall, daß Handlung A unvernünftig ist im Fall H_β und B unvernünftig ist im Fall H_α. Denn dann läuft man Gefahr, unabhängig davon, wie man sich entscheidet, einen Fehler zu begehen.

Ein Konflikt zwischen der Annahme der plausibelsten Hypothese und den möglichen Konsequenzen der damit verbundenen Handlung ist nicht bereits dann gegeben, wenn sich die Handlung als unvernünftig herausstellt. Diese Gefahr droht bei jeder der beiden Handlungen. Ein Konflikt droht erst dann, wenn die Schwere der Konsequenzen beider Handlungen für den Fall, daß sie unvernünftig sind, sich gravierend unterscheiden. Hier sei an das Beispiel des Medikaments gegen Schnupfen erinnert, das möglicherweise Krebs erzeugt.

Neyman - Pearson schlagen vor, die Hypothese, deren <u>fälschliche Annahme die gravierenderen Konsequenzen nach sich zieht, als Gegenhypothese zu wählen</u>. Man kann den gleichen Sachverhalt auch so ausdrücken: <u>Man wähle die Hypothese, deren fälschliche Ablehnung die gravierenderen Konsequenzen nach sich zieht, als Nullhypothese</u>. Neyman - Pearson ziehen die zweite Sprechweise vor.

Das weitere Vorgehen werde durch das folgende Bild erläutert:

Aktion	Unterstellte Hypothese	richtige Hypothese	Bewertung der Aktion
A	H_α	H_α	richtig
A	H_α	H_β	schwerer Fehler
B	H_β	H_α	leichterer Fehler
B	H_β	H_β	richtig

Alle anderen Alternativen müssen nicht weiter verfolgt werden, weil sie unvernünftig sind. Dabei wird unvernünftig genannt, etwas zu tun, was man für falsch hält. Die aufgezählten Handlungen sind zwar konsistent mit den eigenen Vorstellungen, können aber zu Fehlern führen, wenn die eigenen Vorstellungen nicht richtig sind.

Neyman - Pearson unterscheiden nun zwei Fehler:

<u>Definition 15.1</u>: Der <u>Fehler erster Art</u> liegt vor, wenn die Nullhypothese richtig ist und dennoch abgelehnt wird. Der <u>Fehler zweiter Art</u> liegt vor, wenn die

Nullhypothese falsch ist und dennoch angenommen wird. Dabei ist von den Hypothesen H_α und H_β diejenige als Nullhypothese zu wählen, deren fälschliche Ablehnung die gravierenderen negativen Konsequenzen aufweist.

Offenbar ist es wünschenswert, beide Fehler zu vermeiden. Jedoch kann man immer nur einen Fehler machen: den Fehler erster Art, falls H_0 richtig ist, und den Fehler zweiter Art, falls H_1 richtig, also H_0 falsch ist. Welches Verhalten ist in dieser Situation vernünftig? Sind die Konsequenzen des gravierenderen Fehlers so schwerwiegend, daß man einen solchen Fehler auf keinen Fall begehen will, so gibt es nur eine Möglichkeit: man unterstellt, daß H_0 richtig ist. Da nach Voraussetzung die Falschheit von H_0 durch Experiment nicht bewiesen werden kann, ist die Durchführung einer experimentellen Prüfung der Hypothese sinnlos. Damit liegt aber auch kein Testproblem vor, die Situation ist also aufgrund der derart schwerwiegend eingeschätzten Folgen eines Fehlers erster Art wieder einfach geworden. Das Vorliegen eines Testproblems setzt also die Bereitschaft voraus, einen Fehler erster Art zu wagen.

Falls aber eine Bereitschaft dazu besteht, sind natürlich nach wie vor beide Fehler unterschiedlich zu bewerten. Neyman - Pearson schlagen vor, die unterschiedliche Bewertung beider Fehler in folgender Weise zu berücksichtigen:

Gebe eine Höchstwahrscheinlichkeit für den Fehler erster Art vor unter der Bedingung, daß H_0 richtig ist; diese Höchstwahrscheinlichkeit ist strikt einzuhalten. Sie wird im Regelfall klein gewählt und führt so zu einer strengen Restriktion für eine eventuelle Ablehnung der Nullhypothese. Unter Wahrung dieser Restriktion versuche, die Wahrscheinlichkeit für den Fehler zweiter Art so gering wie eben möglich zu halten.

15.2.2. Mathematische Beschreibung eines Tests

Ein Test findet wie eben bereits ausgeführt auf der Basis von Wahrscheinlichkeitsüberlegungen statt, die sich auf Realisierungen von Folgen von Zufallsvariablen beziehen, die dann den empirischen Befund darstellen. Um Wahrscheinlichkeitsargumente noch einsetzen zu können, sind folgende Überlegungen vor Durchführung eines Experiments vorzunehmen, da im Anschluß an ein Experiment die Realisationen vorliegen und nicht mehr zufällig sind. Sei also $\{X_t\}_{1\leq t\leq n}$ eine der n - fachen Durchführung eines Experiments zugrundeliegende Folge von Zufallsvariablen, sei

$$f(x_1,\ldots\ldots, x_n)$$

die Dichte oder

$$p(x_1,.......,x_n)$$

die Wahrscheinlichkeit für das Elementarereignis $(x_1,......,x_n)$.
Ein Test soll entscheiden, ob aufgrund eines empirischen Befundes $(x_1,....,x_n)$ die Nullhypothese akzeptiert (angenommen) oder verworfen (abgelehnt) wird. Diese Entscheidung ist vor Durchführung des Experiments vorzunehmen, da sie ja wahrscheinlichkeitstheoretisch begründet werden soll. Da vor Durchführung des Experiments nicht bekannt ist, welches der Experimentausgang ist, muß die Entscheidung für alle logisch möglichen Experimentausgänge gefällt werden.

Definition 15.2: Sei $\{X_t\}_{1\leq t\leq n}$ Folge von Zufallsvariablen mit $\mathbb{R}^m$ als Menge der Elementarereignisse und $\mathcal{B}^m$ als Borelscher Ereignis - σ - Algebra. Dann ist $\mathbb{R}^{mn}$ die Menge der möglichen Elementarereignisse von $(X_1,......,X_n)$ und $\mathcal{B}^{mn}$ ist die Borelsche Ereignis - σ - Algebra von $(X_1,......,X_n)$. Das Paar $\{\mathbb{R}^{nm}, \mathcal{B}^{nm}\}$ heißt Stichprobenraum.

Ein Test ist mathematisch bestimmt als Funktion φ von $\mathbb{R}^{mn}$ in das Intervall [0, 1]. Dabei bedeutet

$$\varphi(x_1,......,x_n) = 0,$$

daß H_o aufgrund des empirischen Befundes $(x_1,....,x_n)$ angenommen wird.

$$\varphi(x_1,......,x_n) = 1$$

bedeutet, daß H_o aufgrund des empirischen Befundes $(x_1,......,x_n)$ abgelehnt wird.

$$\varphi(x_1,......,x_n) = \alpha, \qquad 0 < \alpha < 1$$

bedeutet, daß aufgrund des empirischen Befundes weder Annahme noch Ablehnung sinnvoll sind. Vielmehr soll irgendein Zufallsexperiment mit Erfolgswahrscheinlichkeit α durchgeführt werden, das dann im Erfolgsfall zur Ablehnung von H_o, im Mißerfolgsfall zur Annahme von H_o führt. Die Entscheidung wird also abhängig gemacht von einem Experiment, das in keinem Zusammenhang zum zu testenden Problem steht und folglich keine sachdienlichen Informationen liefert. Ein derartiges Vorgehen erscheint zunächst einmal merkwürdig und bedarf einer eingehenden Begründung. Diese Begründung wird nachgeholt, jedoch soll bereits jetzt darauf hingewiesen werden, daß dieses Vorgehen zu erheblicher Aufregung unter Wissenschaftstheoretikern geführt hat.
Damit sind noch nicht alle Anforderungen an einen Test erklärt: Zusätzlich ist nämlich zu beachten, daß Ablehnungswahrscheinlichkeiten aufgrund empirischer Befunde bestimmbar sein müssen für alle Verteilungsgesetze, die in H_o und H_1

aufgeführt sind. Sei also p ein gemeinsame Verteilungsgesetz von $(X_1,\ldots,X_n)$, das aufgrund der Hypothesen H_0 und H_1 diskutiert wird. Dann muß nach Konstruktion des Tests gelten:
Die Wahrscheinlichkeit, daß im Falle der Gültigkeit des Verteilungsgesetzes p die Nullhypothese H_0 abgelehnt wird, ist gegeben durch

$$E\,\varphi(X_1,\ldots\ldots,X_n).$$

Es ist nicht erstaunlich, daß hier der Test als Zufallsvariable aufgefaßt wird, deren Erwartungswert zu bilden ist, denn Tests werden in einer a - priori - Situation festgelegt, Annahme und Ablehnung von H_0 sind also noch abhängig vom Ausgang des Zufallsexperiments und damit zufällig. Damit ein Test aber als Zufallsvariable aufgefaßt werden kann, die aus $(X_1,\ldots\ldots,X_n)$ abgeleitet ist, müssen die Ereignisse $\varphi(X_1,\ldots\ldots,X_n)$ als Ereignisse in $(X_1,\ldots\ldots,X_n)$ interpretierbar sein. Dies heißt aber:
Sei

$$E \subset [0,\ 1],\ E \text{ sei aus } \mathcal{B}^1.$$

$$\varphi(X_1,\ldots\ldots,X_n) \subset E$$

heißt dann, die Zufallsvariable $\varphi(X_1,\ldots\ldots,X_n)$ hat einen Wert $z \in E$ angenommen. Damit dies als Ereignis in $(X_1,\ldots\ldots,X_n)$ interpretierbar ist, muß gelten:

$$\{(x_1,\ldots\ldots,x_n)\,|\,\varphi(x_1,\ldots\ldots,x_n) \in E\} \in \mathcal{B}^{mn}.$$

<u>Definition 15.3:</u> Eine Funktion φ: $\mathbb{R}^s \to \mathbb{R}^u$ heißt <u>meßbar</u>, wenn gilt:
Sei $B \in \mathcal{B}^u$. Dann gilt

$$\{x\,|\,\varphi(x) \in B\} \in \mathcal{B}^s.$$

Dies heißt verbal folgendes: Ereignisse in $\mathcal{B}^u$ stammen von Ereignissen in $\mathcal{B}^s$.
An Tests ist also die <u>Anforderung der Meßbarkeit</u> zu stellen, d.h. die Anforderung, daß Ereignissen, die für $\varphi(X_1,\ldots\ldots,X_n)$ definiert sind, Ereignisse in den $(X_1,\ldots\ldots,X_n)$ zugrundeliegen. Diese Bedingung gewährleistet, daß die gewünschten Wahrscheinlichkeitsinterpretationen aufrechterhalten werden können.

<u>Definition 15.4:</u> Eine meßbare Abbildung φ: $\mathbb{R}^{mn} \to [0,\ 1]$ heißt <u>Test eines Testproblems $\{H_0,\ H_1\}$ auf der Basis von n Beobachtungen.</u> Dabei beinhalten H_0 und H_1 Wahrscheinlichkeitsgesetze, die auf der Ereignis - σ - Algebra $\mathcal{B}^{mn}$ definiert sind, d.h. die Wahrscheinlichkeitsgesetze beziehen sich auf die gemeinsame Verteilung von n jeweils m - dimensionalen Zufallsvariablen.
In vielen Anwendungsfällen ist die gemeinsame Verteilung der $(X_1,\ldots,X_n)$ als

das Produkt der Verteilungen der $X_1, \ldots\ldots, X_n$ gegeben. Dies ist typisch für das objektivistische Verständnis der Experimentsituation. Es gibt aber auch gerade in der Ökonomie als nicht experimenteller Wissenschaft Anwendungsfälle, bei denen die gemeinsame Verteilung nicht die Produktverteilung ist. Derartige Anwendungen werden in der Ökonometrie vertieft.

Sei nun die Höchstgrenze für den Fehler erster Art auf α festgesetzt. Das Problem, H_o gegen H_1 unter Wahrung der Höchstgrenze α für den Fehler erster Art zu testen, sei mit $\{H_o, H_1, \alpha\}$ bezeichnet.

Definition 15.5: Ein Test φ heißt zulässiger Test auf der Basis von n Beobachtungen für das Testproblem $\{H_o, H_1, \alpha\}$, falls gilt:

1. φ ist Test für $\{H_o, H_1\}$ auf der Basis von n Beobachtungen.
2. $E_p(\varphi) \leq \alpha \qquad \forall\, p \in H_o$.

Dabei werde mit $E_p(\varphi)$ der Erwartungswert von φ unter der Bedingung bezeichnet, daß p das zugrundeliegende Verteilungsgesetz ist.

Satz 15.1: Zu jedem Testproblem $\{H_o, H_1, \alpha\}$ existiert ein zulässiger Test auf der Basis von n Beobachtungen.

Beweis: Setze

$$\varphi(x_1, \ldots, x_n) = \alpha \qquad \forall\, (x_1, \ldots\ldots, x_n) \in \mathbb{R}^{mn}.$$

Dabei sind die x_i m - Vektoren.

Interpretation: Man hat immer die Chance, statt auf der Basis von Sachinformation eine zufällige Entscheidung herbeizuführen.

Aufgabe 15.1: Sei $B \in \mathcal{B}^1$. Definiere

$$I_B(x) = \begin{cases} 1 & x \in B \\ 0 & x \in B \end{cases}$$

1. Zeigen Sie, daß $I_B(x)$ meßbar ist.

   $I_B(x)$ heißt Indikatorfunktion zur Menge B.

2. Sei $f(x) = \sum\limits_{i \in \mathbb{N}} a_i I_{B_i}(x)$ mit $a_i \in \mathbb{R}$, $i \in \mathbb{N}$, $B_i \in \mathcal{B}^1$. Zeigen Sie, daß f(x) meßbar ist.

3. Seien $\{f_i(x)\}_{1 \leq i \leq n}$ meßbare Funktionen von $\mathbb{R}$ nach $\mathbb{R}$. Sei
   $$gmax(x) = \max \{f_i(x) \mid 1 \leq i \leq n\} \quad \text{für } x \in \mathbb{R}$$
   Dann gilt: gmax(x) ist meßbare Funktion.

4. Sei $\{f_i(x)\}_{i \in \mathbb{N}}$ Folge meßbarer Funktionen von $\mathbb{R}$ nach $\mathbb{R}$. $\forall\, x \in \mathbb{R}$ gelte:
   $$\lim_{i \to \infty} f_i(x) = f(x) \text{ existiert.}$$
   Dann gilt: f(x) ist meßbar.

5. Sei f(x) Funktion von $\mathbb{R}$ nach $\mathbb{R}$. f sei stetig. Dann gilt: f ist meßbar.

6. Sie $\{f_i(x)\}_{1\leq i\leq n}$ Folge meßbarer Funktionen von $\mathbb{R}$ nach $\mathbb{R}$. Dann gilt: Die Summe und das Produkt dieser Funktionen ist meßbar.

7. Seien f(x) und g(x) meßbare Funktionen von $\mathbb{R}$ nach $\mathbb{R}$. Es gelte

$$g(x) \neq 0 \text{ für } x \in \mathbb{R}.$$

Dann ist f(x)/g(x) meßbar.

15.2.3. Überblick über die hier präsentierten Ergebnisse der Neyman - Pearson - Testtheorie

Ausgangspunkt der folgenden Überlegungen ist das Testproblem $\{H_0, H_1, \alpha\}$, bei dem H_0 und H_1 einfache Hypothesen sind, d.h. genau ein Verteilungsgesetz beinhalten. Dieses Testproblem wird durch das berühmte Neyman - Pearson - Fundamentallemma gelöst, das die Bedeutung des Likelihood - Quotienten für die Testtheorie herausstellt. Einfache Anwendungen zeigen, daß man sich sehr schnell von der Voraussetzung der einfachen Gegenhypothese lösen kann und übergehen kann zu einseitigen Testproblemen, wenn die Klasse der zugrundeliegenden Verteilungen monotonen Dichtequotienten besitzt. In dieser Situation ist der Ablehnungsbereich unabhängig von der jeweils betrachteten Verteilung der Gegenhypothese. Die Nullhypothese bleibt einfach und die Klasse der unterstellten Verteilungen ist einparametrisch. Dann läßt sich ein einseitiges Testproblem schreiben in der Form $\{H_0, H_1, \alpha\}$ mit

$$H_0: \lambda = \lambda_0, \; H_1: \lambda > \lambda_0 \quad \text{oder} \quad H_1: \lambda < \lambda_0.$$

Das Testproblem $\{H_0, H_1, \alpha\}$ mit

$$H_0: \lambda = \lambda_0, \quad H_1: \lambda \neq \lambda_0$$

heißt beidseitiges Testproblem. Für das beidseitige Testproblem sind die bereits für das einseitige Testproblem vorgestellten universell besten Tests, d.h. bestmöglichen Tests nicht mehr begründbar, denn es stellt sich das Problem verzerrter Tests. Dabei heißt ein Test verzerrt, wenn die Nullhypothese bevorzugt angenommen wird, wenn sie falsch ist. Dies wird mathematisch präzisiert. Bei beidseitigen Tests ist die zusätzliche Forderung der Unverzerrtheit zu stellen. Die Forderung der Unverzerrtheit ist für universell beste Tests automatisch erfüllt, da ein universell bester Test mindestens genau so gut ist wie der Test aus Satz 15.1:

$$\varphi(x_1,\ldots\ldots,x_n) = \alpha \qquad \forall\ (x_1,\ldots\ldots,x_n) \in \mathbb{R}^{mn}.$$

Dieser Test ist offenbar unverzerrt. Das Problem der Unverzerrtheit stellte sich also bei einseitigen Tests nicht.
Sobald man es mit Klassen aus der Exponentialfamilie zu tun hat, läßt sich die Forderung der Unverzerrtheit mathematisch ausdrücken durch die Gütefunktion eines Tests, die die Ablehnungswahrscheinlichkeit eines Tests als Funktion der geltenden Parameterkonstellation auffaßt. Unverzerrtheit besagt, daß die Gütefunktion in λ_0 ihr Minimum haben muß. Minima findet man mit Mitteln der Differentialrechnung, falls eine Funktion differenzierbar ist. Es zeigt sich, daß die Gütefunktion nach λ differenzierbar ist, falls die zugrundeliegende Klasse aus der Exponentialfamilie stammt. Das verallgemeinerte Neyman - Pearson - Fundamentallemma löst nun das beidseitige Testproblem für einparametrische Exponentialfamilien.
Nach der Diskussion einiger wichtiger einparametrischer Beispiele soll die Untersuchung spezieller mehrparametrischer Testprobleme erfolgen. Diese Testprobleme zeichnen sich dadurch aus, daß über mehrere Parameter weder in der Null- noch in der Gegenhypothese Aussagen gemacht werden. Diese Parameter bleiben unspezifiziert. Die Hypothesen beziehen sich allein auf einen der Parameter, und die Nullhypothese ist dadurch gekennzeichnet, daß diesem Parameter genau ein Wert zugewiesen wird. Die Gegenhypothesen unterscheidet man danach, ob sie einseitig oder zweiseitig sind. Da diese Testprobleme letztlich sich nur auf einen der mehreren Parameter beziehen, liegt die Vermutung nahe, daß es möglich ist, diese Testprobleme auf die bereits bekannten einparametrischen Testprobleme zurückzuführen. Dies gelingt für mehrparametrische Klassen von Verteilungen aus der <u>Exponentialfamilie</u> tatsächlich. Die Hilfsmittel sind die der <u>bedingten Tests.</u> Dieses Hilfsmittel führt ein mehrparametrisches (mehrparametrisch wegen der unspezifizierten Parameter) auf zahlreiche einparametrische Testprobleme zurück. Diese bedingten Testprobleme führen zu Lösungen, bei denen der Test eine Funktion der zum zu testenden Parameter gehörigen suffizienten Statistik ist und je nach Wert der zu den unspezifizierten Parametern gehörigen suffizienten Statistiken unterschiedlich gebildet wird. Es wird gezeigt, wie man sich von diesen vielen bedingten Testproblemen unter bestimmten Bedingungen durch <u>Transformation der suffizienten Statistiken</u> lösen kann und trotz unspezifizierter Parameter zu einparametrischen Tests vergleichbare Lösungen finden kann. Es wird gezeigt, welche Hilfestellungen Konzepte der <u>Ähnlichkeit von Tests,</u> der <u>Invarianz von Tests</u>, und das Konzept des <u>Tests mit Neyman - Struktur</u> zur Lösung der anstehenden Fragestellungen leisten. Diese Überlegungen werden an verschiedenen klassischen Testproblemen, die fast aus-

schließlich von einer normalverteilten Grundgesamtheit ausgehen, vorgeführt. Diskutiert werden insbesondere folgende Testprobleme: $\aleph^2$ - Test zum Testen von Hypothesen über die Varianz bei bekanntem oder unbekannten Erwartungswert, t - Test für Testprobleme, bei denen der Erwartungswert bei unspezifizierter Varianz getestet wird; der F - Test dient dem Vergleich zweier Varianzen bei gegebenen Erwartungswerten oder auch bei zu schätzenden Erwartungswerten; der t - Test kann auch zum Erwartungswertvergleich zweier normalverteilter Grundgesamtheiten bei unspezifizierten Varianzen herangezogen werden, solange die Varianzen nur in beiden Grundgesamtheiten gleich sind. In den Aufgaben schließlich wird noch eingegangen auf den Test auf stochastische Unabhängigkeit zweier normalverteilter Grundgesamtheiten, der mit den vorgestellten Hilfsmitteln lösbar ist. Man sieht, daß die vorgestellten Ergebnisse nur fallweise anwendbar sind. Testtheorie stellt also den Versuch dar, allgemeine Prinzipien zur Konstruktion von Tests, die wünschenswerte Eigenschaften besitzen sollen, auf möglichst verschiedene Einzelprobleme anzuwenden. In diesem Sinne ist die Testtheorie keine geschlossene Theorie, sondern stellt auf das jeweilige Spezialproblem ab; sie führt in nur wenigen, aber wichtigen Fällen, zu begründeten methodische Empfehlungen.

15.2.4. Das Neyman - Pearson - Fundamentallemma

In vielen Fällen gibt es viele zulässigen Tests zu $\{H_o, H_1, \alpha\}$ auf der Basis von n Beobachtungen. Es sind also Empfehlungen auszusprechen, welcher Test sinnvoll anzuwenden ist. Ebenso bedarf es der Empfehlungen, wie α gewählt werden sollte.

Da die Wahl von α die Konsequenzen des Fehlers erster Art mit denen des Fehlers zweiter Art in Verbindung bringt, können keine formalen Empfehlungen ausgesprochen werden. Es sind lediglich Ansatzpunkte derartiger Überlegungen angebbar:

1. Wie stark ist die Risikoaversion des Individuums?
   Je stärker die Risikoaversion, desto weniger wird das Individuum bereit sein, die Höchstgrenze der Fehlerwahrscheinlichkeit erster Art auf die Höchstgrenze der Fehlerwahrscheinlichkeit zweiter Art abzustimmen. Es wird also bereit sein, eher große Wahrscheinlichkeiten für den Fehler zweiter Art in Kauf zu nehmen, als das Risiko des Fehlers erster Art verstärkt einzugehen.

2. Je geringer beide Fehler sich in ihren Auswirkungen unterscheiden, desto größer darf die Wahrscheinlichkeit für den Fehler erster Art ausfallen.
3. Je kleiner man die Höchstgrenze für die Wahrscheinlichkeit des Fehlers erster Art festlegt, desto größer muß die Mindestgrenze für die Wahrscheinlichkeit des Fehlers zweiter Art werden. Denn Verkleinerung der Wahrscheinlichkeit des Fehlers erster Art ist nur zu erreichen, indem man immer mehr empirische Befunde mit der Nullhypothese als verträglich ansieht. Eine Angabe für die Fehlerwahrscheinlichkeit erster Art verlangt also die Bereitschaft, diese im Hinblick auf die Reduzierung der Wahrscheinlichkeit des Fehlers zweiter Art auch voll auszuschöpfen.
4. Je größer der Stichprobenumfang ist, desto geringer kann bei gegebenem α die Wahrscheinlichkeit für den Fehler zweiter Art gehalten werden. Bei zunehmend großen Stichprobenumfang können deshalb auch die Höchstgrenzen für den Fehler erster Art verschärft werden.

Das unter 3. genannte Argument ist von besonderer Bedeutung bei der folgenden

Definition 15.6: Ein Test φ_1 zum Testproblem $\{H_o, H_1, \alpha\}$ auf der Basis von n Beobachtungen heißt mindestens genauso gut wie ein Test φ_2 zum gleichen Testproblem, wenn beide Tests zulässige Tests für dieses Testproblem sind und wenn außerdem gilt

$$E_p(\varphi_1) \geq E_p(\varphi_2) \quad \forall\, p \in H_1.$$

Definition 15.7: Ein Test φ^* heißt universell bester Test zum Testproblem $\{H_o, H_1, \alpha\}$, wenn φ^* zulässiger Test zu diesem Testproblem ist und mindestens genauso gut ist wie jeder andere zulässige Test.

Offenbar kann man einen Test, der die Fehlerwahrscheinlichkeit erster Art nicht vollständig ausschöpft, nach diesem Kriterium verbessern, indem man die Fehlerwahrscheinlichkeit erster Art (Wahrscheinlichkeit des Fehlers erster Art) erhöht. Bei einer Beurteilung eines Tests nach diesem Kriterium wird also die Indifferenz gegenüber der Ausschöpfung der Fehlerwahrscheinlichkeit erster Art bis zur Höchstgrenze vorausgesetzt. Mit der Formulierung der Höchstgrenze für die Fehlerwahrscheinlichkeit erster Art ist also der Berücksichtigung des Fehlers erster Art voll Genüge getan, alle weiteren Überlegungen drehen sich dann um die Reduzierung der Fehlerwahrscheinlichkeit zweiter Art. Einwände gegen eine derartige Vorgehensweise liegen nach der vorherigen Betonung der unterschiedlichen Konsequenzen der Fehler erster und zweiter Art nahe und sind auch in der Literatur vorgebracht worden.

Aber selbst wenn man derartige Einwände übergeht, ist die Existenz eines universell besten Tests nur in wenigen Fällen beweisbar, es bedarf also der Ergänzung um weitere Kriterien. Zu prüfen sind jedoch zunächst Bedingungen, unter denen universell beste Tests existieren. Es gilt folgender

Satz 15.2: (Neyman - Pearson - Fundamentallemma) Seien H_o und H_1 zwei einfache Hypothesen, d.h. es gelte

$$H_o: X \text{ ist } p_o - \text{verteilt.}$$
$$H_1: X \text{ ist } p_1 - \text{verteilt.}$$

Sei die gemeinsame Verteilung von $(X_1, \ldots\ldots, X_n)$ die Produktverteilung der X_i, die im Falle H_o p_o - verteilt, im Falle H_1 p_1 - verteilt sind. Dann existiert zu $\{H_o, H_1, \alpha\}$ mit $0 < \alpha < 1$ ein universell bester Test φ^*. Unter der Bedingung, daß p_o und p_1 Dichtefunktionen f_o und f_1 besitzen, kann φ^* folgendermaßen angegeben werden:

$$\varphi^*(x_1, \ldots\ldots, x_n) = \begin{cases} 1 & \dfrac{f_o(x_1, \ldots\ldots, x_n)}{f_1(x_1, \ldots\ldots, x_n)} \leq d \\ 0 & \text{sonst} \end{cases} .$$

Dabei ist d so gewählt, daß gilt

$$\int_{-\infty}^{\infty} \cdots\cdots \int_{-\infty}^{\infty} \varphi^*(x_1, \ldots\ldots, x_n)\, f_o(x_1, \ldots\ldots, x_n)\, dx_1 \ldots dx_n = \alpha.$$

Sind p_o und p_1 diskrete Verteilungen mit Trägermenge F, so gilt:

$$\varphi^*(x_1, \ldots\ldots, x_n) = \begin{cases} 1 & \dfrac{p_o(x_1, \ldots\ldots, x_n)}{p_1(x_1, \ldots\ldots, x_n)} < d \\ c & = d \\ 0 & > d \end{cases} .$$

Dabei sind c und d derart gewählt, daß gilt

$$\sum_{x_1 \in F} \cdots\cdots \sum_{x_n \in F} \varphi^*(x_1, \ldots\ldots, x_n)\, p_o(x_1, \ldots\ldots, x_n) = \alpha.$$

Zur Interpretation dieses Ergebnisses: Für die Annahme oder Ablehnung von H_o ist es nicht entscheidend, wie groß die Dichte oder Wahrscheinlichkeit des eingetretenen Ereignisses ist, vielmehr ist der Quotient zweier Dichten oder Wahrscheinlichkeiten zu bilden.

Betrachte nun die a - posteriori - Situation: dann ist das Ereignis eingetreten und der Quotient läßt sich allein als Quotient von Likelihoods interpretieren. Die Likelihood ist bereits als Plausibilitätsmaß bekannt: Unter der ex - post - Sichtweise des Likelihood - Vergleichs ist also nicht die absolute Größe der Likelihoods von Interesse, sondern der Quotient der Likelihoods als Ausdruck unterschiedlichen Grades der Plausibilität beider Hypothesen.

Die Likelihood - Quotient - Interpretation stammt nicht von Neyman - Pearson. Neyman - Pearson haben vielmehr ihr Verfahren mit Wahrscheinlichkeitsüberlegungen motiviert, also mit den Fehlerwahrscheinlichkeiten erster und zweiter Art. Sie hängen einer Wahrscheinlichkeitsauffassung an, die die Einzelfallwahrscheinlichkeit ablehnt. Dies heißt, daß Neyman - Pearson eine Wahrscheinlichkeitsaussage darüber, ob man in einer einzelnen Testinstanz zu einer richtigen Entscheidung kommt oder nicht, höchstens a - priori, aber keinesfalls nach Ziehung der Stichprobe treffen. Ihr Argument bezieht sich auf die dauernde Wiederholung eines derartigen Testverfahrens und besagt: Wenn man in allen Instanzen derartiger Testprobleme nach diesem Verfahren testet, so wird man auf lange Sicht nur in α% der Fälle einen Fehler erster Art begehen. Sie haben dabei eine Situation vor Augen wie die der Qualitätskontrolle, die ja regelmäßig stattfindet und nicht auf eine Einzelfallinterpretation abstellt. Unter dieser Vorstellung ist auch die Einführung eines zusätzlichen Zufallsexperiments sinnvoll. Es sichert auf lange Sicht die Fähigkeit, den Spielraum für den Fehler erster Art auszuschöpfen, der sonst bei diskret verteilten Zufallsvariablen nicht ausschöpfbar wäre. Daß dieses Zusatzexperiment keinerlei Bezug zum Einzelfall aufweist, ist dabei belanglos, da über den Einzelfall keine Wahrscheinlichkeitsaussage getroffen werden sollte.

Autoren, die die Likelihood - Interpretation zugrundelegten, hofften, über die Interpretation der Likelihood als Plausibilitätsmaß für eine Hypothese eine Einzelfallaussage treffen zu können. Für sie war es unvorstellbar, die Plausibilität einer Hypothese durch ein Experiment zu steigern, das in keinem Bezug zur Hypothese steht. In ihrer Interpretation war also die Einführung des Zusatzinstrumentes in strittigen Fällen sinnlos. Da sie ihre Likelihood - Interpretation der Neyman - Pearson - Testtheorie zugrundelegten, lehnten sie diese Testtheorie als aufgrund des vorgesehenen Zusatzexperiments logisch unsinnig ab. Von Interesse ist natürlich, warum sie die Likelihood - Interpretation unterstellten: sie suchten ein Verfahren für den Test wissenschaftlicher Hypothesen und damit eine Einzelfallinterpretation. Diese wird durch die Likelihood - Interpretation für möglich erachtet. Die Quintessenz lautet: zahlreiche Autoren haben die Neyman - Pearson - Testtheorie nicht deshalb abgelehnt, weil

diese Theorie unstimmig wäre, sondern weil die Anwendung auf einen Fall, für den die Theorie nicht vorgesehen war, zu logischen Schwierigkeiten führte. Die Neyman - Pearson - Testtheorie erfuhr also Ablehnung, weil ihr Anwendungszusammenhang (nicht von Neyman - Pearson selbst) falsch eingeschätzt wurde.
Die Bedingungen, die im Fundamentallemma angegeben sind, eignen sich nicht gut zur numerischen Bestimmung eines universell besten Tests. An Beispielen wird gezeigt, wie man zu besser prüfbaren Bedingungen unter bestimmten Bedingungen gelangt.

Beweis des Fundamentallemmas für den Fall der Existenz einer Dichtefunktion:

Unter den Bedingungen des Fundamentallemmas gilt:

$$E_{p_1}(\varphi^*) = \int_S f_1(x)\,dx = \int_S f_1(x)/f_0(x)\; f_0(x)\,dx$$

mit

$$S = \{x = (x_1, \ldots\ldots, x_n) \mid \varphi^*(x_1, \ldots\ldots x_n) = 1\} \in \mathcal{B}^{mn}.$$

Sei φ ein anderer zulässiger Test für $\{H_0, H_1, \alpha\}$. Sei

$$M = \{x = (x_1, \ldots\ldots\ldots, x_n) \mid \varphi^*(x_1, \ldots\ldots, x_n) \neq \varphi(x_1, \ldots\ldots, x_n)\}.$$

Zerlege M in

$$M_1 = \{x \mid \varphi^*(x) = 1 \wedge x \in M\}$$

und

$$M_2 = \{x \mid \varphi^*(x) = 0 \wedge x \in M\}.$$

Sei $x \in M_1$. Wegen $x \in M$ gilt:

$$\varphi(x) < 1 = \varphi^*(x) \wedge f_0(x)/f_1(x) < d, \text{ also } f_1(x)/f_0(x) > 1/d$$

Sei $x \in M_2$. Dann gilt:

$$\varphi(x) > 0 = \varphi^*(x) \wedge f_0(x)/f_1(x) \geq d, \text{ also } f_1(x)/f_0(x) \leq 1/d.$$

Damit gilt:

$$E_{p_1}(\varphi^*) - E_{p_1}(\varphi) = \int_M (\varphi^*(x) - \varphi(x))\; f_1(x)/f_0(x)\; f_0(x)\,dx$$

$$= \int_{M_1} (\varphi^*(x)-\varphi(x))\; f_1(x)/f_0(x)\; f_0(x)\,dx + \int_{M_2} (\varphi^*(x)-\varphi(x))\; f_1(x)/f_0(x)\; f_0(x)\,dx$$

$$\geq 1/d \int_{M_1} (\varphi^*(x)- \varphi(x))\; f_0(x)\,dx + 1/d \int_{M_2} (\varphi^*(x)-\varphi(x))\; f_0(x)\,dx$$

$$= 1/d \int_M (\varphi^*(x) - \varphi(x))\; f_0(x)\,dx = E_{p_0}(\varphi^*) - E_{p_0}(\varphi) \geq \alpha - \alpha = 0.$$

Dabei wurde verwandt, daß $\varphi - \varphi^* = 0$ für $(x_1, \ldots\ldots, x_n) \notin M$ gilt, und daß

$$E_{p_0}(\varphi^*) = \alpha \text{ und } E_{p_0}(\varphi) \leq \alpha$$

gilt. Damit ist gezeigt, daß die Fehlerwahrscheinlichkeit zweiter Art für φ^* nicht kleiner ist als die von φ, denn es gilt:

Die Fehlerwahrscheinlichkeit zweiter Art eines Testes φ ist gegeben durch

$$1 - E_{p_1}(\varphi),$$

da im Falle der Gültigkeit der Gegenhypothese Ablehnung der Nullhypothese die richtige Entscheidung ist, deren Wahrscheinlichkeit durch

$$E_{p_1}(\varphi)$$

gegeben ist.

15.2.5. Beispiele zum Neyman - Pearson - Fundamentallemma

15.2.5.1. Normalverteilung

Sei X eindimensional normalverteilt. Es gelte

$$H_0: X\ N(0, 1) \text{ - verteilt.}$$
$$H_1: X\ N(\mu, 1) \text{ - verteilt.}$$
$$\alpha = 0.05.$$

Der Test finde statt auf der Basis einer Stichprobe $(X_1,......,X_n)$, deren gemeinsame Verteilung die n - fache Produktverteilung ist. Damit gilt:

$$\frac{f_0(x_1,.....x_n)}{f_1(x_1,....,x_n)} = \frac{\exp\{-1/2 \sum_{i=1}^{n} x_i^2\}}{\exp\{-1/2 \sum_{i=1}^{n} (x_i - \mu)^2\}} = \exp\{n\mu^2/2\} \exp\{- \mu \sum_{i=1}^{n} x_i\}.$$

Offenbar hängt der erste Faktor

$$\exp\{n\mu^2/2\}$$

nicht von der Stichprobe ab. Der zweite Faktor läßt sich mit

$$\bar{x} = 1/n \sum_{i=1}^{n} x_i$$

schreiben als

$$\exp\{- n\mu\bar{x}\}.$$

Dieser Ausdruck ist streng momoton in $\bar{x}$, also entweder streng monoton fallend, falls $\mu > 0$ gilt, oder streng monoton steigend, falls $\mu < 0$ gilt.

Der universell beste Test läßt sich also schreiben in der Form

Fall 1: $\mu > 0$

$$\varphi^{*}(x_1,\dots\dots,x_n) = \begin{cases} 1 & \bar{x} \geq d' \\ 0 & \text{sonst} \end{cases}.$$

Da $\bar{x}$ N(0, 1/n) - verteilt ist, bestimmt sich d' nach

$$0.05 = \int_{d'}^{\infty} \frac{n^{1/2}}{(2\pi)^{1/2}} \exp(-\, n/2\, z^2)\, dz = E_{p_0}(\varphi^{*}).$$

Fall 2: $\mu < 0$

$$\varphi^{*}(x_1,\dots\dots,x_n) = \begin{cases} 1 & \bar{x} \leq d' \\ 0 & \text{sonst} \end{cases}.$$

d' wird diesmal bestimmt nach

$$0.05 = \int_{-\infty}^{d'} \frac{n^{1/2}}{(2\pi)^{1/2}} \exp(-\, n/2\, z^2)\, dz = E_{p_0}(\varphi^{*}).$$

Man sieht: der Ablehnungsbereich hängt allein vom Vorzeichen von μ und nicht vom exakten Wert von μ ab und läßt sich folgendermaßen begründen: Je größer $\bar{x}$ wird, desto plausibler wird die Hypothese, daß $\mu > 0$ ist, je kleiner $\bar{x}$ wird, desto plausibler wird die Hypothese, daß $\mu < 0$ ist. Dabei ist $\bar{x}$ eine suffiziente Statistik für μ, und die Größe des Likelihood - Quotienten ist, soweit sie stichprobenabhängig ist, eine monotone Funktion der für μ suffizienten Statistik $\bar{x}$. Da die N(0, 1/n) - Verteilung nicht tabelliert ist, gehe über zu

$$Z = n^{1/2}\, \bar{X}$$

und nutze aus, daß Z N(0, 1) - verteilt ist. Nach Übergang von $\bar{x}$ zu $n^{1/2}\bar{x}$ ist der Ablehnungsbereich unmittelbar den Tabellen der Standardnormalverteilung zu entnehmen.

X sei N(0, σ^2) - verteilt.

H_0: X N(0, 1) - verteilt.

H_1: X N(0, σ^2) - verteilt.

$\alpha = 0.05$

Die gemeinsame Verteilung der der Stichprobe zugrundeliegenden $(X_1,\dots\dots,X_n)$ sei die Produktverteilung der X_i. Dann gilt:

$$\frac{f_o(x_1,\ldots\ldots,x_n)}{f_1(x_1,\ldots\ldots,x_n)} = \frac{\exp\{-1/2 \sum_{i=1}^{n} x_i^2\}}{\sigma^{-n} \exp\{-1/2\sigma^2 \sum_{i=1}^{n} x_i^2\}} =$$

$$= \sigma^n \exp\{-(1-1/\sigma^2)/2 \ (\sum_{i=1}^{n} x_i^2)\}.$$

Diesmal ist der Likelihood - Quotient eine monotone Funktion des zweiten Stichprobenmomentes

$$s^2 = 1/n \sum_{i=1}^{n} x_i^2,$$

und zwar monoton steigend, falls $\sigma^2 < 1$ ist, und monoton fallend, falls $\sigma^2 > 1$ gilt. Also erhält man diesmal als universell besten Test für $\{H_o, H_1, 0.05\}$ folgende Fallunterscheidung:

Fall 1: $\sigma^2 > 1$:

$$\varphi^*(x_1,\ldots\ldots\ldots,x_n) = \begin{cases} 1 & ns^2 \geq d' \\ 0 & \text{sonst} \end{cases}.$$

Da

$$U = \sum_{i=1}^{n} x_i^2$$

im Falle der Geltung der Nullhypothese nach früheren verteilungstheoretischen Ergebnissen $\aleph^2(n)$ - verteilt ist, ermittelt man d' nach

$$0.05 = E_{p_o}(\varphi^*) = \frac{1}{2^{n/2}\,\Gamma(n/2)} \int_{d'}^{\infty} u^{(n-2)/2} \exp(-u/2)\, du.$$

Fall 2: $\sigma^2 < 1$:

In diesem Fall erhält man als universell besten Test φ^*:

$$\varphi^*(x_1,\ldots\ldots\ldots,x_n) = \begin{cases} 1 & ns^2 \leq d' \\ 0 & \text{sonst} \end{cases}.$$

Wieder wird d' bestimmt mittels

$$0.05 = E_{p_o}(\varphi^*) = \frac{1}{2^{n/2}\,\Gamma(n/2)} \int_{0}^{d'} u^{(n-2)/2} \exp(-u/2)\, du .$$

Der Übergang zu ns^2 anstelle von s^2 wird wiederum motiviert damit, daß ns^2 $\aleph^2(n)$ - verteilt ist, daß also wiederum auf Tabellen zurückgegriffen werden kann.

15.2.5.2. Binomial - Verteilung

Sei X $B(\alpha, 1)$ - verteilt.

H_0: X ist $B(0.2, 1)$ - verteilt.

H_1: X ist $B(\mu, 1)$ - verteilt.

$\alpha = 0.05$

Die gemeinsame Verteilung der der Stichprobe zugrundeliegenden Zufallsvariablen $(X_1, \ldots, X_n)$ ist durch die Produktverteilung gegeben. Dann gilt mit

$$j = \sum_{i=1}^{n} x_i:$$

$$\frac{p_0(x_1, \ldots, x_n)}{p_1(x_1, \ldots, x_n)} = \frac{0.2^j \; 0.8^{n-j}}{\mu^j \; (1-\mu)^{n-j}} = \left[\frac{0.2}{\mu} \; \frac{1-\mu}{1-0.2}\right]^j \left[\frac{1-0.2}{1-\mu}\right]^n .$$

Offenbar ist nur der erste Faktor von j abhängig. Dieser Faktor ist in j monoton, und zwar monoton steigend, falls $\mu < 0.2$ ist, und monoton fallend, falls $\mu > 0.2$ ist. Damit gilt wieder die folgende Fallunterscheidung:

Fall 1: $\mu > 0.2$:

Ein universell bester Test φ^* für das Testproblem $\{H_0, H_1, \alpha\}$ ist gegeben durch

$$\varphi^*(x_1, \ldots, x_n) = \begin{cases} 1 & j > d' \\ c & j = d' \\ 0 & j < d' \end{cases} .$$

Dabei werden d' und c bestimmt nach der Formel

$$\sum_{j=d'+1}^{n} \frac{n!}{j!\,(n-j)!} \; 0.2^j \; 0.8^{n-j} + c \, \frac{n!}{d'!\,(n-d')!} \; 0.2^{d'} \; 0.8^{n-d'} = 0.05.$$

Fall 2: $\mu < 0.2$:

$$\varphi^*(x_1, \ldots, x_n) = \begin{cases} 1 & j < d' \\ c & j = d' \\ 0 & j > d' \end{cases} .$$

Dabei werden c und d' bestimmt gemäß

$$\sum_{j=0}^{d'-1} \frac{n!}{j!\,(n-j)!} \; 0.2^j \; 0.8^{n-j} + c \, \frac{n!}{d'!\,(n-d')!} \; 0.2^{d'} \; 0.8^{n-d'} = 0.05.$$

15.2.5.3. Poisson - Verteilung

X sei $P(\mu)$ - verteilt.

H_0: X ist P(3) - verteilt.

H_1: X ist $P(\mu)$ - verteilt.

$\alpha = 0.1$

Der Test finde statt auf der Basis von n Versuchen; die den n Versuchen zugrundeliegenden Zufallsvariablen $(X_1,\ldots\ldots,X_n)$ besitzen als gemeinsame Verteilung die Produktverteilung. Dann gilt mit

$$j = \sum_{i=1}^{n} x_i:$$

$$\frac{p_o(x_1,\ldots\ldots\ldots,x_n)}{p_1(x_1,\ldots\ldots\ldots,x_n)} = \frac{\exp(-3n)\ 3^j}{\exp(-\mu n)\ \mu^j}$$

und dieser Ausdruck ist wiederum monoton in j, und zwar monoton fallend für $\mu > 3$ und monoton steigend, falls $\mu < 3$ gilt. Man erzielt wiederum die folgende Fallunterscheidung:

Fall 1: $\mu > 3$:

$$\varphi^*(x_1,\ldots\ldots,x_n) = \begin{cases} 1 & j > d' \\ c & j = d' \\ 0 & j < d' \end{cases}.$$

Dabei werden c und d' bestimmt nach der Formel

$$\exp(-3)\ [\sum_{j=d'+1}^{\infty} \frac{3^j}{j!} + c\,\frac{3^{d'}}{d'!}] = 0.1 = \alpha$$

bzw.

$$\exp(-3)\ [\sum_{j=0}^{d'-1} \frac{3^j}{j!} + (1-c)\,\frac{3^{d'}}{d'!}] = 0.9 = 1 - \alpha.$$

Der zweite Ausdruck kann berechnet werden.

Fall 2: $\mu < 3$:

$$\varphi^*(x_1,\ldots\ldots\ldots,x_n) = \begin{cases} 1 & j < d' \\ c & j = d' \\ 0 & j > d' \end{cases}.$$

Dabei werden c und d' bestimmt nach

$$\exp(-3)\ [\ \sum_{j=0}^{d'-1} \frac{3^j}{j!} + c\,\frac{3^{d'}}{d'!}\ ] = 0.1 = \alpha.$$

15.2.5.4. Rechteck - Verteilung

X sei R(a, b) - verteilt.

H_o: X ist R(3, 5) - verteilt.

H_1: X ist R(a, b) - verteilt.

$\alpha = 0.1$

Der Test finde statt auf der Basis einer Stichprobe vom Umfang n. Die gemeinsame Verteilung der $(X_1, \ldots\ldots, X_n)$ sei die Produktverteilung.

Dieses Beispiel ist aus folgendem Grunde von Interesse: Da die Trägermenge der Rechteckverteilung ein Intervall ist, kann eine Stichprobe, bei der mindestens eine Realisation außerhalb der Trägermenge liegt, die Richtigkeit der vermuteten Wahrscheinlichkeitsverteilung logisch ausschließen. Ist die Realisation mit beiden Verteilungsgesetzen logisch nicht vereinbar, so müssen sogar beide Verteilungsgesetze zurückgewiesen werden. Es besteht also die Möglichkeit der logisch zwingenden Feststellung, daß keines der Verteilungsgesetze aus der Nullhypothese und der Gegenhypothese angemessen ist, daß also das Testproblem falsch formuliert worden ist. Dies war bei den bisherigen Beispielen nicht möglich, da die Trägermenge aus logischen Gründen feststand. Ist aber die gezogene Stichprobe mit beiden Hypothesen vereinbar, so weisen alle derartigen Realisationen den gleichen Likelihood - Quotienten auf. Die weitere statistische Diskussion, die sich auf die Entscheidung zwischen den Hypothesen H_o und H_1 bezieht, kann sich beschränken auf den Fall, daß die Stichprobe zumindest mit einer Hypothese verträglich ist.

Hier interessiert folgende Fallunterscheidung:

1. $[3, 5] \subset [a, b]$.

   Sei

   $$m = \min \{x_i \mid 1 \leq i \leq n\} \text{ und } M = \max \{x_i \mid 1 \leq i \leq n\}.$$

   Dann erzielt man auf folgende Weise einen universell besten Test φ^*:

   $$\varphi^*(x_1, \ldots\ldots\ldots, x_n) = \begin{cases} 1 & m \leq 3 \text{ oder } M \geq 5 \\ \alpha_1 & \text{sonst} \end{cases}.$$

   Dabei ist α_1 so gewählt, daß der Fehler erster Art $\alpha = 0.1$ wird. Der genaue Wert von α_1 beträgt 0.1, da $\alpha = 0.1$ gewählt war.

2. $[a, b] \subset [3, 5]$.

Dann erhält man auf folgende Weise einen universell besten Test φ^*:

$$\varphi^*(x_1, \ldots\ldots\ldots, x_n) = \begin{cases} 0 & m \notin [a, b] \text{ oder } M \notin [a, b] \\ \alpha_2 & \text{sonst} \end{cases} .$$

α_2 ist so zu wählen, daß der Fehler erster Art $\alpha = 0.1$ ist. Der genaue Wert ist $\alpha_2 = 0.1 \, \frac{5-3}{b-a}$

3. $a < 3$ ^ $b < 5$.

Dann erhält man auf folgende Weise einen universell besten Test φ^*:

$$\varphi^*(x_1, \ldots\ldots, x_n) = \begin{cases} 1 & m \leq 3 \\ \alpha_3 & 3 \leq m,\ M \leq b \\ 0 & M \geq b \end{cases} .$$

α_3 ist so zu wählen, daß der Fehler erster Art $\alpha = 0.1$ ist. Der genaue Wert lautet $\alpha_3 = 0.1 \, \frac{5-3}{b-3}$

4. $3 < a < 5 < b$:

Dann erhält man auf folgende Weise einen universell besten Test φ^*:

$$\varphi^*(x_1, \ldots\ldots, x_n) = \begin{cases} 1 & M \geq 5 \\ \alpha_4 & a \leq m,\ M \leq 5 \\ 0 & m \leq a \end{cases} .$$

α_4 ist so zu wählen, daß der Fehler erster Art $\alpha = 0.1$ wird. Der genaue Wert lautet $\alpha_4 = 0.1 \, \frac{5-3}{5-a}$

Man sieht unmittelbar, daß Stichproben so lange uninformativ sind, wie sie nicht eine der Hypothesen ausschließen. Also ist auf der Basis einer derartigen Stichprobe keine Annahme oder Ablehnung zu begründen. Die Neyman - Pearson - Testtheorie empfiehlt also an dieser Stelle folgerichtig die Einführung eines Zusatzexperiments.

15.2.6. Das Konzept des monotonen Dichtequotienten und einseitige Testprobleme

Die folgenden Überlegungen verallgemeinern die Überlegungen, die in den ersten vier Beispielen des letzten Abschnitts durchgeführt worden sind. Alle vier Beispiele waren Instanzen eines Testproblems, das sich auf parametrische Klassen von Verteilungen bezieht, die folgende Eigenschaft aufweisen:

Definition 15.8: Sei K parametrische Klasse von Verteilungen mit Parametermenge Ψ. Ist Ψ Teilmenge des $\mathbb{R}^n$, so heißt K n - parametrische Klasse von Verteilungen.

Definition 15.9: Sei K einparametrische Klasse von Verteilungen mit Parametermenge $\Psi \subset \mathbb{R}^1$. K heißt einparametrische Klasse mit monotonem Dichtequotient, wenn eine suffiziente Statistik $t(x_1,.......,x_n)$ für die gemeinsame Verteilung n stochastisch unabhängiger Zufallsvariabler mit Verteilung aus dieser Klasse gibt derart, daß gilt

- im Falle der Existenz einer Dichtefunktion:

$$\frac{f_\lambda(x_1,.......,x_n)}{f_{\lambda'}(x_1,......,x_n)} = g_{\lambda,\lambda'}(t(x_1,.....,x_n))$$

- im Falle von diskreten Verteilungen:

$$\frac{p_\lambda(x_1,.......,x_n)}{p_{\lambda'}(x_1,.......,x_n)} = g_{\lambda,\lambda'}(t(x_1,.....,x_n)).$$

Dabei ist $g_{\lambda,\lambda'}(t(x_1,.....,x_n))$ monoton in $t(x_1,......,x_n)$ $\forall\ \lambda,\ \lambda' \in \Psi$.

Definition 15.10: Ein Testproblem $\{H_o, H_1, \alpha\}$ heißt parametrisches Testproblem, wenn alle in H_o, H_1 auftretenden Verteilungen aus einer Klasse K parametrischer Verteilungen mit Parametermenge $\Psi \subset \mathbb{R}^n$ stammen.

Im folgenden soll zunächst zur Anwendung des Konzeptes des monotonen Dichtequotienten innerhalb parametrischer Klassen von Verteilungen der Fall diskutiert werden, daß die dem Testproblem $\{H_o, H_1, \alpha\}$ zugrundeliegende Klasse K von Verteilungen einparametrisch ist mit Parametermenge $\Psi \subset \mathbb{R}$. Dann korrespondieren zu H_o und H_1 eineindeutig Parametermengen Ψ_o und Ψ_1, Ψ_o , $\Psi_1 \subset \Psi$, da die Festlegung des Parameters das Verteilungsgesetz innerhalb von K eindeutig bestimmt. Man kann also ohne Mißverständnisse auch vom Testproblem $\{\Psi_o, \Psi_1, \alpha\}$ sprechen.

Definition 15.11: Dem parametrischen Testproblem $\{H_o, H_1, \alpha\}$ liege die einparametrische Klasse K mit Parametermenge $\Psi \subset \mathbb{R}$ zugrunde. Das Testproblem $\{H_o, H_1, \alpha\}$ heißt einseitig, wenn die zugehörigen Parametermengen Ψ_o und Ψ_1

einem der beiden folgenden Paar von Bedingungen genügen:

1a: Es existiert $\lambda_0 = \max \{\lambda | \lambda \in \Psi_0\}$ und es existiert $\inf \{\lambda | \lambda \in \Psi_1\}$.

1b: es gilt

$$\lambda_0 \leq \inf \{\lambda | \lambda \in \Psi_1\}.$$

In diesem Fall spricht man von einem <u>rechtsseitigen</u> Testproblem $\{H_0, H_1, \alpha\}$.

Oder es gilt:

2a: Es existiert $\lambda_0 = \min \{\lambda | \lambda \in \Psi_0\}$ und es existiert $\sup \{\lambda | \lambda \in \Psi_1\}$.

2b: Es gilt:

$$\lambda_0 \geq \sup \{\lambda | \lambda \in \Psi_1\}.$$

Dann spricht man von einem <u>linksseitigen</u> Testproblem.

Eine genauere Untersuchung der in den Beispielen 1 bis 4 vorgestellten Testprobleme zeigt, daß die in diesen Testproblemen auftretenden Verteilungen zu einparametrischen Klassen K von Verteilungen mit monotonem Dichtequotienten gehörten. Es zeigte sich, daß der Ablehnungsbereich nicht jeweils von dem exakten Parameterwert der Verteilung der Gegenhypothese abhing, sondern allein davon, ob der Parameterwert der Gegenhypothese größer oder kleiner als der der Nullhypothese war. Damit sind die dort vorgestellten Tests auch gültig für die entsprechenden einseitigen Testprobleme, wenn man noch zusätzlich unterstellt, daß die Nullhypothese einfach ist.

Es gilt also der folgende

<u>Satz 15.3:</u> Sei $\{H_0, H_1, \alpha\}$ ein einseitiges Testproblem, darüber hinaus sei H_0 einfach. Die dem Testproblem zugrundeliegende parametrische Klasse von Verteilungen K sei Klasse von Verteilungen mit monotonem Dichtequotient. Die zugehörige suffiziente Statistik von $(x_1,......,x_n)$ sei $t(x_1,......,x_n)$. Dann existiert zu einem derartigen Testproblem ein universell bester Test φ^* auf der Basis einer Stichprobe $(X_1,......,X_n)$ mit Produktverteilung als gemeinsamer Verteilung. Insbesondere wird φ^* in folgenden Fällen nach folgender Regel konstruiert:

I. rechtsseitige Testprobleme:

a: es existiert für $\lambda \in \Psi$ eine Dichtefunktion f_λ:

$$\varphi^*(x_1,........,x_n) = \begin{cases} 1 & t(x_1,....,x_n) \geq d' \\ 0 & t(x_1,....,x_n) < d' \end{cases}.$$

Dabei wird d' nach folgender Regel bestimmt:

$$E_{\lambda_0}(\varphi^*) = \alpha.$$

b: für $\lambda \in \Psi$ sei p_λ diskret:

$$\varphi^*(x_1,\ldots\ldots,x_n) = \begin{cases} 1 & t(x_1,\ldots\ldots,x_n) > d' \\ c & t(x_1,\ldots\ldots,x_n) = d' \\ 0 & t(x_1,\ldots\ldots,x_n) < d' \end{cases}.$$

Dabei werden c, d' gewonnen aus

$$E_{\lambda_o}(\varphi^*) = \alpha.$$

II. linksseitige Testprobleme

a: für $\lambda \in \Psi$ existiere die Dichte f_λ:

$$\varphi^*(x_1,\ldots\ldots,x_n) = \begin{cases} 1 & t(x_1,\ldots\ldots,x_n) \leq d' \\ 0 & t(x_1,\ldots\ldots,x_n) > d' \end{cases}.$$

Dabei wird d' bestimmt durch

$$E_{\lambda_o}(\varphi^*) = \alpha.$$

b: für $\lambda \in \Psi$ sei p_λ diskret:

$$\varphi^*(x_1,\ldots\ldots,x_n) = \begin{cases} 1 & t(x_1,\ldots\ldots,x_n) < d' \\ c & t(x_1,\ldots\ldots,x_n) = d' \\ 0 & t(x_1,\ldots\ldots,x_n) > d' \end{cases}.$$

Dabei wird c, d' bestimmt nach

$$E_{\lambda_o}(\varphi^*) = \alpha.$$

Hebt man die Bedingung auf, daß H_o einfach ist, hält man aber die Einseitigkeit des Testproblems bei, so bleiben die im letzten Satz konstruierten Test universell beste Tests zu $\{H_o, H_1, \alpha\}$, denn diese Tests erfüllen wegen der Voraussetzung des monotonen Dichtequotienten und der Einseitigkeit die folgende Bedingung:

$$\alpha = E_{\lambda_o}(\varphi^*) \geq E_\lambda(\varphi^*) \quad \forall\, \lambda \in H_o.$$

Offenbar ist der Fehler zweiter Art eines Tests φ zum Testproblem $\{H_o, H_1, \alpha\}$ abhängig davon, welche Verteilung innerhalb der mit der Gegenhypothese verträglichen Verteilungen die richtige ist. (Ein Fehler zweiter Art kann nur begangen werden, wenn die Gegenhypothese H_1 richtig ist.)

<u>Definition 15.12:</u> Sei φ ein Test für das Testproblem $\{H_o, H_1, \alpha\}$. Die Funktion

$$g_\varphi: H_o \cup H_1 \to [0, 1]$$

mit

$$g_\varphi(p) = E_p(\varphi) \qquad \forall\, p \in H_o \cup H_1$$

heißt <u>Gütefunktion des Tests φ.</u>

<u>Satz 15.4:</u> Sei $\{H_o, H_1, \alpha\}$ ein Testproblem und es existiere ein universell bester Test φ^* für $\{H_o, H_1, \alpha\}$. Dann gilt für jeden für $\{H_o, H_1, \alpha\}$ zulässigen Test φ:

$$E_p(\varphi^*) \geq E_p(\varphi) \qquad \forall\, p \in H_1.$$

Insbesondere gilt:

$$g_{\varphi^*}(p) \geq \alpha.$$

<u>Beweis:</u> Die erste Aussage folgt direkt aus der Definition eines universell besten Tests, die zweite Aussage folgt daraus, daß gilt

$$\varphi(x_1,\ldots\ldots,x_n) = \alpha \qquad \forall\, (x_1,\ldots\ldots\ldots,x_n)$$

ist zulässiger Test für $\{H_o, H_1, \alpha\}$.

<u>Definition 15.13:</u> Sei φ Test zum Testproblem $\{H_o, H_1, \alpha\}$. Es gelte

$$g_\varphi(p) \geq \alpha \qquad \forall\, p \in H_1.$$

Dann heißt φ <u>unverzerrter</u> Test zum Testproblem $\{H_o, H_1, \alpha\}$.

Die Eigenschaft der Unverzerrtheit besagt, daß die Nullhypothese besonders häufig dann angenommen wird, wenn sie richtig ist. Dies ist eine äußerst wichtige und intuitiv notwendige Eigenschaft eines Tests, ohne deren Erfüllung die Sinnhaftigkeit eines Tests bezweifelt werden müßte. Denn anderenfalls würde eine Hypothese bevorzugt angenommen aufgrund dessen, daß sie falsch ist.

15.2.7. Zweiseitige Testprobleme bei einparametrischen Klassen von Verteilungen: das verallgemeinerte Neyman - Pearson - Fundamentallemma

15.2.7.1. Einseitige Tests sind nicht universell beste zweiseitige Tests

<u>Definition 15.14:</u> Sei $\{H_o, H_1, \alpha\}$ ein Testproblem derart, daß alle Verteilungen aus einer einparametrischen Klasse K von Verteilungen mit Parametermenge $\Psi \subset \mathbb{R}$ stammen. Sei Ψ_o die Parametermenge der Verteilungen aus H_o, Ψ_1 die Parametermenge der Verteilungen aus H_1. Es existiere

$$\lambda_1 = \min\,\{\lambda \mid \lambda \in \Psi_o\} \quad \text{und} \quad \lambda_2 = \max\,\{\lambda \mid \lambda \in \Psi_o\}$$

Das Testproblem $\{H_o, H_1, \alpha\}$ heißt <u>zweiseitig</u>, wenn es λ, $\mu \in \Psi_1$ gibt derart, daß gilt:

$$\lambda < \lambda_1 < \lambda_2 < \mu.$$

Von besonderem Interesse ist der Fall, daß $\lambda_1 = \lambda_2$ gilt, daß also H einfach ist. Denn dieser Fall zeigt bereits, daß die Lösungen für einseitige Testprobleme nicht übernommen werden können. Betrachte nämlich die unter 15.2.5.1 bis 15.2.5.3. untersuchten Fälle und stelle jeweils fest, daß die dort vorgeschlagenen universell besten Tests φ^* für beidseitige Testprobleme verzerrt sind, genauer, daß gilt: Es gibt in der Gegenhypothese Verteilungen, bei deren Vorliegen die Hypothese H_0 mit größerer Wahrscheinlichkeit angenommen wird als in dem Fall, daß H_0 richtig ist.

<u>Beispiel 1:</u> Sei X $N(\mu, 1)$ - verteilt.

H_0: X ist $N(0, 1)$ - verteilt.

H_1: X ist $N(\mu, 1)$ - verteilt, $\mu \neq 0$.

$\alpha = 0.05.$

Der Test erfolge auf der Basis eines Stichprobenumfangs n, die Verteilung der zugehörigen Zufallsvariablen $(X_1,\dots\dots,X_n)$ sei die Produktverteilung.

Es kann weder der Test

$$\varphi_1^*(x_1,\dots\dots x_n) = \begin{cases} 1 & \bar{x} \geq d' \\ 0 & \bar{x} < d' \end{cases}$$

mit

$$\frac{n^{1/2}}{(2\pi)^{1/2}} \int_{d'}^{\infty} \exp(-\, n\bar{x}^2/2)\, dx = \alpha = 0.05$$

Verwendung finden, noch kann der Test

$$\varphi_2^*(x_1,\dots\dots,x_n) = \begin{cases} 1 & \bar{x} \leq d' \\ 0 & \bar{x} > d' \end{cases}$$

mit

$$\frac{n^{1/2}}{(2\pi)^{1/2}} \int_{-\infty}^{d'} \exp(-\, n\bar{x}^2/2)\, dx = \alpha = 0.05$$

zum Einsatz kommen, denn falls $\mu < 0$ ist, gilt

$$E_\mu(\varphi_1^*) < \alpha.$$

Falls $\mu > 0$ ist, gilt

$$E_\mu(\varphi_2^*) < \alpha.$$

Die für die einseitigen Situationen sich als geeignet herausstellenden Tests φ_1^* und φ_2^* eignen sich also deshalb nicht als Test für das zweiseitige Testproblem, weil sie jeweils dann zur Verzerrung des Tests führen, wenn μ (aus Sicht der einseitigen Testprobleme) auf der falschen Seite liegt. Das Fundamentallemma von Neyman - Pearson reicht also zur Diskussion des beidseitigen Problems nicht aus.

15.2.7.2. Unverzerrte Tests und das verallgemeinerte Neyman - Pearson - Fundamentallemma

Ein wichtiges Hilfsmittel zur Diskussion beidseitiger Testprobleme stammt ebenfalls von Neyman - Pearson und ist gegeben durch folgenden

Satz 15.5:

Seien $\{f_i\}_{1\leq i\leq m+1}$ Funktionen,

$$\mathbb{R}^n \xrightarrow{f_i} \mathbb{R}$$

oder

$$T \xrightarrow{f_i} \mathbb{R},$$

wobei T abzählbare Teilmenge des $\mathbb{R}^n$ sei.

Die f_i genügen der folgenden Bedingung:

$$\int_{-\infty}^{\infty}\int_{-\infty}^{\infty}\cdots\cdots\int_{-\infty}^{\infty} |f_i(x_1,\ldots\ldots,x_n)|\, dx_1\ldots\ldots dx_n < \infty, \quad 1 \leq i \leq m+1$$

oder es gilt

$$\sum_{x_j\in T} |f_i(x_j)| < \infty, \quad 1 \leq i \leq m+1.$$

Sei $Q \subset \mathbb{R}^m$ die Teilmenge, die dadurch bestimmt ist, daß es einen Test φ gibt derart, daß gilt

$$\int_{-\infty}^{\infty}\int_{-\infty}^{\infty}\cdots\int_{-\infty}^{\infty} \varphi(x_1,\ldots,x_n)\, f_i(x_1,\ldots,x_n)\, dx_1\ldots\ldots dx_n = q_i \qquad 1 \leq i \leq m,$$

also

$$Q = \Big\{ (q_1,\ldots,q_m) \,\Big|\, \text{es gibt Test } \varphi\colon \mathbb{R}^n \to [0,\, 1] \text{ mit}$$
$$\int_{-\infty}^{\infty}\int_{-\infty}^{\infty}\cdots\int_{-\infty}^{\infty} \varphi(x_1,\ldots,x_n)\, f_i(x_1,\ldots,x_n)\, dx_1\ldots dx_n = q_i,\ 1 \leq i \leq m \Big\}$$

bzw.

$$Q = \Big\{ (q_1,\ldots\ldots,q_m) \,\Big|\, \text{es gibt Test } \varphi\colon \mathbb{R}^n \to [0,\, 1] \text{ mit}$$
$$\sum_{x_j\in T} \varphi(x_j)\, f_i(x_j) = q_i,\ 1 \leq i \leq m \Big\}.$$

Sei $(\alpha_1,\ldots\ldots,\alpha_m)$ innerer Punkt von Q, d.h. es gibt $\epsilon > 0$ derart, daß gilt

$$|\beta_i - \alpha_i| < \epsilon,\ 1 \leq i \leq m \longrightarrow (\beta_1,\ldots\ldots,\beta_m) \in Q.$$

Unter allen Tests $\varphi: \mathbb{R}^n \to [0, 1]$, die die Bedingung

$$(*) \quad \int_{-\infty}^{\infty} \int_{-\infty}^{\infty} \dots \int_{-\infty}^{\infty} \varphi(x_1,\dots,x_n)\, f_i(x_1,\dots,x_n)\, dx_1 \dots dx_n = \alpha_i \ , \ 1 \leq i \leq m,$$

bzw.

$$(**) \qquad \sum_{x_j \in T} \varphi(x_j)\, f_i(x_j) = \alpha_i \ , \quad 1 \leq i \leq m \ ,$$

erfüllen, gebe es einen Test φ^*, der gegeben ist durch

$$\varphi^*(x_1,\dots,x_n) = \begin{cases} 1 & f_{m+1}(x_1,\dots,x_n) > \sum_{i=1}^{m} k_i\, f_i(x_1,\dots,x_n) \\ \\ 0 & f_{m+1}(x_1,\dots,x_n) < \sum_{i=1}^{m} k_i\, f_i(x_1,\dots,x_n) \end{cases}$$

Dabei sind die k_i, $1 \leq i \leq m$ so ermittelt, daß (*) bzw. (**) eingehalten wird. Sei φ Test, der (*) bzw. (**) genügt. Dann gilt

$$\int_{-\infty}^{\infty} \int_{-\infty}^{\infty} \dots \int_{-\infty}^{\infty} (\varphi^*(x_1,\dots,x_n) - \varphi(x_1,\dots,x_n))\, f_{m+1}(x_1,\dots,x_n)\, dx_1 \dots dx_n \geq 0$$

bzw.

$$\sum_{x_j \in T} (\varphi^*(x_j) - \varphi(x_j))\, f_{m+1}(x_j) \geq 0.$$

<u>Beweis:</u> Sei

$$S = \Big\{(x_1,\dots,x_n) \,|\, \varphi(x_1,\dots,x_n) \neq \varphi^*(x_1,\dots,x_n) \cap$$

$$\{(x_1,\dots,x_n) \,|\, f_{m+1}(x_1,\dots,x_n) \neq \sum_{i=1}^{m} k_i\, f_i(x_1,\dots,x_m)\}\Big\} .$$

Sei

$$S^+ = S \cap \{(x_1,\dots,x_n) \,|\, f_{m+1}(x_1,\dots,x_n) > \sum_{i=1}^{m} k_i\, f_i(x_1,\dots,x_n)\}$$

$$S^- = S - S^+.$$

Dann gilt

$$\int_{-\infty}^{\infty} \int_{-\infty}^{\infty} \dots \int_{-\infty}^{\infty} (\varphi^*(x_1,\dots,x_n) - \varphi(x_1,\dots,x_n))\, f_{m+1}(x_1,\dots,x_n)\, dx_1 \dots dx_n$$

$$= \int_S (\varphi^*(x_1,\dots,x_n) - \varphi(x_1,\dots,x_n))\, f_{m+1}(x_1,\dots,x_n)\, dx_1 \dots dx_n .$$

Wegen

$$\int_{-\infty}^{\infty}\int_{-\infty}^{\infty}\cdots\int_{-\infty}^{\infty} (\varphi^*(x_1,\ldots,x_n) - \varphi(x_1,\ldots,x_n))\, f_i(x_1,\ldots,x_n)\, dx_1\ldots dx_n = 0$$

$$= \int_S (\varphi^*(x_1,\ldots,x_n) - \varphi(x_1,\ldots,x_n))\, f_i(x_1,\ldots,x_n)\, dx_1\ldots dx_n \quad \text{für } 1 \leq i \leq n$$

erhält man unmittelbar

$$\int_S (\varphi^*(x_1,\ldots,x_n) - \varphi(x_1,\ldots,x_n))\, f_{m+1}(x_1,\ldots,x_n)\, dx_1\ldots dx_n =$$

$$= \int_S (\varphi^*(x_1,\ldots,x_n) - \varphi(x_1,\ldots,x_n)) *$$

$$* \left(f_{m+1}(x_1,\ldots,x_n) - \sum_{i=1}^{m} k_i\, f_i(x_1,\ldots,x_n)\right) dx_1\ldots dx_n \geq 0,$$

da der Integrand aus zwei Faktoren besteht, die nach Konstruktion entweder beide positiv oder beide negativ sind. Also muß ein Test, der (*) und (**) genügt und außerdem

$$\int_{-\infty}^{\infty}\int_{-\infty}^{\infty}\cdots\int_{-\infty}^{\infty} \varphi(x_1,\ldots,x_n)\, f_{m+1}(x_1,\ldots,x_n)\, dx_1\ldots dx_n$$

maximieren soll, von der angegebenen Gestalt sein.

Im Fall der Trägermenge T argumentiert man analog.

Mit tieferen mathematischen Mitteln kann man zeigen, daß ein solcher Test φ^* existieren muß. Dies ist Inhalt des verallgemeinerten Neyman - Pearson - Fundamentallemmas, von dem hier eine vereinfachte Version bewiesen wurde.

15.2.7.3. Zweiseitige Testprobleme in der Exponentialfamilie

Der Satz ist von besonderem Interesse, wenn man es mit Verteilungen zu tun hat, die zur Exponentialfamilie gehören.

<u>Definition 15.15:</u> Sei K n - parametrische Klasse von Verteilungen mit Parametermenge Ψ. Ψ sei konvexe Teilmenge des $\mathbb{R}^n$, dim Ψ = n. Alle Verteilungen aus K mögen Dichtefunktion besitzen oder diskret sein. <u>Dann gehört K zur Exponentialfamilie</u>, wenn K folgende Bedingung erfüllt:

Im Falle der Existenz einer Dichtefunktion f_λ für $\lambda \in \Psi$ gilt

$$f_\lambda(x) = g(\lambda)\, \exp\left\{\sum_{i=1}^{n} \lambda_i\, h_i(x)\right\} k(x) \qquad \forall\, \lambda \in \Psi,\ x \in F.$$

Im diskreten Fall gilt:

$$p_\lambda(x) = g(\lambda)\ \exp\left\{\sum_{i=1}^{n} \lambda_i\ h_i(x)\right\}\ k(x).$$

Dabei heißt eine Menge M konvex, wenn gilt:

$$a,\ b \in M \rightarrow \lambda a + (1-\lambda)b \in M \text{ für } \lambda \in [0,\ 1].$$

In Worten: mit zwei Punkten liegt auch die diese beiden Punkte verbindende Strecke in M.

Die Voraussetzung der Konvexität ermöglicht die Anwendung der Differentialrechnung zur Bestimmung bester Tests; hinter der Bestimmung bester Tests steht ja wie gesehen ein Optimierungsproblem.

Beispiele:

1. Binimialverteilung:

$$p(j\,|\,\alpha) = \left[\frac{1}{1-\alpha}\right]^n \exp(\ln(\frac{\alpha}{1-\alpha})\ j)\ \frac{n!}{j!\ (n-j)!}\ .$$

Die Parameter lautet also bei gegebenem n

$$\ln(\frac{\alpha}{1-\alpha}).$$

Die Parametermenge ist gegeben durch $\alpha \in (0,\ 1)$, also $-\infty < \ln \frac{\alpha}{1-\alpha} < \infty$.

2. eindimensionale Normalverteilung:

$$f(x\,|\,\mu,\ \sigma^2) = \frac{1}{(2\pi)^{1/2}\ \sigma}\ \exp(-\ \mu^2/2\sigma^2)\ \exp(-\ 1/\sigma^2\ x^2 + \mu/\sigma^2\ x).$$

Die Parameter lauten also $1/\sigma^2$ und μ/σ^2. Die Parametermenge ist gegeben durch

$$\mathbb{R}^+ \oplus \mathbb{R}.$$

3. Γ - Verteilung:

$$f(x\,|\,b,\ n) = \frac{b^n}{\Gamma(n)}\ \exp\{(n-1)\ \ln(u) - b\ u\}\ \text{für } u > 0.$$

Die Parameter lauten also n und b.

Hier ist folgende Fallunterscheidung von Interesse:

3.1: n ist fest gewählt. Dann hat man es mit einer einparametrischen Klasse von Verteilungen aus der Exponentialfamilie zu tun. Die Parametermenge ist durch $\mathbb{R}^+$ gegeben.

3.2: $n \in \mathbb{N}$, n variabel. Dann liegt keine Klasse aus der Exponentialfamilie vor, da die Parametermenge keine konvexe zweidimensionale Teilmenge des $\mathbb{R}^2$ ist.

3.3: $n \geq 1$, $n \in \mathbb{R}$ und n variabel. Dann liegt eine zweiparametrische Klasse von Verteilungen vor.

4. Poisson - Verteilung:

$$p(j|\lambda) = \exp(-\lambda)\ \exp\{j\ \ln(\lambda)\}\ 1/j!$$

Der Parameter ist also durch $\ln(\lambda)$ gegeben. Man erinnere sich, daß die Poisson - Verteilung nur für $\lambda > 0$ definiert ist. Der Fall $\lambda = 0$ ist als Fall einer Ein - Punkt - Verteilung trivial.

5. Exponentialverteilung:

$$f(x|\lambda) = \lambda\ \exp(-\lambda x)\ \text{für } x > 0.$$

Der Parameter lautet also λ.

6. Beta(m, n) - Verteilung:

$$f(x|m,n) = \frac{\Gamma((m+n)/2)}{\Gamma(m/2)\ \Gamma(n/2)}\ \exp(\ln(x)\ (m-2)/2 + \ln(1-x)\ (n-2)/2).$$

Die Parameter lauten also m und n.

Hier ergibt sich eine zu 3. analoge Fallunterscheidung danach, ob m, n aus $\mathbb{N}$ sein müssen oder nicht. Falls m, n aus $\mathbb{N}$ sein müssen, liegt keine Klasse aus der Exponentialfamilie vor. Falls lediglich $m, n \geq 1$ gefordert ist, hat man es wieder mit einer Klasse aus der Exponentialfamilie zu tun. Es wurde allerdings in Kapitel 11 der Zusammenhang zur Normalverteilung diskutiert, und der läßt sich nur für $m, n \in \mathbb{N}$ aufrechterhalten.

8. $N(\mu, \Omega)$ - Verteilung. Sei $(\sigma^{ij})_{1\leq i,j\leq n} = \Omega^{-1}$. Dann gilt

$$f(x|\mu_1,\ldots,\mu_n, \sigma^{11},\ldots,\sigma^{nn}) = \frac{\det(\sigma^{ij})_{1\leq i,j\leq n}^{1/2}}{(2\pi)^{n/2}}$$

$$\exp(-\ 1/2 \sum_{i=1}^{n} \sum_{j=1}^{n} (x_i-\mu_i)(x_j-\mu_j)\sigma^{ij})$$

$$= \frac{\det(\sigma^{ij})_{1\leq i,j\leq n}^{1/2}}{(2\pi)^{n/2}} \exp(- \sum_{i=1}^{n} \sum_{j=1}^{n} \mu_i\mu_j\sigma^{ij}/2)$$

$$\exp(- \sum_{i=1}^{n} \sum_{j=1}^{n} x_i x_j \sigma^{ij}/2)\ \exp(\sum_{i=1}^{n} \sum_{j=1}^{n} x_i\mu_j\sigma^{ij}/2)$$

Nicht zur Exponentialfamilie gehören etwa:

- die Rechteckverteilung
- die nicht - zentralen Verteilungen
- die verallgemeinerte Exponentialverteilung mit Dichte

$$f(x|\lambda, \mu) = \begin{cases} 0 & x \leq \mu \\ \lambda\ \exp(-(\lambda(x - \mu))) & x > \mu \end{cases}.$$

- die Klasse der t(n) - Verteilungen
- die Klasse der $\chi^2(n)$ - Verteilungen

Gründe dafür sind:

- bei der Klasse der χ^2 - bzw. t - Verteilungen: Die Parametermenge ist nicht konvex als Teilmenge von $\mathbb{N}$;
- die nicht - zentralen Verteilungen sind <u>gewichtete Summen</u> von Verteilungen;
- Rechteckverteilungen und verallgemeinerte Exponentialverteilung:

$$f(x) = \begin{cases} 1 & x < ß \text{ oder } x < \alpha \\ 0 & \text{sonst} \end{cases}$$

läßt sich nicht durch die Exponentialfunktion formulieren in der verlangten Form.

Es gilt der folgende

<u>Satz 15.6</u>: Sei K n - parametrische Klasse von Verteilungen mit Parametermenge Ψ, die zur Exponentialfamilie gehört. Seien $(X_1,........,X_T)$ stochastisch unabhängige gleichverteilte Zufallsvariable, deren Verteilung aus K stammt. Dann gilt:

Die gemeinsame Verteilung der $(X_1,.......,X_T)$ ist gegeben durch das Produkt der Verteilungen der X_i, und

$$t_i(x_1,.......,x_T) = \sum_{j=1}^{T} h_i(x_j)$$

ist ein System von suffizienten Statistiken für die Komponenten λ_i von $\lambda \in \Psi$. Besitzt also jede Verteilung aus K Dichtefunktion $f_\lambda(x)$ für $x \in F$, F Trägermenge, so gilt

$$f_\lambda(x_1,........,x_T) = g(\lambda)^T \exp(\sum_{i=1}^{n} t_i(x_1,....,x_T)\ \lambda_i) \prod_{j=1}^{T} k(x_j).$$

Ist jede Verteilung aus K diskret, so gilt

$$p_\lambda(x_1,......,x_T) = g(\lambda)^T \exp(\sum_{i=1}^{n} t_i(x_1,....,x_T)\ \lambda_i) \prod_{j=1}^{T} k(x_j).$$

Damit läßt sich der Likelihood - Quotient besonders einfach bestimmen, wie man bereits früheren Beispielen entnehmen konnte.

Ziel der folgenden Ausführungen ist es, deutlich zu machen, wie man im Falle des Vorliegens einer Klasse von Verteilungen aus der Exponentialfamilie die Forderung der Unverzerrtheit von Tests zur Konstruktion gut begründbarer zweiseitiger Tests heranziehen kann. Dazu wird zunächst die Parametermenge Ψ genauer untersucht und anschließend das Konzept der Gütefunktion, die ja im Fall der Unverzerrtheit für die Parameterkonstellation der Hypothese H_o ein Minimum aufweisen muß, wie folgt nutzbar gemacht: man stellt fest, daß die Gütefunktion eines jeden Tests nach dem Parameter λ differenzierbar ist, solange die zugrundeliegende parametrische Klasse von Verteilungen aus der Exponentialfamilie stammt und λ innerer Punkt von Ψ ist.

<u>Definition 15.16:</u> Sei K parametrische Klasse von Verteilungen mit Parametermenge Ψ, die zur Exponentialfamilie gehört. Sei

$$f(x|\lambda) = g(\lambda)\ \exp\left\{\sum_{i=1}^{n} \lambda_i h_i(x)\right\} k(x)$$

die zu λ gehörige Dichtefunktion bzw.

$$p(x|\lambda) = g(\lambda)\ \exp\left(\sum_{i=1}^{n} \lambda_i h_i(x)\right) k(x)$$

die zu λ gehörige Wahrscheinlichkeit für die Elementarereignisse bei gegebener Trägermenge F. Die größtmögliche Menge Ψ' derart, daß zu $\lambda \in \Psi'$ $f(x|\lambda)$ bzw. $p(x|\lambda)$ sich als Dichte bzw. Verteilung definieren lassen, heißt <u>natürliche Parametermenge für K</u>.

Hier wird davon ausgegangen, daß von vornherein gilt:

$$\Psi' = \Psi$$

d.h. die Parametermenge Ψ ist bereits die größtmögliche. Es gilt der folgende

<u>Satz 15.7:</u> Seien λ_1 und λ_2 Punkte aus Ψ, dann gilt:

$$\rho\lambda_1 + (1-\rho)\lambda_2 \in \Psi, \qquad 0 \leq \rho \leq 1$$

d.h. die Verbindungslinie zweier Parameter aus Ψ gehört zu Ψ.

<u>Satz 15.8</u>: Sei φ Test für das Testproblem $\{H_o, H_1, \alpha\}$ auf der Basis eines Stichprobenumfangs n, wobei die zugrundeliegenden Zufallsvariablen $(X_1,\ldots,X_n)$ gemeinsame Produktverteilung besitzen. Die $\{H_o, H_1, \alpha\}$ zugrundeliegende Klasse K von Verteilungen mit Parametermenge Ψ gehöre der Exponentialfamilie an. Dann gilt:

Die durch

$$g(\lambda) = E_\lambda(\varphi) \qquad \lambda \in \Psi$$

definierte Funktion

$$g\colon \Psi \to \mathbb{R}$$

ist in den Komponenten λ_i von $\lambda = (\lambda_1,\ldots\ldots,\lambda_n)$ partiell differenzierbar, falls λ innerer Punkt von Ψ ist, und es gilt im Fall der Existenz von Dichtefunktionen:

$$\partial/\partial\lambda_i\ E_\lambda(\varphi) = \partial/\partial\lambda_i \int_{-\infty}^{\infty}\int_{-\infty}^{\infty}\cdots\int_{-\infty}^{\infty} \varphi(x_1,\ldots,x_T)\ f_\lambda(x_1,\ldots,x_T)\ dx_1\ldots dx_T =$$

$$= \int_{-\infty}^{\infty}\int_{-\infty}^{\infty}\cdots\int_{-\infty}^{\infty} \varphi(x_1,\ldots,x_T)\ \partial/\partial\lambda_i\ f_\lambda(x_1,\ldots,x_T)\ dx_1\ldots dx_T\ .$$

Im Falle diskreter Verteilungen gilt

$$\partial/\partial\lambda_i\ E_\lambda(\varphi) = \sum_{x_1\in F}\ \sum_{x_2\in F}\cdots\sum_{x_T\in F} \varphi(x_1,\ldots,x_T)\ \partial/\partial\lambda_i\ p_\lambda(x_1,\ldots,x_T).$$

Dieser Satz beinhaltet zwei Aussagen, die der Differenzierbarkeit der Gütefunktion und die, daß Integration (bzw. Summation) und Differentiation miteinander vertauschbar sind. Die zweite Aussage ist wichtig für die Bestimmung der Ableitung.

Berechnung von $\partial/\partial\lambda_i\ E_\lambda(\varphi)$ liefert im stetigen Fall (der diskrete Fall verläuft analog):

$$(+)\quad \partial/\partial\lambda_i\ E_\lambda(\varphi) = \int_{\mathbb{R}^T} \varphi(x_1,\ldots,x_T)\ [\partial/\partial\lambda_i\ g(\lambda)\ \exp(\sum_{j=1}^{n} t_j(x_1,\ldots,x_T)\ \lambda_j)$$

$$\prod_{j=1}^{T} k(x_j)\ \ dx_1\ldots dx_T$$

$$= \int_{\mathbb{R}^T} (\partial/\partial\lambda_i\ g(\lambda))\ \varphi(x_1,\ldots,x_T)\ \exp(\sum_{j=1}^{T} t_j(x_1,\ldots,x_T)\ \lambda_j) \prod_{j=1}^{T} k(x_j)\ dx_1\ldots dx_T$$

$$+ \int_{\mathbb{R}^T} \varphi(x_1,\ldots,x_T)\ t_i(x_1,\ldots,x_T)\ g(\lambda)\ \exp(\sum_{j=1}^{n} t_j(x_1,\ldots,x_T)\ \lambda_j)$$

$$*\ \prod_{j=1}^{T} k(x_j)\ dx_1\ldots dx_T.$$

Es ist jetzt noch die Ableitung von $g(\lambda)$ nach λ_i zu bestimmen. Dies ist zwar im Falle, daß $g(\lambda)$ bekannt ist, mit Hilfe der Analysis möglich, für das weitere Vorgehen ist aber folgender Trick vorteilhaft, der es erlaubt, die Ableitung von $g(\lambda)$ anzugeben, ohne explizit $g(\lambda)$ aus dem Verteilungsgesetz zu bestimmen. Dazu wird auf einen speziellen Test φ zurückgegriffen, der es gestattet, $\partial/\partial\lambda_i\ g(\lambda)$ aus (+) auszurechnen und der gleichzeitig den Schlüssel dafür liefert, die Auswertung der Forderung der Unverzerrtheit des Tests in einer Weise vorzunehmen, die das Problem der Konstruktion eines universell besten unverzerrten Tests für das zweiseitige Testproblem auf das verallgemeinerte Neyman - Pearson - Fundamentallemma zurückzuführt.

Wählt man nämlich $\varphi(x_1,\ldots,x_T) = 1/2\ \forall\ (x_1,\ldots,x_T) \in \mathbb{R}^T$, so gilt offenbar:

$$E_\lambda(\varphi) = 1/2 \qquad \forall \lambda \in \Psi,$$

also

$$\partial/\partial\lambda_i \; E_\lambda(\varphi) = 0.$$

Setzt man dies in (+) ein, so erhält man unmittelbar:

$$\partial/\partial\lambda_i \; g(\lambda) = - g(\lambda) \int_{\mathbb{R}^T} t_i(x_1,\ldots,x_T) \; f_\lambda(x_1,\ldots,x_T) \; dx_1 \ldots dx_T .$$

Damit erhält man insgesamt als Ergebnis:

$$\begin{aligned} \partial/\partial\lambda_i \; E_\lambda(\varphi) = & \int_{\mathbb{R}^T} \varphi(x_1,\ldots,x_T) \; t_i(x_1,\ldots,x_T) \; f_\lambda(x_1,\ldots,x_T) \; dx_1 \ldots dx_T \\ (++) \qquad & - \int_{\mathbb{R}^T} \varphi(x_1,\ldots,x_T) \; f_\lambda(x_1,\ldots,x_T) \; dx_1 \ldots dx_T \; * \\ & * \int_{\mathbb{R}^T} t_i(x_1,\ldots,x_T) \; f_\lambda(x_1,\ldots,x_T) \; dx_1 \ldots dx_T . \end{aligned}$$

15.2.7.3.1. Beidseitige Tests in der einparametrischen Exponentialfamilie

Nun kann der folgende Satz bewiesen werden:

<u>Satz 15.9</u>: Sei K einparametrische Klasse von Verteilungen mit Parametermenge Ψ, K gehöre zur Exponentialfamilie. Es liege das Testproblem $\{H_o, H_1, \alpha\}$ vor mit

$$H_o: \lambda = \lambda_o \text{ und } (\lambda_o - \epsilon, \lambda_o + \epsilon) \subset \Psi$$
$$H_1: \lambda \in \Psi - \{\lambda_o\}.$$
$$0 < \alpha < 1$$

Falls auf der Basis einer Stichprobe $\{X_1,\ldots,X_T\}$ zum Umfang T mit der Produktverteilung als gemeinsamer Verteilung ein <u>universell bester unverzerrter Test φ^*</u> existiert, so ist dieser Test folgendermaßen definiert:

$$\varphi^*(x_1,\ldots,x_T) = \begin{cases} 0 & d_1 < t(x_1,\ldots,x_T) < d_2 \\ c_1 & d_1 = t(x_1,\ldots,x_T) \\ c_2 & d_2 = t(x_1,\ldots,x_T) \\ 1 & \text{sonst} \end{cases}$$

<u>Beweis:</u> Die Unverzerrtheit verlangt, daß gilt:

$$\lambda = \lambda_o \longrightarrow E_{\lambda_o}(\varphi^*) \leq \alpha \quad \text{und } \lambda \neq \lambda_o \longrightarrow E_\lambda(\varphi^*) \geq \alpha.$$

Also liegt in $\lambda = \lambda_o$ ein Minimum von $g(\lambda) = E_\lambda(\varphi)$ vor.

Die Differenzierbarkeit von $E_\lambda(\varphi^*)$ liefert:

$$E_{\lambda_0}(\varphi^*) = \alpha.$$

Die Unverzerrtheitseigenschaft, also $g(\lambda_0) = \min g(\lambda)$, verlangt, daß gilt:

$$0 = d/d\lambda \; E_\lambda(\varphi^*) \quad \text{für } \lambda = \lambda_0.$$

Verwendung von (++) liefert

$$\int_{\mathbb{R}^T} \varphi^*(x_1,\ldots\ldots,x_T)\; t(x_1,\ldots.,x_T)\; f_{\lambda_0}(x_1,\ldots.,x_T)\; dx_1\ldots dx_T =$$

$$= \int_{\mathbb{R}^T} \varphi^*(x_1,\ldots\ldots\ldots,x_T)\; f_{\lambda_0}(x_1,\ldots.,x_T)dx_1\ldots\ldots dx_T \;*$$

$$* \int_{\mathbb{R}^T} t(x_1,\ldots.,x_T)\; f_{\lambda_0}(x_1,\ldots.,x_T)\; dx_1\ldots.dx_T$$

$$= \alpha \int_{\mathbb{R}^T} t(x_1,\ldots\ldots,x_T)\; f_{\lambda_0}(x_1,\ldots\ldots\ldots,x_T)\; dx_1\ldots.dx_T = \alpha_1.$$

Sei nun H_1 betrachtet mit H_1: $\lambda = \lambda_1$. Nun kann die bewiesene abgeschwächte Fassung des verallgemeinerten Neyman - Pearson - Fundamentallemmas angewendet werden. Es ist also zu maximieren

$$\int_{\mathbb{R}^T} \varphi(x_1,\ldots\ldots\ldots,x_T)\; f_{\lambda_1}(x_1,\ldots\ldots,x_T)\; dx_1\ldots.dx_T$$

unter den Bedingungen

$$\int_{\mathbb{R}^T} \varphi(x_1,\ldots\ldots,x_T)\; f_{\lambda_0}(x_1,\ldots.,x_T)\; dx_1\ldots dx_T = \alpha$$

und

$$\int_{\mathbb{R}^T} \varphi(x_1,\ldots\ldots,x_T)\; t(x_1,\ldots\ldots,x_T)\; f_{\lambda_0}(x_1,\ldots\ldots,x_T)\; dx_1\ldots\ldots dx_T = \alpha_1.$$

Setze nun im Neyman - Pearson - Fundamentallemma m = 2,

$$f_1(x_1,\ldots,x_T) = f_{\lambda_0}(x_1,,\ldots x_T)$$

$$f_2(x_1,\ldots.,x_T) = f_{\lambda_0}(x_1,\ldots.,x_T)*t(x_1,\ldots\ldots\ldots,x_T)$$

$$f_3(x_1,\ldots\ldots,x_T) = f_{\lambda_1}(x_1,\ldots\ldots\ldots,x_T)$$

und verwende die Darstellung

$$k_1f_1(x_1,\ldots.,x_T) + k_2f_2(x_1,\ldots.,x_T) = f_{\lambda_0}(x_1,\ldots.,x_T)(k_1 + k_2t(x_1,\ldots,x_T))$$

Existieren k_1 und k_2 derart, daß gilt

$$\varphi^*(x_1,\ldots,x_T) = \begin{cases} 1 & f_{\lambda_1}(x_1,\ldots.,x_T) > f_{\lambda_0}(x_1,\ldots.,x_T)(k_1 + k_2t(x_1,\ldots,x_T)) \\ 0 & f_{\lambda_1}(x_1,\ldots.,x_T) < f_{\lambda_0}(x_1,\ldots.,x_T)(k_1 + k_2t(x_1,\ldots,x_T)) \end{cases}$$

wobei gilt

$$\int_{\mathbb{R}^T} \varphi^*(x_1,\ldots\ldots,x_T)\ f_0(x_1,\ldots\ldots,x_T)\ dx_1\ldots\ldots dx_T = \alpha$$

und

$$\int_{\mathbb{R}^T} \varphi^*(x_1,\ldots\ldots,x_T)\ t(x_1,\ldots\ldots,x_T)\ f_{\lambda_0}(x_1,\ldots\ldots,x_T) = \alpha_1,$$

so ist die Optimalität von φ^* bewiesen.

Setzt man die Dichten für λ_0 und λ_1 in die Definition von φ^* ein, so erhält man:

die Gleichung

$$g(\lambda_1)\ \exp(t(x_1,..,x_n)\ \lambda_1) = g(\lambda_0)\ \exp(t(x_1,..,x_n)\ \lambda_0)\ (k_1 + k_2\ t(x_1,..,x_T))$$

also

$$g(\lambda_1)/g(\lambda_0)\ \exp(t(\lambda_1 - \lambda_0)) = k_1 + k_2 t$$

besitzt höchstens zwei Lösungen. Da φ^* weder identisch 0 noch identisch 1 sein kann, muß mindestens eine Lösung existieren. Nur eine Lösung kann nicht existieren, da dies zu einem einseitigen Test führen würde, der die Unverzerrtheitseigenschaft nicht erfüllt. Also müssen genau zwei Lösungen existieren. Man kann zeigen, daß k_1 und k_2 vollständig durch die Einhaltung der Größen α_0 und α_1 festgelegt sind, also nicht vom exakten Wert λ_1 abhängen. Sie gelten vielmehr für jedes $\lambda_1 \neq \lambda_0$, falls φ^* existiert. Es wurde bereits darauf hingewiesen, daß man die Existenz von φ^* aufgrund der scharfen Aussage des verallgemeinerten Neyman - Pearson - Fundamentallemmas sichern kann.

<u>Satz 15.10:</u> Sei zusätzlich noch p_{λ_0} bzw. f_{λ_0} symmetrisch bezüglich der durch $t = \lambda_0$ gegebenen Senkrechten zur t - Achse. Dann gilt:

$$\varphi^*(x_1,\ldots\ldots,x_n) = \begin{cases} 1 & |t(x_1,\ldots\ldots,x_T) - \lambda_0| > k \\ c & |t(x_1,\ldots\ldots,x_T) - \lambda_0| = k\ . \\ 0 & |t(x_1,\ldots\ldots,x_T) - \lambda_0| < k \end{cases}$$

<u>Beweis:</u> Falls $\lambda_0 = 0$ gilt und die Symmetrieannahme gilt, ist offenbar

$$\int_{\mathbb{R}^T} t(x_1,\ldots\ldots,x_T)\ f_{\lambda_0}(x_1,\ldots\ldots,x_T)\ dx_1\ldots dx_T = 0$$

und

$$\int_{\mathbb{R}^T} \varphi^*(x_1,\ldots\ldots,x_T)\ t(x_1,\ldots\ldots,x_T)\ f_{\lambda_0}(x_1,\ldots\ldots,x_T)\ dx_1\ldots\ldots dx_T = 0,$$

falls φ^* symmetrisch um den Nullpunkt ist. Also gilt:

$$d/d\lambda \, E_{\lambda_o}(\varphi) = 0.$$

Falls $\lambda_o \neq 0$ ist, ersetze t durch $t - \lambda_o$ und ändere entsprechend k(x) ab. Dies führt $\lambda_o \neq 0$ auf $\lambda_o = 0$ zurück.

15.2.7.3.2. Beispiele

Als einparametrische Klassen von Verteilungen, die gleichzeitig zur Exponentialfamilie gehören, sind zu nennen:

- eindimensionale Normalverteilung, falls μ oder σ^2 bekannt ist;
- Γ - Verteilung, falls n kekannt ist;
- Binomialverteilung, falls n bekannt ist;
- die Poisson - Verteilung;

Dabei ist die Normalverteilung symmetrisch in $\bar{x}$ um μ und nicht symmetrisch in

$$\sum_{i=1}^{n} x_i^2.$$

15.2.7.3.2.1. Normalverteilung bei bekannter Varianz

Sei X $N(\mu, 1)$ - verteilt. Betrachte folgendes Testproblem:

$$H_o: \mu = 0$$
$$H_1: \mu \neq 0$$
$$\alpha = 0.05$$

Der Test finde statt auf der Basis einer Zufallsstichprobe vom Umfang n. Dann ist ein universell bester unverzerrter Test gegeben durch

$$\varphi^*(x_1, \ldots\ldots, x_n) = \begin{cases} 0 & -d \leq n^{1/2}\,\bar{x} \leq d \\ 1 & \text{sonst} \end{cases}$$

wobei $n^{1/2}\,\bar{x}$ im Falle H_o $N(0, 1)$ - verteilt ist und d bestimmt wird gemäß

$$\frac{1}{(2\pi)^{1/2}} \int_{-d}^{d} \exp(-\, z^2/2)\, dz = 1 - 0.05 = 0.95$$

bzw:

$$\frac{1}{(2\pi)^{1/2}} \left[\int_{-\infty}^{-d} \exp(-\, z^2/2)\, dz + \int_{d}^{\infty} \exp(-\, z^2/2\; dz \right] = 0.05.$$

15.2.7.3.2.2. Normalverteilung bei bekanntem Erwartungswert

Sei X N(3, σ^2) - verteilt. Betrachte folgendes Testproblem

$$H_0: \sigma^2 = \sigma_0^2$$
$$H_1: \sigma^2 \neq \sigma_0^2$$
$$\alpha = 0.05$$

Der Test finde statt auf der Basis einer Zufallsstichprobe vom Umfang n. Dann gilt mit

$$s^2 = \sum_{i=1}^{n} (x_i - 3)^2 :$$

$$\varphi^*(x_1, \ldots\ldots, x_n) = \begin{cases} 0 & d_1 \leq s^2/\sigma_0^2 \leq d_2 \\ 1 & \text{sonst} \end{cases} .$$

Dabei werden d_1, d_2 so bestimmt, daß gilt

$$\frac{1}{2^{n/2}\,\Gamma(n/2)} \int_{d_1}^{d_2} u^{(n-2)/2} \exp(-\,u/2)\, du = 1 - \alpha = 0.95$$

und

$$\frac{1}{2^{n/2}\,\Gamma(n/2)} \int_{d_1}^{d_2} u^{(n-2)/2} \exp(-\,u/2)\, du =$$

$$(1 - \alpha)\, \frac{1}{2^{n/2}\,\Gamma(n/2)} \int_{-\infty}^{\infty} u^{n/2} \exp(-\,u/2)\, du = \alpha_1 .$$

Diese zweite Bedingung ist die mathematische Umformulierung der Unverzerrtheitsforderung unter Beachtung, daß die suffiziente Statistik u $\aleph^2(n)$ - verteilt ist.

Diese Bedingungen sind numerisch schwer auswertbar, weshalb man ersatzweise (und unter Verlust der Optimalitätseigenschaft) folgende alternative Vorgehensweisen praktiziert:

Entweder wähle d_1 und d_2 als die $\alpha/2$ - Quantile oder wähle d_1 und d_2 so, daß gilt:

$$d_1^{(n-2)/2} \exp(-\,d_1/2) = d_2^{(n-2)/2} \exp(-\,d_2/2).$$

Im zweiten Vorschlag sind die Dichten an den Ablehnungsgrenzen gleich, der erste Vorschlag ist der leichter durchführbare, beide Vorschläge haben aber

nur Ersatzfunktion für ein komplexeres numerisches Problem.
Hier wurde ausgenutzt, daß gilt: im Falle der Nullhypothese ist s^2/σ_o^2 ist $\aleph^2$ - verteilt.

15.2.7.3.2.3. Binomial - Verteilung bei bekanntem n.

Sei X $B(n, \lambda)$ - verteilt. Das Testproblem laute:

$$H_o: \lambda = \lambda_o$$
$$H_1: \lambda \neq \lambda_o$$
$$\alpha = 0.1$$

Der Test finde statt auf der Basis einer Zufallsstichprobe vom Umfang n: Sei

$$j = \sum_{i=1}^{n} x_i.$$

Dann gilt:

$$\varphi^*(x_1,\ldots\ldots,x_n) = \begin{cases} 0 & d_1 < j < d_2 \\ c_1 & d_1 = j \\ c_2 & d_2 = j \\ 1 & \text{sonst} \end{cases}$$

Dabei werden d_1, d_2, c_1, c_2 so bestimmt, daß gilt

$$1.\quad 0.9 = 1 - E_{\lambda_o}(\varphi^*) = (1 - c_1) \frac{n!}{d_1!\,(n-d_1)!} \lambda_o^{d_1} (1 - \lambda_o)^{n-d_1} + \sum_{j=d_1+1}^{d_2-1} \frac{n!}{j!\,(n-j)!} \lambda_o^j (1 - \lambda_o)^{n-j} + (1 - c_2) \frac{n!}{d_2!\,(n-d_2)!} \lambda_o^{d_2} (1 - \lambda_o)^{n-d_2}$$

$$2.\quad \sum_{j=0}^{d_1-1} j \frac{n!}{j!\,(n-j)!} \lambda_o^j (1 - \lambda_o)^{n-j} + c_1 d_1 \frac{n!}{d_1!\,(n-d_1)!} \lambda_o^{d_1} (1 - \lambda_o)^{n-d_1} + c_2 d_2 \frac{n!}{d_2!\,(n-d_2)!} \lambda_o^{d_2} (1 - \lambda_o)^{n-d_2} + \sum_{j=d_2+1}^{n} j \frac{n!}{j!\,(n-j)!} \lambda_o^j (1 - \lambda_o)^{n-j}$$
$$= 0.1 \sum_{j=0}^{n} j \frac{n!}{j!\,(n-j)!} \lambda_o^j (1 - \lambda_o)^{n-j}.$$

Die erste Bedingung schöpft wieder den Fehler erster Art voll aus, die zweite Bedingung ist die der Unverzerrtheit, ausgedrückt durch Nullsetzung der Gütefunktion und anschließende Umrechnung im Hinblick auf den Einsatz des verallemeinerten Neyman - Pearson - Fundamentallemmas.

st n hinreichend groß, so gilt wegen

$$E \sum_{j=1}^{n} X_j = n\lambda$$

nd

$$\mathrm{var}(\sum_{j=1}^{n} X_j) = n\lambda(1 - \lambda):$$

m Falle H_o ist

$$z = \frac{j - n\lambda_o}{(n \lambda_o (1 - \lambda_o))^{1/2}}$$

nnähernd N(0, 1) - verteilt. Also wende auf z den Test aus 15.2.7.3.2.1. an. ies empfiehlt sich wegen des mit der exakten Bestimmung von d_1, d_2, c_1, c_2 erbundenen numerischen Aufwandes.

5.2.7.3.2.4. Poisson - Verteilung

er Fall der Poisson - Verteilung läßt sich analog dem der Binomialverteilung bhandeln. Auch hier unterscheidet man zwischen dem exakten Test, der analog u 15.2.7.3.2.3. zu konstruieren ist und zu erheblichem numerischem Aufwand ührt, und dem Test, der wiederum ausnutzt, daß für große n gilt:

$$E \sum_{j=1}^{n} X_j = n\lambda$$

nd

$$\mathrm{var}(\sum_{i=1}^{n} X_j) = n\lambda$$

ilt, also

$$z = \frac{\sum_{j=1}^{n} X_j - n\lambda}{(n\lambda)^{1/2}}$$

nnähernd N(0, 1) - verteilt ist. Der auf dieser Näherung basierende Test erfolgt analog zu Beispiel 1.

15.2.8. Zusammenfassung

Es wurde gezeigt, daß beim zweiseitigen Testproblem die einseitigen Tests verzerrt sind. Verzerrte Tests sind sicher nicht wünschenswert, weshalb die Forderung der Beschränkung auf unverzerrte Tests erfolgt. Die Forderung der Unverzerrtheit des Tests wird ausgedrückt in der Weise, daß die Gütefunktion in λ_0 ein Minimum besitzen soll. Um zur Minimumbestimmung der Gütefunktion das Instrument der Differentiation einzusetzen, wurde zusätzlich unterstellt, daß die Klasse der Verteilungen aus der Exponentialfamilie stammt. In diesem Falle ist nämlich die Gütefunktion differenzierbar; die Gütefunktion gibt die Wahrscheinlichkeit der Ablehnung von H_0 unter der Voraussetzung f_λ an und ist somit als Integral zu gewinnen. Ableitung der Gütefunktion bedeutet also Ableitung eines Integrals, und im Falle der Exponentialfamilie ist sogar Differentiation und Integration zu vertauschen. Auswertung dieses Prozesses führt bei der Bestimmung eines besten unverzerrten Tests zu einer Situation, die mit dem verallgemeinerten Neyman - Pearson - Fundamentallemma bewältigt wird und zu beidseitigen Ablehnungsbereichen führt.
Anwendungsbeispiele sind beidseitige Testprobleme

- im Falle binomial - verteilter Zufallsvariabler,
- im Falle Poisson - verteilter Zufallsvariabler,
- im Falle $N(\mu, 1)$ - verteilter Zufallsvariabler,
- im Falle $N(0, \sigma^2)$ - verteilter Zufallsvariabler.

Dabei ist der Fall der Normalverteilung aufgrund der zentralen Grenzwertsätze von allgemeinerem Interesse im Fall großer Stichprobenumfänge. Beachtet werden muß, daß die bisherigen Ergebnisse sich auf einparametrige Klassen von Verteilungen beziehen, der allgemeine Fall einer $N(\mu, \sigma^2)$ - verteilten Zufallsvariablen also als zweiparametrischer Fall nicht abgedeckt ist. Diesem Problem dienen die folgenden Ausführungen.

15.3. Testprobleme bei mehrparametrischen Klassen von Verteilungen

15.3.1. Das Konzept der Ähnlichkeit

Betrachte nun die Situation, daß sowohl Nullhypothese als auch Gegenhypothese zusammengesetzt sind. Derartige Probleme treten auf in folgenden praktischen Situationen:

Beispiel 1: X sei $N(\mu, \sigma^2)$ - verteilt, und es liegen weder über μ noch über σ^2 Aussagen vor.

$$H_0: \mu = \mu_0, \ \sigma^2 \text{ unspezifiziert}$$

$$H_1: \mu > \mu_0, \ \sigma^2 \text{ unspezifiziert}$$

oder

$$H_0: \mu = \mu_0, \ \sigma^2 \text{ unspezifiziert}$$

$$H_1: \mu < \mu_0, \ \sigma^2 \text{ unspezifiziert}$$

Beide Testprobleme sind einseitige Testprobleme in einer mehrparametrischen Klasse von Verteilungen, die Hypothesen beziehen sich lediglich auf einen Parameter, die anderen Parameter sind nicht Gegenstand der Hypothese. Dazu gibt es auch ein beidseitiges Testproblem:

$$H_0: \mu = \mu_0, \ \sigma^2 \text{ unspezifiziert}$$

$$H_1: \mu \neq \mu_0, \ \sigma^2 \text{ unspezifiziert}$$

Analoge Probleme lassen sich konstruieren, wenn man Hypothesen über σ^2 formuliert und μ unspezifiziert läßt.

Beispiel 2: Seien $(X_1, \ldots\ldots, X_n)$ stochastisch unabhängige $N(\mu_1, \sigma_1^2)$ - verteilte Zufallsvariable, $(Y_1, \ldots, Y_m)$ stochastisch unabhängige $N(\mu_2, \sigma_2^2)$ - verteilte Zufallsvariable, die X_i und Y_j seien stochastisch unabhängig. Probleme von Interesse sind:

$$H_0: \mu_1 - \mu_2 = 0, \ \mu_1, \ \sigma_1^2, \ \sigma_2^2 \text{ unspezifiziert}$$

$$H_1: \mu_1 - \mu_2 > 0, \ \mu_1, \ \sigma_1^2, \ \sigma_2^2 \text{ unspezifiziert}$$

oder

$$H_0: \mu_1 - \mu_2 = 0, \ \mu_1, \ \sigma_1^2, \ \sigma_2^2 \text{ unspezifiziert}$$

$$H_1: \mu_1 - \mu_2 < 0, \ \mu_1, \ \sigma_1^2, \ \sigma_2^2 \text{ unspezifiziert}$$

oder

$$H_0: \mu_1 - \mu_2 = 0, \ \mu_1, \ \sigma_1^2, \ \sigma_2^2 \text{ unspezifiziert}$$

$$H_1: \mu_1 - \mu_2 \neq 0, \ \mu_1, \ \sigma_1^2, \ \sigma_2^2 \text{ unspezifiziert}$$

Analoge Probleme lassen sich formulieren, wenn μ und σ^2 die Rolle tauschen. Von Interesse sind die Sonderfälle, in denen $\mu_1 = \mu_2$ oder $\sigma_1^2 = \sigma_2^2$ gilt.

Im Regelfall ist es ausgeschlossen, für derartige Fälle universell beste Tests zu finden, wenn man die Klasse der Tests nicht weiter einschränkt. Eine Einschränkung, die bisweilen unmittelbar aus der Forderung der Unverzerrtheit resultiert, ist die Forderung der Ähnlichkeit.

<u>Definition 15.17:</u> Sei $\{H_0, H_1, \alpha\}$ ein Testproblem auf der Basis einer Zufallsstichprobe vom Umfang n. Ein Test φ heißt <u>J - ähnlich,</u> wenn gilt:

1. $J \subset H_0$
2. $E_p(\varphi) = \alpha \quad \forall p \in J.$

Ist $J = H_0$, so heißt φ <u>ähnlich,</u> wenn φ die Bedingungen 1 und 2 erfüllt.
Die Ähnlichkeit bringt zum Ausdruck, daß für jede Verteilung aus H_0 der Fehler erster Art voll ausgeschöpft werden soll. Sie ergibt sich bei parametrischen Klassen von Verteilungen automatisch dann aus der Unverzerrtheit, wenn die Hypothesen in der Form

$$H_0: \lambda \in \Psi_0$$
$$H_1: \lambda \in \Psi_1$$

darstellbar sind, die Gütefunktion $g(\lambda)$ stetig oder gar differenzierbar ist und in jeder Umgebung eines $\lambda \in \Psi_0$ ein $\lambda' \in \Psi_1$ existiert. Denn dann muß gelten:

$$E_\lambda(\varphi) \leq \alpha \wedge E_{\lambda'}(\varphi) \geq \alpha.$$

Die Stetigkeit der Gütefunktion verlangt dann, daß gilt:

$$E_\lambda(\varphi) = \alpha.$$

Dies trifft z.B. zu im ersten Beispiel der Normalverteilung mit

$$H_0: \mu = \mu_0, \ \sigma^2 \text{ unspezifiziert}$$

$$H_1: \mu \neq \mu_0, \ \sigma^2 \text{ unspezifiziert}$$

Denn in jeder noch so kleinen Umgebung von $(\mu_0, \sigma^2) \in H_0$ gibt es $(\mu, \sigma^2) \in H_1$. In diesem Fall ergibt sich die Forderung der Ähnlichkeit automatisch.

15.3.2. Ähnliche Tests und Exponentialfamilien

15.3.2.1. Die Schwierigkeit beim Testen in mehrparametrischen Familien

Die Beschränkung der folgenden Überlegungen auf Testprobleme, die sich auf Hypothesen beziehen, deren Verteilungen einer m - parametrischen Klasse von Verteilungen aus der Exponentialfamilie angehören, findet statt aus zwei Gründen:

1. Zur Exponentialfamilie gehören zahlreiche für die praktische Statistik wichtige Klassen von Verteilungen; hier sei an die Beispiele erinnert.
2. Unterstellt man nicht, daß die zugrundeliegenden Verteilungen aus einer m - parametrischen Klasse von Verteilungen der Exponentialfamilie angehören, sind hinsichtlich der Suche nach gut begründeten Tests innerhalb der Neyman - Pearson - Testtheorie kaum Erfolge erzielt worden. Das Denken in

besten Tests unter Tests, die bestimmten Bedingungen genügen, ist also nur in Ausnahmen, allerdings in praktisch wichtigen Ausnahmen, erfolgreich. Betrachte nun ein Beispiel, um festzustellen, worin die Schwierigkeiten mit den eingangs genannten Testproblemen beruhen:

Beispiel: Sei X N(μ, σ^2) - verteilt:

$$H_0\colon \mu = \mu_0,\ \sigma^2 \text{ unspezifiziert}$$

$$H_1\colon \mu > \mu_0,\ \sigma^2 \text{ unspezifiziert}$$

$$\alpha = 0.1.$$

Versuche nun, wie bereits im einparametrischen Fall den Likelihoodquotienten als Hilfsmittel heranzuziehen: dann gilt

$$\frac{f(x_1,\ldots,x_n|\mu_0,\ \sigma^2)}{f(x_1,\ldots,x_n|\mu_1,\ \sigma^2)} = \frac{\dfrac{1}{(2\pi)^{n/2}\ \sigma^n}\exp(-\ 1/2\sigma^2 \sum\limits_{i=1}^{n} (x_i - \mu_0)^2)}{\dfrac{1}{(2\pi)^{n/2}\ \sigma^n}\exp(-\ 1/2\sigma^2 \sum\limits_{i=1}^{n} (x_i - \mu_1)^2)}$$

$$= \frac{\exp(-\ n\mu_0^2/\sigma^2)\ \exp(n\bar{x}\mu_0/\sigma^2)}{\exp(-\ n\mu_1^2/\sigma^2)\ \exp(n\bar{x}\mu_1/\sigma^2)}\ \frac{\exp(-\ 1/2\sigma^2 \sum\limits_{i=1}^{n} x_i^2)}{\exp(-\ 1/2\sigma^2 \sum\limits_{i=1}^{n} x_i^2)}\ .$$

Dieser Ausdruck ist nach wie vor monoton in $\bar{x}$, man wird also versuchen, wie im einparametrischen Fall den Test φ^* als Test in $\bar{x}$ zu formulieren in der Form

$$\varphi^*(x_1,\ldots,x_n) = \begin{cases} 1 & \bar{x} \geq d' \\ 0 & \bar{x} < d' \end{cases}$$

wobei d' so zu wählen ist, daß gilt

$$E_{\mu_0}(\varphi^*) = \alpha.$$

Hier sieht man das Problem: man weiß lediglich, daß $(\bar{x} - \mu_0)/(n\sigma^2)^{1/2}$ N(0, 1) - verteilt ist, man kennt aber nicht σ^2, so daß diese Standardisierung nicht durchführbar ist. Man kann also trotz monotonen Dichtequotienten den Test nicht in $\bar{x}$ formulieren, da man dann nicht weiß, wie

$$E_{\mu_0}(\varphi^*) = \alpha$$

eingehalten werden soll. Die Ursache für diese Schwierigkeiten ist darin zu sehen, daß $n\bar{x}\mu/\sigma^2$ konstant ist, falls $\bar{x}/\sigma$ und μ/σ konstant sind. Damit ist also großes $|\bar{x}|$ bei großem μ, σ^2 genau so plausibel wie kleines $|\bar{x}|$ bei kleinem μ, σ^2. (Zur Erinnerung: $\mu > \mu_0$ war die Gegenhypothese). Ein großes $|\bar{x}|$ führt aber zu einem großen s^2 mit

$$s^2 = \sum_{i=1}^{n} x_i^2.$$

Erst wenn s^2 fest vorgegeben ist, kann man unterscheiden zwischen der Plausibilität großer μ, σ^2 und kleiner μ, σ^2. Dieser Zusammenhang brachte Neyman - Pearson auf die Idee, folgenden Test zu formulieren:

$$\text{(B)} \qquad \varphi^*(x_1,\ldots\ldots,x_n) = \begin{cases} 1 & \bar{x} \geq d(s^2) \\ 0 & \bar{x} < d(s^2) \end{cases}$$

wobei d als Funktion von s^2 groß bei großem s^2 und klein bei kleinem s^2 gewählt wird und $d(s^2)$ nach folgender Bedingung gewählt wird:

$$E_{\mu_0}(\varphi^* | s^2) = \alpha \qquad \forall\, s^2,$$

d.h. sie bestimmen die bedingte Dichte $f_{\mu_0}(\bar{x}|s^2)$ von $\bar{x}$ bei gegebenem s^2 und wählen $d(s^2)$ so, daß gilt

$$\int_{d(s^2)}^{s\,n^{-1/2}} f_{\mu_0}(\bar{x}|s^2)\, d\bar{x} = \alpha$$

Dabei kann $\bar{x}$ maximal den Wert $s/n^{1/2}$ annehmen, denn das arithmetische Mittel wird bei feststehender Summe der Quadrate dann am größten,wenn jeder Summand gleich ist.

15.3.2.2. Bedingte Tests und Tests mit Neyman - Struktur

<u>Definition 15.18:</u> Sei K m - parametrische Klasse von Verteilungen mit Parametermenge Ψ, die der Exponentialfamilie angehören. Sei $\{t_i(x_1,\ldots\ldots,x_n)\}_{1\leq i\leq m}$ das zugehörige System suffizienter Statistiken. Sei

$$H_0\colon \lambda_1 = \lambda_{10},\ \lambda_2,\ldots\ldots,\lambda_m \text{ unspezifiziert}$$
$$H_1\colon \lambda_1 > \lambda_{10},\ \lambda_1,\ldots\ldots,\lambda_m \text{ unspezifiziert}$$

oder

$$H_1\colon \lambda_1 < \lambda_{10},\ \lambda_2,\ldots\ldots,\lambda_m \text{ unspezifiziert}$$

oder

$$H_1\colon \lambda_1 \neq \lambda_{10},\ \lambda_2,\ldots\ldots,\lambda_m \text{ unspezifiziert.}$$

Tests φ, die die Gestalt

$$\varphi(x_1,........,x_n) = \varphi_{t_2....t_m}(t_1)$$

besitzen, heißen <u>bedingte Tests</u>

Gilt außerdem

$$E_{\lambda_0}(\varphi|t_2,.....,t_m) = \alpha ,$$

so heißt φ <u>Test mit Neyman - Struktur.</u> Es ist Neyman - Pearson gelungen, folgenden Satz nachzuweisen:

<u>Satz 15.11:</u> Unter den Bedingungen der Definition 15.18 gilt: alle ähnlichen Tests für eines der in Definition 15.18 beschriebenen Testprobleme $\{H_0, H_1, \alpha\}$ besitzen Neyman - Struktur.

Dies ist eine spezielle Eigenschaft der Exponentialfamilie, die besagt, daß eine Funktion g(x), die die Bedingung

$$E_\lambda(g) = 0 \qquad \forall \lambda \in \Psi$$

erfüllt, der Bedingung

$$p_\lambda(B) = 0 \ \forall \lambda \in \Psi$$

mit

$$B = \{x|g(x) \neq 0\}$$

genügt. Diese Aussage ist mathematisch tiefliegend und kann hier nicht bewiesen werden. Sie wird als <u>Vollständigkeit der Exponentialfamilie</u> bezeichnet.

Diese Reduktion auf bedingte Testprobleme ist deshalb so wichtig, da die bedingten Verteilungen wieder zur Exponentialfamilie gehören. Da lediglich eine einzige suffiziente Statistik noch variieren kann, gehört ihre bedingte Verteilung einer einparametrischen Klasse von Verteilungen an. Damit sind die bedingten Testprobleme als Testprobleme in einparametrischen Klassen von Verteilungsfunktionen, die der Exponentialfamilie angehören, bereits prinzipiell gelöst.

Die Untersuchung bedingter Testprobleme ist numerisch sehr aufwendig, häufig nicht analytisch durchführbar und deshalb kaum als <u>praktische</u> Hilfe anzusehen. Immerhin führte sie zum Erfolg bei der Auswertung von (2,2) - Kontingenztafeln sowie beim Erwartungswertvergleich auf der Grundlage zweier B(n, α) - bzw. B(m, β) - verteilter Zufallsstichproben. In beiden Fällen gelangt man zur hypergeometrischen Verteilung für die Prüfgröße.

<u>Beispiel:</u> (Erwartungswertvergleich bei zwei binomialverteilten Stichproben)

Seien $(X_1,......,X_n, Y_1,....,Y_m)$ stochastisch unabhängige Zufallsvariable, wobei die X_i B(α, 1) und die Y_j B(β, 1) - verteilt seien. Mit

$$j = \sum_{i=1}^{n} X_i \text{ und } k = \sum_{i=1}^{m} Y_i$$

erhält man unmittelbar:

$$p(x_1,\ldots,x_n, y_1,\ldots,y_m) = \frac{n!}{j!\,(n-j)!}\,\frac{m!}{k!\,(m-k)!}\,\alpha^j\,(1-\alpha)^{n-j}\,\beta^k\,(1-\beta)^{m-k}.$$

$$= \frac{n!\;m!}{j!\,(n-j)!\,k!\,(m-k)!}\,\alpha^{j+k}\,(1-\alpha)^{n+m-j-k}\,(\beta/\alpha)^k\,((1-\beta)/(1-\alpha))^{m-k}$$

Im Falle $\alpha = \beta$ erhält man als (k + j) - bedingte Verteilung von j

$$p(j\,|\,j+k) = \frac{\dfrac{n!}{j!\,(n-j)!}\,\dfrac{m!}{k!\,(m-k)!}}{\dfrac{(n+m)!}{(j+k)!\,(n+m-j-k)!}} = \frac{\dfrac{(j+k)!}{j!\;k!}\,\dfrac{(n+m-j-k)!}{(n-j)!\,(m-k)!}}{\dfrac{(n+m)!}{n!\;m!}}$$

$$= h(j\,|\,j+k,\ n+m,\ n+m-j-k)$$

Dies ist die Verteilung einer hypergeometrischen Verteilung, deren Kugelzahl durch n+m, deren Versuchszahl durch min $\{m, n, j+k\}$ und deren Erfolgszahl durch min $\{j, k, n-j, m-k\}$ gegeben ist. Die jeweilige Anzahl der verschiedenfarbigen Kugeln ist durch zwei der drei Zahlen n, m, k+j gegeben. So wird sichergestellt, daß einfarbige Serien in beiden Farben möglich sind.

Da bei gegebener Kugelzahl und gegebener Ziehungszahl die hypergeometrische Verteilung eine Verteilung mit monotonem Dichtequotienten ist, existieren zumindest für die beiden einseitigen Testprobleme

H_o: $\alpha - \beta = 0$, α unspezifiziert

H_1: $\alpha - \beta > 0$, α unspezifiziert

bzw.

H_o: $\alpha - \beta = 0$, α unspezifiziert

H_1: $\alpha - \beta < 0$, α unspezifiziert

universell beste ähnliche j+k - bedingte Tests φ^* aufgrund der Ausführungen zum Testen bei monotonen Dichtequotienten.

Aufgabe 15.2: Stellen Sie in Abhängigkeit von den gegebenen Minima die jeweilige hypergeometrische Verteilung an und zeigen Sie, daß man jeweils zum oben angegebenen Ausdruck gelangt.

15.3.2.3. Bedingte Tests und Transformation der suffizienten Statistiken

Es ist aber in vielen Fällen möglich, sich von der Untersuchung derartiger bedingter Tests zu lösen. Dies gelingt immer dann, wenn es eine meßbare Funktion

$$h: \mathbb{R}^m \to [0, 1]$$

gibt, die folgende Bedingungen erfüllt:

1. $h(t_1,\ldots\ldots,t_m)$ ist stochastisch unabhängig von $t_2,\ldots\ldots,t_m$ $\forall\, \lambda \in H_o$.
2. $h(t_1,\ldots\ldots,t_m)$ ist streng monoton in t_1

oder

3. $h(t_1,\ldots.,t_m) = t_1\, a(t_2,\ldots..,t_m) + b(t_2,\ldots\ldots,t_m)$
   mit
   $a(t_2,\ldots.,t_m) \neq 0$ außerhalb einer p_λ - Nullmenge, $p_\lambda \in H_o$

Dabei ist die Bedingung 2 für einseitige Testprobleme hinreichend, Bedingung 3 ist hinreichend für beidseitige Testprobleme.

Denn es gilt folgender

<u>Satz 15.12:</u> Sei K m - parametrische Klasse von Verteilungen mit Parametermenge Ψ, K gehöre zur Exponentialfamilie. Die suffizienten Statistiken seien gegeben durch $(t_1,\ldots\ldots,t_m)$.

I. Sei folgendes Testproblem gegeben:

$$H_o: \lambda_1 = \lambda_{1o},\ \lambda_2,\ldots..,\lambda_m \text{ unspezifiziert}$$
$$H_1: \lambda_1 > \lambda_{1o},\ \lambda_2,\ldots..,\lambda_m \text{ unspezifiziert}$$

Es gebe eine Funktion $h(t_1,\ldots..,t_m)$, die den Bedingungen 1 und 2 genügt.

Dann existiert ein universell bester ähnlicher Test φ^* zum Niveau α mit

$$\varphi^*(x_1,\ldots\ldots.,x_n) = \begin{cases} 1 & h(t_1,\ldots.,t_m) > d \\ c & h(t_1,\ldots.,t_m) = d \\ 0 & h(t_1,\ldots.,t_m) < d \end{cases}$$

Dabei ist d, c so gewählt, daß gilt

$$E_\lambda(\varphi^*) = \alpha \qquad \forall\, \lambda \in H_o.$$

II. Das Testproblem laute

$$H_o: \lambda_1 = \lambda_{1o},\ \lambda_2,\ldots\ldots,\lambda_m \text{ unspezifiziert}$$
$$H_o: \lambda_1 < \lambda_{1o},\ \lambda_2,\ldots\ldots,\lambda_m \text{ unspezifiziert}$$

Es gebe eine Funktion $h(t_1,\ldots..,t_m)$, die den Bedingungen 1 und 2 genügt.

Dann gibt es einen universell besten ähnlichen Test φ^* zum Niveau α mit

$$\varphi^*(x_1,\ldots\ldots,x_n) = \begin{cases} 1 & h(t_1,\ldots\ldots,t_m) < d \\ c & h(t_1,\ldots\ldots,t_m) = d \\ 0 & h(t_1,\ldots\ldots,t_m) > d \end{cases}.$$

Dabei sind c, d so gewählt, daß gilt

$$E_\lambda(\varphi^*) = \alpha \qquad \forall\, \lambda \in H_o.$$

III. Sei

$$H_o\colon \lambda_1 = \lambda_{1o},\ \lambda_2,\ldots\ldots,\lambda_m \text{ unspezifiziert}$$
$$H_1\colon \lambda_1 \neq \lambda_{1o},\ \lambda_2,\ldots\ldots,\lambda_m \text{ unspezifiziert}$$

Es gebe eine Funktion $h(t_1,\ldots\ldots,t_m)$, die den Bedingungen 1 und 3 genügt. Dann existiert ein universell bester ähnlicher unverzerrter Test φ^* zum Niveau α mit

$$\varphi^*(x_1,\ldots\ldots,x_n) = \begin{cases} 0 & d_1 < h(t_1,\ldots\ldots,t_m) < d_2 \\ c_1 & d_1 = h(t_1,\ldots\ldots,t_m) \\ c_2 & d_2 = h(t_1,\ldots\ldots,t_m) \\ 1 & \text{sonst} \end{cases}.$$

Dabei ist d_1, d_2, c_1, c_2 so bestimmt, daß gilt:

$$E_\lambda(\varphi^*) = \alpha \quad \forall\, \lambda \in H_o$$

und

$$E_\lambda(\varphi^*) \geq \alpha \quad \forall\, \lambda \in \Psi.$$

Es hat sich gezeigt, daß der Nachweis der stochastischen Unabhängigkeit häufig nur schwer zu führen ist. Es gibt aber folgendes

<u>Kriterium 15.1:</u> Sei $h(t_1,\ldots\ldots,t_m)$ Funktion, die den Bedingungen 2 oder 3 genügt. Ist im Falle der Gültigkeit von H_o die Verteilung von $h(t_1,\ldots,t_m)$ nicht von $\lambda_2,\ldots\ldots,\lambda_m$ abhängig, so ist h von $t_2,\ldots\ldots,t_m$ stochastisch unabhängig, falls eine Verteilung p_λ, $\lambda \in H_o$, vorliegt.

15.3.2.4. Beispiele

15.3.2.4.1. Testen des Erwartungswertes bei Normalverteilung (t - Test)

Sei X $N(\mu, \sigma^2)$ - verteilt:

Seien die $(X_1, \ldots, X_n)$ stochastisch unabhängige $N(\mu, \sigma^2)$ - verteilte Zufallsvariable. Dann gilt:

$$s^2 = \sum_{i=1}^{n} x_i^2 \quad \text{und} \quad \bar{x} = 1/n \sum_{i=1}^{n} x_i$$

sind suffiziente Statistiken.

Die zur t(n-1) - Verteilung gehörige Statistik

$$t = \frac{\dfrac{n^{1/2}\,\bar{x}}{\sigma}}{\dfrac{v^{1/2}}{\sigma}} = \frac{\bar{x}}{v^{1/2}}\, n^{1/2}$$

mit

$$v = \frac{s^2 - n\bar{x}^2}{n-1} = \frac{\sum_{i=1}^{n} (x_i - \bar{x})^2}{n-1}$$

ist t(n-1) - verteilt, falls $\mu_0 = 0$ ist. Vgl. Aufgabe 12.5.

Da die t - Verteilung nicht von σ^2 abhängt, ist t von s^2 nach obigem Kriterium stochastisch unabhängig. Weiterhin erfüllt t die Bedingung 2, aber nicht Bedingung 3.

Eine Statistik, die Bedingung 1 und 3 erfüllt, ist gegeben durch

$$u = \frac{n\bar{x}}{s} \quad ,$$

denn die Verteilung von u hängt nicht von σ^2 ab, also sind u und s^2 stochastisch unabhängig. Man ist in der Lage, u auf t durch folgende Transformation zurückzuführen:

$$t = (n-1)^{1/2} \frac{u}{(n - u^2)^{1/2}} \quad .$$

Denn es gilt: Der Nenner kann nur 0 werden, falls alle x_i gleich sind, und dies tritt nur mit Wahrscheinlichkeit 0 ein, weiterhin erhält man:

$$\frac{u}{(n - u^2)^{1/2}} = \frac{n\bar{x}}{(ns^2 - n^2\bar{x}^2)^{1/2}} = \frac{n^{1/2}\bar{x}}{(s^2 - n\bar{x}^2)} \quad .$$

Wegen

$$dt/du = (n-1)^{1/2} \frac{(n-u^2)^{1/2} + u^2 (n-u^2)^{-1/2}}{(n-u^2)}$$

$$= (n-1)^{1/2} \frac{(n-u^2)^{-1/2} (n - u^2 + u^2)}{(n-u^2)} = (n-1)^{1/2} \frac{n}{(n-u^2)^{3/2}}$$

und

$$t^2 = (n-1) \frac{u^2}{(n-u^2)}$$

also

$$u^2 = \frac{n\,t^2}{(n-1+t^2)}$$

erhält man unmittelbar, daß die Dichte von u symmetrisch um den Nullpunkt ist. Da die Dichte der t - Verteilung ebenfalls symmetrisch um den Nullpunkt ist, kann man beim beidseitigen Test ebenfalls statt auf u auf t zurückgreifen, da der Ablehnungsbereich in beiden Fällen symmetrisch zum Nullpunkt ist und aufgrund der Monotonie der Transformation

$$t = (n-1)^{1/2} \frac{u}{(n-u^2)^{1/2}}$$

die beiden $\alpha/2$ - Quantile von u und von t einander eindeutig entsprechen. Damit gelangt man zu folgendem

Satz 15.13: Sei X $N(\mu, \sigma^2)$ - verteilt. Auf der Basis einer Zufallsstichprobe vom Umfang n besitzen folgende Testprobleme folgende universell beste ähnliche unverzerrte Tests:

I. Sei

$$H_0: \mu = \mu_0, \ \sigma^2 \text{ unspezifiziert}$$
$$H_1: \mu > \mu_0, \ \sigma^2 \text{ unspezifiziert}$$

Dann besitzt das Testproblem $\{H_0, H_1, \alpha\}$ folgenden universell besten ähnlichen Test φ^*:

$$\varphi^*(x_1,\ldots\ldots,x_n) = \begin{cases} 1 & \dfrac{\bar{x}-\mu_0}{v^{1/2}} n^{1/2} \geq d \\ 0 & \text{sonst} \end{cases} .$$

Dabei ist d so bestimmt, daß gilt

$$\int_d^{\infty} \frac{\Gamma(n/2)}{\Gamma((n-1)/2)\ \Gamma(1/2)\ (n-1)^{1/2}} \ \frac{1}{(1 + t^2/(n-1))^{n/2}}\, dt = \alpha.$$

I. Sei

$$H_o\colon \mu = \mu_o,\ \sigma^2 \text{ unspezifiziert}$$

$$H_1\colon \mu < \mu_o,\ \sigma^2 \text{ unspezifiziert}$$

Dann besitzt das Testproblem $\{H_o, H_1, \alpha\}$ folgenden universell besten ähnlichen Test φ^*:

$$\varphi^*(x_1,\ldots\ldots,x_n) = \begin{cases} 1 & \dfrac{\bar{x} - \mu_o}{v^{1/2}}\, n^{1/2} \leq d \\ 0 & \text{sonst} \end{cases}.$$

Dabei ist d so bestimmt. daß gilt

$$\int_{-\infty}^{d} \frac{\Gamma(n/2)}{\Gamma(1/2)\ \Gamma((n-1)/2)\ (n-1)^{1/2}} \ \frac{1}{(1 + t^2/(n-1))^{n/2}}\, dt = \alpha$$

II. Sei

$$H_o\colon \mu = \mu_o,\ \sigma^2 \text{ unspezifiziert}$$

$$H_1\colon \mu \neq \mu_o,\ \sigma^2 \text{ unspezifiziert}$$

Dann besitzt das Testproblem $\{H_o, H_1, \alpha\}$ folgenden universell besten ähnlichen unverzerrten Test φ^*:

$$\varphi^*(x_1,\ldots\ldots,x_n) = \begin{cases} 0 & -d \leq \dfrac{\bar{x} - \mu_o}{v^{1/2}}\, n^{1/2} \leq d \\ 1 & \text{sonst} \end{cases}.$$

Dabei ist d so gewählt, daß gilt

$$\int_{-d}^{d} \frac{\Gamma(n/2)}{\Gamma(1/2)\ \Gamma((n-1)/2)\ (n-1)^{1/2}} \ \frac{1}{(1 + t^2/(n-1))^{n}}\, dt = 1 - \alpha\ .$$

Damit ist der berühmte t - Test als universell bester ähnlicher bzw. universell bester ähnlicher unverzerrter Test begründet, falls die statistische Oberhypothese der Normalverteilung gilt. Die Transformation von u nach t ist heute noch von Interesse zu Ehren des Erfinders des t - Tests, der diesen Test ohne den vorgestellten theoretischen Background vorgeschlagen hat. Von der Theorie her naheliegender wäre die Verwendung von u. Für u sind wegen der Existenz der Tabellen für t keine Tabellen erstellt worden. Sie könnten aber problemlos aus den Tabellen für t errechnet werden.
Für $n \geq 30$ kann die Verteilungsfunktion der t(n) - Verteilung recht gut approximiert werden durch die Verteilungsfunktion der N(0, 1) - Verteilung.

15.3.2.4.2. Varianztest bei Normalverteilung ($\aleph^2$ - Test)

Sei X $N(\mu, \sigma^2)$ - verteilt. Dann gilt mit

$$S^2 = \sum_{i=1}^{n} X_i^2 \quad \text{und} \quad \bar{X} = 1/n \sum_{i=1}^{n} X_i:$$

$U = (S^2 - n\bar{X}^2)/\sigma^2$ ist $\aleph^2(n-1)$ - verteilt, es gilt also

$$f(u) = \begin{cases} 0 & u \leq 0 \\ \dfrac{1}{2^{(n-1)/2}\,\Gamma((n-1)/2)}\, u^{(n-3)/2} \exp(-\,u/2) & u > 0 \end{cases}.$$

Also besitzt

$$V = \sigma^2 U = S^2 - n\bar{X}^2 = \sum_{i=1}^{n} (X_i - \bar{X})^2$$

eine Verteilung, die von μ unabhängig ist, nämlich

$$f(v) = \begin{cases} 0 & v \leq 0 \\ \dfrac{\sigma^{-(n-1)}}{2^{(n-1)/2}\,\Gamma((n-1)/2)}\, v^{(n-3)/2} \exp(-\,v/2\sigma^2) & v > 0 \end{cases}.$$

Damit ist h = V von $\bar{X}$ stochastisch unabhängig, es erfüllt also die Bedingungen 1 bis 3, die an h gestellt sind. Dies ermöglicht, folgenden Satz zu formulieren:

<u>Satz 15.14:</u> Sei X $N(\mu, \sigma^2)$ - verteilt. Dann finden folgende Testprobleme folgende universell beste ähnliche Lösungen:

. Sei

$$H_o: \sigma^2 = \sigma_o^2, \ \mu \text{ unspezifiziert}$$
$$H_1: \sigma^2 > \sigma_o^2, \ \mu \text{ unspezifiziert}$$

Dann besitzt das Testproblem $\{H_o, H_1, \alpha\}$ einen universell besten ähnlichen Test der Form

$$\varphi^*(x_1, \ldots\ldots, x_n) = \begin{cases} 1 & u = (s^2 - n\bar{x}^2)/\sigma_o^2 \geq d \\ 0 & \text{sonst} \end{cases} .$$

Dabei ist d so zu wählen, daß gilt

$$\int_d^\infty \frac{1}{2^{(n-1)/2}\,\Gamma((n-1)/2)}\, u^{(n-3)/2} \exp(-u/2)\, du = \alpha.$$

I. Sei

$$H_o: \sigma^2 = \sigma_o^2, \ \mu \text{ unspezifiziert}$$
$$H_1: \sigma^2 < \sigma_o^2, \ \mu \text{ unspezifiziert}$$

Dann besitzt das Testproblem $\{H_o, H_1, \alpha\}$ folgenden universell besten ähnlichen Test φ^*:

$$\varphi^*(x_1, \ldots\ldots, x_n) = \begin{cases} 1 & (s^2 - n\bar{x}^2)/\sigma_o^2 \leq d \\ 0 & \text{sonst} \end{cases} .$$

Dabei ist d bestimmt durch

$$\int_0^d \frac{1}{2^{(n-1)/2}\,\Gamma((n-1)/2}\, u^{(n-3)/2} \exp(-\, u/2)\, du = \alpha.$$

II. Sei

$$H_o: \sigma^2 = \sigma_o^2, \ \mu \text{ unspezifiziert}$$
$$H_1: \sigma^2 \neq \sigma_o^2, \ \mu \text{ unspezifiziert}$$

Dann besitzt das Testproblem $\{H_o, H_1, \alpha\}$ folgenden universell besten ähnlichen unverzerrten Test:

$$\varphi^*(x_1,\dots\dots,x_n) = \begin{cases} 0 & d_1 \leq (s^2 - n\bar{x}^2)/\sigma_0^2 \leq d_2 \\ 1 & \text{sonst} \end{cases}$$

und d_1, d_2 werden so bestimmt, daß gilt

$$\int_{d_1}^{d_2} \frac{1}{2^{(n-1)/2}\,\Gamma((n-1)/2)}\, u^{(n-3)/2} \exp(-\,u/2)\,du = 1 - \alpha$$

und

$$E_\lambda(\varphi^*) \geq \alpha \;\forall\; \mu,\; \sigma^2.$$

Vgl. die Diskussion zu Beispiel 2 unter 15.2.7. zu den numerischen Schwierigkeiten, den $\aleph^2$ - Test unverzerrt zu gestalten. Die Approximationen unter Verlust der Unverzerrtheit verlaufen analog diesem Beispiel.
Dies ist der berühmte $\aleph^2$ - Test, der geeignet ist, im Falle der Gültigkeit der stochastischen Oberhypothese der Normalverteilung Tests bezüglich Hypothesen über die Varianz durchzuführen. Der Test ist empfindlich gegenüber Abweichungen von der statistischen Oberhypothese der Normalverteilung.

15.3.2.4.3. Varianzvergleich unter der statistischen Oberhypothese der Normalverteilung

Seien $(X_1,\dots\dots,X_n)$ stochastisch unabhängige $N(\mu,\ \sigma^2)$ - verteilte Zufallsvariable, $(Y_1,\dots\dots,Y_m)$ stochastisch unabhängige $N(\nu,\ \omega^2)$ - verteilte Zufallsvariabel, die X_i seien von den Y_j ebenfalls stochastisch unabhängig. Dann genügen die $(X_1,\dots\dots,X_n,Y_1,\dots\dots,Y_m)$ einer vierparametrischen Klasse von Verteilungen mit Parametern

$$\lambda_1 = -\,1/\sigma^2,\ \lambda_2 = -\,1/\sigma^2 + 1/\omega^2,\ \lambda_3 = \mu/\sigma^2, \lambda_4 = \nu/\omega^2$$

und den zugehörigen suffizienten Statistiken

$$t_1 = \sum_{i=1}^{n} X_i^2 + \sum_{i=1}^{m} Y_i^2,\ t_2 = \sum_{i=1}^{m} Y_i^2,\ t_3 = 1/n \sum_{i=1}^{n} X_j,\ t_4 = 1/m \sum_{i=1}^{m} Y_i.$$

Dies bestätigt man sofort durch das Aufstellen der gemeinsamen Dichte der $(X_1,\dots\dots,X_n,\ Y_1,\dots\dots,Y_m)$ in der Form

$$f(y_1,\ldots\ldots y_m,\ x_1,\ldots\ldots,x_n) =$$

$$= \frac{1}{(2\pi)^{(m+n)/2}\ \sigma^n \omega^m} \exp\{-\ 1/2\ (\sum_{i=1}^{n} (x_i - \mu)/\sigma^2 + \sum_{j=1}^{m} (y_j - \nu_j)/\omega^2)\}$$

Von Interesse ist die vorgenommene Form der Parametrisierung. Sie dient dazu, Varianzgleichheit durch $\lambda_2 = 0$ auszudrücken. Die suffizienten Statistiken sind mit Blick auf diese Parametrisierung gewählt.

Gehe über zu

$$h(t_1,\ t_2,\ t_3,\ t_4) = \frac{t_2 - m\ t_4^2}{t_1 - n\ t_3^2 - m\ t_4^2}.$$

Dieser Ausdruck ist erfüllt die Bedingungen 2 und 3 in t_2. Im Falle $\lambda_2 = 0$ gilt sogar: h ist Beta((n-1)/2, (m-1)/2) - verteilt. Dies zeigt man folgendermaßen: Im Falle $\sigma^2 = \omega^2$ gilt:

$$U_1 = \sum_{i=1}^{n} (X_i - \bar{X})^2/\sigma^2 \text{ und } U_2 = \sum_{i=1}^{m} (Y_i - \bar{Y})^2/\sigma^2$$

sind stochastisch unabgängige $\aleph^2(n-1)$ bzw. $\aleph^2(m-1)$ - verteilte Zufallsvariable. Also besitzt

$$V = U_2/U_1$$

die Dichte

$$f(v) = \begin{cases} 0 & v \leq 0 \\ \dfrac{\Gamma((m+n-2)/2)}{\Gamma((m-1)/2)\ \Gamma((n-1)/2)} \dfrac{v^{(m-3)/2}}{(1+v)^{(n+m-2)/2}} & v > 0 \end{cases}.$$

Setze

$$u = \frac{v}{1+v}$$

und erhalte

$$du/dv = \frac{1}{(1+v)^2} = (1-u)^2, \text{ also } dv = \frac{du}{(1-u)^2}.$$

Unter Verwendung von

$$\frac{v^{(m-3)/2}}{(1+v)^{(n+m-2)/2}} = u^{(m-3)/2}\ (1-u)^{(n+1)/2}$$

erhält man unmittelbar durch Einsetzen

$$f(u) = \begin{cases} 0 & u \notin (0,\, 1) \\ \dfrac{\Gamma((m+n-2)/2)}{\Gamma((m-1)/2)\ \Gamma((n-1)/2)}\ u^{(m-3)/2}\ (1-u)^{(n-3)/2} & u \in (0,\, 1) \end{cases}$$

und dies ist die Dichte einer Beta((m-1)/2, (n-1)/2) - verteilten Zufallsvariablen. Offenbar stimmt h mit U überein. Damit ist im Falle $\lambda_2 = 0$ h von t_1, t_3, t_4 stochastisch unabhängig. Dies liefert folgenden

Satz 15.15: (Varianzvergleich im Falle doppelter Stichproben)

Sei $(X_1,\ldots\ldots,X_n,\ Y_1,\ldots\ldots,Y_m)$ $N(\pi,\ \Omega)$ - verteilt mit

$$\pi = (\underbrace{\mu,\ldots\ldots\mu}_{n},\underbrace{\nu,\ldots\ldots\nu}_{m})^t \text{ und } \Omega = \begin{bmatrix} \sigma^2 I_n & 0 \\ 0 & \omega^2 I_m \end{bmatrix}.$$

Dann existieren für folgende Testprobleme universell beste ähnliche Tests:

I. Sei

H_o: $\lambda_2 = 0$, λ_1, λ_3, λ_4 unspezifiziert

H_1: $\lambda_2 > 0$, λ_1, λ_3, λ_4 unspezifiziert

Dann besitzt das Testproblem $\{H_o,\ H_1,\ \alpha\}$ einen universell besten ähnlichen Test φ^* der Gestalt

$$\varphi^*(x_1,\ldots,x_n,\ y_1,\ldots,y_m) = \begin{cases} 1 & h \geq d \\ 0 & \text{sonst} \end{cases}.$$

Dabei wird d bestimmt aus

$$\int_d^1 \frac{\Gamma((m+n-2)/2)}{\Gamma((m-1)/2)\ \Gamma((n-1)/2)}\ u^{(m-3)/2}\ (1-u)^{(n-3)/2}\ du = \alpha.$$

II. Sei

H_o: $\lambda_2 = 0$, λ_1, λ_3, λ_4 unspezifiziert

H_1: $\lambda_2 < 0$, λ_1, λ_3, λ_4 unspezifiziert

Dann besitzt das Testproblem $\{H_o,\ H_1,\ \alpha\}$ einen universell besten ähnlichen Test φ^* mit

$$\varphi^*(x_1,\ldots,x_n,\ y_1,\ldots,y_m) = \begin{cases} 1 & h \leq d \\ 0 & \text{sonst} \end{cases}$$

Dabei wird d bestimmt nach

$$\int_0^d \frac{\Gamma((m+n-2)/2)}{\Gamma((m-1)/2)\ \Gamma((n-1)/2)}\ u^{(m-3)/2}\ (1-u)^{(n-3)/2}\ du = \alpha$$

II. Sei

H_o: $\lambda_2 = 0$, λ_1, λ_3, λ_4 unspezifiziert
H_1: $\lambda_2 \neq 0$, λ_1, λ_3, λ_4 unspezifiziert

Dann gibt es zu $\{H_o, H_1, \alpha\}$ einen universell besten unverzerrten ähnlichen Test φ^* der Gestalt

$$\varphi^*(x_1,\ldots,x_n,\ y_1,\ldots,y_m) = \begin{cases} 0 & d_1 \leq h \leq d_2 \\ 1 & \text{sonst} \end{cases}$$

Dabei werden d_1, d_2 bestimmt so, daß gilt

$$E_\lambda(\varphi^*) = \alpha\ \forall\ \lambda \in H_o \text{ und } E_\lambda(\varphi^*) \geq \alpha \text{ für } \lambda \in H_1.$$

ufgrund des Zusammenhangs zwischen Beta((m-1)/2, (n-1)/2) - Verteilung und (m-1,n-1) - Verteilung kann man anstelle von h auch die Prüfgröße

$$u = \frac{s_1^2 - n\bar{x}^2}{s_2^2 - m\bar{y}^2}\ \frac{m-1}{n-1}$$

erwenden und muß die Aussagen des letzten Satzes bezüglich I und II nur insoern modifizieren,als d statt aus der Beta - Verteilung aus der F - Verteilung estimmt werden. Ein Analogon zu III auf der Basis des F - Tests existiertween fehlender Symmetrie der zugrundeliegenden Verteilungen nicht.

owohl der Test auf der Basis der Beta - Verteilung als auch der Test auf der asis der F Verteilung ist empfindlich gegenüber Abweichungen von der statitischen Oberhypothese der Normalverteilung. Wie beim $\aleph^2$ - Test beruht die mpfindlichkeiten auf Abweichungen im vierten Moment von dem der Normalverteiung. Man hat hier vorgeschlagen, diese Empfindlichkeiten durch Korrekturen er Freiheitsgrade vorzunehmen.

15.3.2.4.4. Vergleich der Erwartungswerte auf der Basis zweier Stichproben

Betrachte nun die folgenden Testprobleme unter Normalverteilungsbedingungen wie beim letzten Beispiel:

$$H_0: \mu = \nu,\ \sigma^2,\ \omega^2 \text{ unspezifiziert}$$

$$H_1: \mu > \nu,\ \sigma^2,\ \omega^2 \text{ unspezifiziert}$$

oder

$$H_1: \mu < \nu,\ \sigma^2,\ \mu^2 \text{ unspezifiziert}$$

oder

$$H_1: \mu \neq \nu,\ \sigma^2,\ \omega^2 \text{ unspezifiziert.}$$

Bei diesem Beispiel, dem berühmten Behrens - Fisher - Problem, ist es nicht gelungen, eine Statistik h zu finden, die die Bedingungen 1 bis 3 erfüllt. Das Testproblem ist also keiner besten Lösung zugeführt worden. Erst unter der zusätzlichen Annahme, daß $\sigma^2 = \omega^2$ ist, hat man für das so spezialisierte Problem einen universell besten ähnlichen (unverzerrten) Test für alle drei Testprobleme gefunden. Betrachte dazu

$$f(x_1,\dots,x_n,\ y_1,\dots,y_m) = \frac{1}{(2\pi)^{(n+m)/2}} \exp(-\ 1/2\sigma^2\ [\sum_{i=1}^{n} (x_i - \mu)^2 + \sum_{j=1}^{m} (y_j - \nu)^2])$$

$$= \frac{1}{(2\pi)^{(m+n)/2}} \exp(-\ 1/2\sigma^2\ (\sum_{i=1}^{n} x_i^2 + \sum_{j=1}^{m} y_j)^2 + \mu/\sigma^2 (\sum_{i=1}^{n} x_i + \sum_{j=1}^{m} y_j)$$

$$+ (\nu - \mu)/\sigma^2 \sum_{j=1}^{m} y_j)\ \exp(-\ (n+m)\mu/2\sigma^2 - m(\nu-\mu)/2\sigma^2).$$

Also lauten die drei Parameter

$$\lambda_1 = -\ 1/\sigma^2,\ \lambda_2 = \mu/\sigma^2,\ \lambda_3 = (\mu - \nu)/\sigma^2,$$

und die zugehörigen suffizienten Statistiken lauten:

$$s^2 = s_1^2 + s_2^2,\ \frac{1}{n + m}(n\bar{x} + m\bar{y}),\ m\bar{y}$$

mit

$$s_1^2 = \sum_{i=1}^{n} x_i^2 \text{ und } s_2^2 = \sum_{j=1}^{m} y_j^2.$$

Betrachte die folgende Funktion

$$h\left(s^2, \frac{n\bar{x} + m\bar{y}}{n + m}, \bar{y}\right) = \left[\frac{mn}{m + n}\right]^{1/2} \frac{(1 + m/n)\bar{y} - \frac{n\bar{x} + m\bar{y}}{m + n}\,\frac{m + n}{n}}{\left(s^2 - \frac{1}{m + n}(n\bar{x} + m\bar{y})^2\right)^{1/2}} .$$

Da h unverändert bleibt, wenn x_i durch $(x_i - \mu)/\sigma$ und y_i durch $(y_i - \mu)/\sigma$ ersetzt werden, hängt die Verteilung von h im Falle der Gültigkeit von $\mu = \nu$ nicht von μ, σ^2 ab. Also ist h im Fall H_o von s^2 und $\bar{x}$ stochastisch unabhängig. Es gilt

$$h = \left[\frac{mn}{m + n}\right]^{1/2} \frac{\bar{y} - \bar{x}}{\left(s^2 - \frac{1}{n + m}(n\bar{x} + m\bar{y})^2\right)^{1/2}} .$$

Gehe nun über zu

$$t = (n + m - 2)^{1/2} \frac{h}{(1 - h^2)^{1/2}}$$

und beweise durch direktes Einsetzen, daß gilt:

$$t = (n + m - 2)^{1/2} \left[\frac{mn}{m + n}\right]^{1/2} \frac{\bar{y} - \bar{x}}{\left((s_1^2 - n\bar{x}^2) + (s_2^2 - m\bar{y}^2)\right)^{1/2}}$$

Es gilt:

1. $\bar{y} - \bar{x}$ ist im Fall $\nu = \mu$ $N(0, \sigma^2/n + \sigma^2/m)$ - verteilt.
2. $\bar{y}$, $\bar{x}$ ist stochastisch unabhängig von $s_1^2 - n\bar{x}^2$ und $s_2^2 - m\bar{y}^2$, also ist $\bar{y} - \bar{x}$ stochastisch unabhängig von $((s_1^2 - n\bar{x}^2) + (s_2^2 - m\bar{y}^2))^{1/2}$.
3. $(s_1^2 - n\bar{x}^2)$ ist stochastisch unabhängig von $(s_2^2 - m\bar{y}^2)$
4. $(s_1^2 - n\bar{x}^2)/\sigma^2$ ist $\aleph^2(n-1)$ - verteilt, $(s_2^2 - m\bar{y}^2)/\sigma^2$ ist $\aleph^2(m-1)$ - verteilt.
5. $((s_1^2 - n\bar{x}^2) + (s_2^2 - m\bar{y}^2))/\sigma^2$ ist $\aleph^2(n+m-2)$ - verteilt.
6. Also ist t $t(n+m-2)$ - verteilt.

Wie bei der ersten Diskussion des t - Tests sieht man, daß wegen der Symmetrie der t - Verteilung um den Nullpunkt die Verteilung von h ebenfalls symmetrisch um den Nullpunkt ist. Damit ist man zu folgendem Ergebnis gelangt:

Satz 15.16: (Erwartungswertvergleich im Zwei - Stichprobenfall bei Varianzgleichheit) Seien $(X_1,\ldots\ldots,X_n, Y_1,\ldots\ldots Y_m)$ paarweise stochastisch unabhängig, die X_i seien $N(\mu, \sigma^2)$ - verteilt, die Y_j seien $N(\nu, \omega^2)$ - verteilt; es gelte $\sigma^2 = \omega^2$. h, t sei wie oben definiert.

Dann besitzen die folgenden Testprobleme universell beste ähnliche (unverzerrte Tests:

I. Sei

$$H_o: \nu - \mu = 0,\ \sigma^2,\ \mu \text{ unspezifiziert}$$

$$H_1: \nu - \mu > 0,\ \sigma^2,\ \mu \text{ unspezifiziert}$$

Dann gibt es zum Testproblem $\{H_0, H_1, \alpha\}$ einen universell besten Test φ^* mit:

$$\varphi^*(x_1,\dots,x_n,\ y_1,\dots,y_n) = \begin{cases} 1 & t \geq d \\ 0 & \text{sonst} \end{cases}$$

Dabei wird d so gewählt, daß gilt

$$\int_d^\infty \frac{\Gamma((n+m-1)/2)}{(n+m-2)^{1/2}\ \Gamma(1/2)\ \Gamma((m+n-2)/2)} \frac{1}{(1 + t^2/(n+m-2))^{(n+m-1)/2}}\, dt = \alpha.$$

II. Sei

$$H_o: \nu - \mu = 0,\ \sigma^2,\ \mu \text{ unspezifiziert}$$

$$H_1: \nu - \mu < 0,\ \sigma^2,\ \mu \text{ unspezifiziert}$$

Dann besitzt das Testproblem $\{H_0, H_1, \alpha\}$ folgenden universell besten ähnlichen Test φ^*:

$$\varphi^*(x_1,\dots,x_n,y_1,\dots,y_m) = \begin{cases} 1 & t \leq d \\ 0 & \text{sonst} \end{cases}$$

Dabei wird d bestimmt aus

$$\int_{-\infty}^d \frac{\Gamma((n+m-1)/2)}{(n+m-2)^{1/2}\ \Gamma((n+m-2)/2)\ \Gamma(1/2)} \frac{1}{(1 + t^2/(n+m-2))^{(n+m-1)/2}}\, dt = \alpha$$

III. Sei

$$H_o: \nu - \mu = 0.\ \sigma^2,\ \mu \text{ unspezifiziert}$$

$$H_1: \nu - \mu \neq 0,\ \sigma^2,\ \mu \text{ unspezifiziert}$$

Dann existiert zum Testproblem $\{H_o, H_1, \alpha\}$ folgender universell bester ähnlicher unverzerrter Test φ^*:

$$\varphi^*(x_1,\ldots\ldots,x_n, y_1,\ldots\ldots,y_m) = \begin{cases} 0 & -d \leq t \leq d \\ 1 & \text{sonst} \end{cases}.$$

Dabei wird d so bestimmt, daß gilt

$$\int_{-d}^{d} \frac{\Gamma((n+m-1)/2)}{(n+m-2)^{1/2}\,\Gamma((n+m-2)/2)\,\Gamma(1/2)} \frac{1}{(1+t^2/(n+m-2))^{(n+m-1)/2}}\,dt = 1-\alpha.$$

Aufgabe 15.3. Sei $\{(X, Y)_i\}_{1\leq i\leq n}$ Folge stochastisch unabhängiger Zufallsvariabler, die (X_i, Y_i) seien $N(\begin{bmatrix}\mu\\ \nu\end{bmatrix}, \begin{bmatrix}\sigma^2 & \rho\sigma\tau\\ \rho\sigma\tau & \tau^2\end{bmatrix})$- verteilt. Sei

$$\lambda_1 = \frac{\rho}{\sigma\tau(1-\rho^2)}, \quad \lambda_2 = -\frac{1}{2\sigma^2(1-\rho^2)}, \quad \lambda_3 = -\frac{1}{2\tau^2(1-\rho^2)},$$

$$\lambda_4 = \frac{1}{1-\rho^2}\,(\mu/\sigma^2 - \rho\nu/\tau\sigma), \quad \lambda_5 = \frac{1}{1-\rho^2}\,(\nu/\tau^2 - \rho\mu/\tau\sigma)$$

$$t_1 = \sum_{i=1}^n x_i y_i, \quad t_2 = \sum_{i=1}^n x_i^2, \quad t_3 = \sum_{i=1}^n y_i^2, \quad t_4 = \sum_{i=1}^n x_i, \quad t_5 = \sum_{i=1}^n y_i$$

1: Zeige, daß gilt

$$f(x_1,\ldots\ldots,x_n, y_1,\ldots\ldots,y_n) = \frac{1}{(2\pi)^n\,[\sigma\tau(1-\rho^2)]^{n/2}} \exp\left(\sum_{j=1}^5 \lambda_j t_j\right)$$

2. Zeige, daß $\rho = 0$ genau dann gilt, wenn $\lambda_1 = 0$ gilt.

3. Zeige, daß t_2, t_3, t_4, t_5 suffiziente Statistiken für μ, ν, σ^2, τ^2 sind, falls $\rho = 0$ ist.

4. Zeige, daß gilt:

$$u = \frac{t_1 - t_4 t_5/n}{(t_3 - t_5^2/n)^{1/2}\,(t_2 - t_4^2/n)^{1/2}}$$

ist stochastisch unabhängig von t_2, t_3, t_4, t_5. Verwende dazu das Kriterium 15.1., indem gezeigt wird, daß Übergang zu

$$(X_i - \mu)/\sigma \quad \text{und} \quad (Y_i - \nu)/\tau$$

u nicht verändert.

5. Zeige, daß gilt

$$\frac{(n-2)^{1/2}\ u}{(1 - u^2)^{1/2}} = (n-2)^{1/2} \frac{b_y(x)\ (t_3 - t_5^2/n)^{1/2}}{[(t_2 - t_4^2/n) - b_y^2(x)\ (t_3 - t_5^2/n)]^{1/2}}$$

mit

$$b_y(X) = \frac{t_1 - t_4 t_5/n}{t_3}.$$

6. Zeige, daß bei gegebenem y t(X) t(n-2) - verteilt ist. Betrachte dazu als Hilfe das klassische Regressionsmodell mit

$$x_i = \beta_o + \beta_1 y_i$$

und die dort durchgeführte Diskussion der Verteilung von

$$(n-2)^{1/2} \frac{(b_1 - \beta_1)}{(e^t e)^{1/2}},$$

b_1 KQS für β_1.

7. Schließe aufgrund der Symmetrie der t(n-2) - Verteilung um 0 und der Art, wie t aus u gewonnen wurde, daß die Verteilung von u ebenfalls symmetrisch um 0 ist bei gegebenem y, falls $\rho = 0$ gilt.

8. Zeige nun, daß der t - Test zu einem universell besten ähnlichen unverzerrten Test für jedes der drei folgenden Testprobleme $\{H_o, H_1, \alpha\}$ führt:

$$H_o: \rho = 0,\ \nu,\ \mu,\ \sigma^2,\ \tau^2 \text{ unspezifiziert}$$

$$H_1: \rho > 0,\ \nu,\ \mu,\ \sigma^2,\ \tau^2 \text{ unspezifiziert}$$

oder

$$H_1: \rho < 0,\ \nu,\ \mu,\ \sigma^2,\ \tau^2 \text{ unspezifiziert}$$

oder

$$H_1: \rho \neq 0,\ \nu,\ \mu,\ \sigma^2,\ \tau^2 \text{ unspezifiziert}$$

15.3.3. Das Invarianzprinzip

Ein weiteres wichtiges Prinzip zur Einschränkung der Klasse der zu diskutierenden Tests ist gegeben durch das Invarianzprinzip, das nahelegt, Tests unabhängig zu wählen von der jeweiligen sprachlichen Formulierung, in der eine statistische Hypothese ausgesprochen wird, solange gewährleistet ist, daß der Inhalt der Hypothese durch geänderte Wahl der Formulierung derselbe bleibt. Hier sei auf folgendes bereits aus der Statistik I bekannte Beispiel der Ordinalskala verwiesen:

Definition 15.19: Eine Funktion $f: \mathbb{R} \to \mathbb{R}$ heißt monoton steigend (fallend), wenn gilt:

$$x < y \to f(x) < f(y) \quad (f(x) > f(y)).$$

Transformiert man also eine Ordinalskala durch eine monoton steigende Funktion, so bleibt die Anordnung erhalten. Das angemessene mathematische Instrument zur Diskussion von Ordinalskalen innerhalb der Testtheorie besteht also darin, Tests zu formulieren, die invariant sind gegenüber allen monoton steigenden Transformationen der Skala. Da die Dateninformation, die gegenüber allen derartigen Transformationen invariant bleibt, durch die Reihenfolge gegeben ist, in die sich die Daten bringen lassen, wenn sie nach der Größe sortiert werden, kann davon ausgegangen werden, daß Tests von Hypothesen über Verteilungen mit zugrundeliegender Ordinalskala sich auf Reihenfolgen beziehen werden. Dies ist bereits bekannt aus den Beispielen des Spearman - Rangkorrelationskoeffizienten und des Kendall'schen τ.

Andere Beispiele für den Einsatzbereich invarianter Tests sind etwa gegeben im Falle der Überprüfung folgender parametrischer Hypothesen:

$$H_o: \lambda_1 = \lambda_{1o}, \ldots, \lambda_k = \lambda_{ko}, \ \lambda_{k+1}, \ldots, \lambda_m \text{ unspezifiziert}$$

$$H_1: \lambda_1 \neq \lambda_{1o} \vee \ldots \vee \lambda_k \neq \lambda_{ko}, \ \lambda_{k+1}, \ldots, \lambda_m \text{ unspezifiziert}$$

Diese Hypothese läßt sich äquivalent auch folgendermaßen umformulieren:

$$H_o: \sum_{i=1}^{k} (\lambda_i - \lambda_{io})^2 = 0, \ \lambda_{k+1}, \ldots, \lambda_m \text{ unspezifiziert}$$

$$H_1: \sum_{i=1}^{k} (\lambda_i - \lambda_{io})^2 > 0, \ \lambda_{k+1}, \ldots, \lambda_m \text{ unspezifiziert.}$$

Die Forderung an Tests, gegenüber spezifischen Ausprägungen von $\lambda_1, \ldots, \lambda_k$, soweit sie die Summe der Quadrate der Abweichungen von λ_{io} unverändert lassen, im Falle der Gültigkeit von H_1 invariant zu sein, d.h. eine Variation des Fehlers zweiter Art nur in Abhängigkeit von den unspezifizierten Parametern sowie von der Summe der Quadrate der Abweichungen zuzulassen, reduziert das Testproblem in der Weise, daß es nur noch ein Parameter ist, auf den sich die Hypothesen H_o und H_1 beziehen, nämlich

$$\sum_{i=1}^{k} (\lambda_i - \lambda_{io})^2.$$

Verbleibt dieses Testproblem trotz Ersatzes der k Parameter in der Klasse der bereits untersuchten Testprobleme, so können die bereits abgeleiteten Ergebnisse zur Entdeckung universell bester invarianter Tests herangezogen werden.

Dabei ist natürlich immer genau zu begründen, warum gegenüber welchen Transformationen des Parameterraums Invarianz auftreten soll.

Definition 15.20: Ein Test φ heißt invariant gegenüber einer Menge T von Transformationen des Parameterraumes Ψ, wenn alle Parameterkonstellationen, die durch diese Transformationen ineinander überführt werden können, gleichen Fehler erster oder zweiter Art aufweisen.

Es gibt noch weitere Beispiele, in denen sich innerhalb bestimmter Klassen von Tests universell beste Tests bestimmen lassen, dies gilt vor allem im Zusammenhang mit der statistischen Oberhypothese der Normalverteilung, angewandt auf das noch abzuhandelnde klassische Regressionsmodell. Die Bedeutung der Normalverteilung ergibt sich aus den zentralen Grenzwertsätzen, die zumindest für große Stichproben die Anwendung von t - Tests zum Testen von Hypothesen über den Erwartungswert erlauben. Im Regelfall ist aber ein Test auf der Basis der Existenz universell bester Tests nicht durchführbar.

15.3.4. Zusammenfassung und Lösungsprinzip für die Beispiele

Für die speziellen ausgewählten Testprobleme waren drei Dinge entscheidend:

1. Die Tests mußten als ähnliche Tests Neyman - Struktur besitzen.
2. Damit war der Übergang zu den bedingten Testproblemen der einzig mögliche Weg.
3. Dieser Weg konnte nur erfolgreich beschritten werden, wenn durch Transformationen das Kriterium 15.1. erfüllbar war.

Kriterium 15.1 wurde jeweils bewiesen, indem man zeigte, daß die resultierende Prüfgröße von den entsprechenden Parametern nicht abhing, ihre Verteilung also ebenfalls von diesen Parametern unabhängig war. Die Formulierung der vorgestellten Testprobleme als solche, die sich von den einparametrischen Testproblemen nur dadurch unterschieden, daß einzelne unspezifizierte Parameter hinzutraten, führte dazu, daß nach Berücksichtigung dieser unspezifizierten Parameter durch bedingte Tests die Testtheorie für einparametrische Klassen erneut angewendet werden konnte. Diese Einsatzmöglichkeit steht und fällt mit der speziellen Form der Hypothesenformulierung. Die direkte Anwendung der Theorie führte unmittelbar zum χ^2 - Test als Varianztest und zum Beta - Test als Test zum Varianzvergleich. Der F - Test zum Varianzvergleich ließ sich für beidseitige Testprobleme nicht begründen. Für den Test auf Erwartungswerte und für den Erwartungswertvergleich bei gleichen Varianzen ergab die Theorie andere Prüfgrößen als die letztendlich benutzte t - Prüfgröße; die t - Prüfgröße wurde aufgrund einer symmetrischen Transformation gewonnen. Ihre Bedeutung beruht darin, daß sie als erste benutzt wurde, gleiche Optimaleigenschaften aufweist wie die sich aufgrund direkter Anwendung der Theorie ergebenden Prüfgrößen (dies wurde mit der Symmetrie der Transformation, die von u zu t führte, begründet) sowie mit den vorhandenen Tabellierungen für den t - Test. Im Zeitalter des Computers können für die Beibehaltung des t - Tests anstelle des sich durch Verwendung von u ergebenden Tests nur Gründe der Pietät und der Gewohnheit angegeben werden. Immerhin ist ja bei der Begründung des t - Tests ein zusätzliches Argument einzuführen. Die Gründe für den Beispielcharakter der Testtheorie anstelle einer geschlossenen Theorie sind darin zu sehen, daß letztendlich eine Aufzählung von Fällen stattfand, bei denen man die für einfache Testprobleme konzipierten beiden Hilfsmittel der Neyman - Pearson - Testtheorie, nämlich das Neyman - Pearson - Fundamentallemma und das verallgemeinerte Neyman - Pearson - Fundamentallemma, auf allgemeinere Situationen ausdehnen konnte. Die Charakteristika waren: monotone Dichtequotienten, um von einer einfachen Gegenhypothese zu einer einparametrischen einseitigen Gegenhypothese zu gelangen; die Unverzerrtheitsforderung und die Beschränkung auf die Exponentialfamilie, die es erlaubte, die Unverzerrtheitsforderung als Minimierungsbedingung für die Gütefunktion aufzufassen und diese Auffassung mit Mitteln der Differentialrechnung zu nutzen, und schließlich die Transformation der suffizienten Statistik für den zu schätzenden Parameter, um sich von den bedingten Testproblemen zu lösen und mit neuen Prüfgrößen die alte einparametrische Theorie noch einmal anzuwenden. Hierbei beachte die Bedeutung von Kriterium 15.1, denn der Beweis der stochastischen Unabhängigkeit zweier Stichprobenfunktionen ist ansonsten eine äußerst delikate mathematische Aufgabe. Die Ausweitung des Testens zweier einfacher Hypothesen wurde also so weit getrieben, wie es noch mathematisch einfach blieb. Weitere Fortschritte verlangen weitaus größere mathematische Fertigkeiten.

Die praktische Anwendung der Tests verlangt, daß aufgrund vorliegenden Zahlenmaterials zu gegebenem Testproblem die jeweilige Prüfgröße auszurechnen ist, um anschließend in Tabellen (oder mit implementierten Computerprogrammen) zu entscheiden, ob aufgrund des numerischen Wertes der Prüfgröße die Nullhypothese abzulehnen ist oder nicht. Wichtig ist, daß man sich klar macht, wie viele Freiheitsgrade man bei den entsprechenden Verteilungen hat. Hierzu kann man sich eine einfache Regel merken: die Freiheitsgrade kommen immer ins Spiel über die χ^2 - Verteilung für den Varianzschätzer s^2. Bevor s^2 bestimmt werden kann bei unbekanntem Erwartungswert, muß der Mittelwert geschätzt werden. Bei gegebenem Mittelwert können bei einem Stichprobenumfang von n nur n-1 Stichprobenelemente frei gewählt werden, das n-te Stichprobenelement ist durch die n-1 frei gewählten Stichprobenelemente und den Mittelwert bestimmt. Die Freiheitsgrade geben die frei wählbaren Stichprobenelemente an. Beim t - Test als Erwartungswerttest ist also die t(n-1) - Verteilung zu wählen; beim Erwartungswertvergleich sind $\bar{x}$ und $\bar{y}$ zu bestimmen; statt mit n+m Freiheitsgraden hat man es nur mit n+m-2 Freiheitsgraden zu tun. Beim $\aleph^2$ - Test ist $\bar{x}$ zu bestimmen, bevor s^2 bestimmt werden kann. Dies führt zur $\aleph^2(n-1)$ - Verteilung. Beim F - Test hat man es prinzipiell mit dem Quotient zweier $\aleph^2$ - verteilter Zufallsvariabler zu tun; für beide $\aleph^2$ - Verteilungen ist der Mittelwert zu schätzen, also hat man es statt mit F(n, m) mit F(n-1, m-1) zu tun.

15.4. Tests ohne explizite Formulierung der Gegenhypothese

15.4.1. Likelihood - Quotienten - Tests

Da nur in wenigen, wenn auch wichtigen Testproblemen ein innerhalb einer bestimmten Klasse universell bester Test existiert, der dann insbesondere auf die explizite Form der Gegenhypothese abstellt, verzichtet man in zahlreichen anderen Testproblemen auf die explizite Formulierung der Gegenhypothese, beschränkt sich also auf die Gegenhypothese, die beinhaltet, die Nullhypothese sei falsch.

Solange man sich innerhalb der Exponentialfamilie befindet, führt dies häufig zu den innerhalb der Neyman - Pearson - Testtheorie behandelten Testproblemen. In anderen Fällen, bei denen aufgrund statistischer Oberhypothesen wenigstens der Verteilungstyp feststeht und die Likelihood - Funktion aufgestellt werden kann, kann man sich zumindest auf die Likelihood als Plausibilitätsmaß zurückziehen und als Test einen Likelihood - Quotienten heranziehen, bei dem in Zähler wie in Nenner zwei Maxima stehen: im Zähler steht die maximale Likelihood unter der Beschränkung, daß die zugrundeliegende Verteilung aus der Hypothese H_o stammt, und im Nenner steht die maximale Likelihood, die innerhalb aller Verteilungen der in der statistischen Oberhypothese als gegeben unterstellten Klasse von Verteilungsgesetzen möglich ist. Der Likelihood - Quotient nimmt also immer nur Werte zwischen 0 und 1 an. Eine Annahme der Nullhypothese gibt es nicht, eine Verwerfung der Nullhypothese erfolge, wenn der Likelihood -

Quotient einen bestimmten kritischen Wert unterschreitet. Denn dann gibt es außerhalb der Verteilungsgesetze aus der Nullhypothese aber innerhalb der durch die statistische Oberhypothese als gegeben unterstellten Klasse K von Verteilungen eine, die auf der Basis des vorliegenden empirischen Befundes weitaus plausibler ist als jede Verteilung aus der Nullhypothese.
Wichtig ist die Feststellung, daß die vorgestellte Motivation dieser Tests allein auf dem Plausibilitätsvergleich und nicht auf der Betrachtung der mit der Entscheidung verbundenen Folgen beruht. Fisher hielt deshalb derart begründete Tests für die Untersuchung wissenschaftlicher Hypothesen für angemessen.
Da aber keinerlei Berufung auf die Folgen der Entscheidung und damit keine Berufung auf den Fehlern erster und zweiter Art vergleichbare Konzepte erfolgt, stellt sich die Frage, nach welchen Grundsätzen kritische Werte festzulegen sind. Hierzu hat die statistische Literatur keine weiteren Hilfen angeboten, vielmehr wird dieser kritische Wert als charakteristisch für die testende Person angesehen; die Entscheidung über die Verwerfung einer wissenschaftlichen Hypothese auf der Basis empirischer Befunde muß auch als höchstpersönliche Angelegenheit angesehen werden; allerdings ist das unterstellte Verwerfungskriterium, insbesondere die Festlegung des kritischen Wertes, Ergebnis einer derart abstrakten Überlegung, daß bezweifelt werden muß, ob jeder, der eine kritische Grenze formuliert, sich der Tragweite dieser Wahl bewußt ist. Es sind leider keine intuitiv einsichtigen Hilfsmittel zur Durchführung dieser Wahl bekannt.

.5.4.2. Signifikanz - Tests

Noch problematischer ist die Testsituation, wenn das Plausibilitätsmaß der Likelihood - Funktion fehlt. Denn in diesen Situationen ist eine Entscheidung auf der Grundlage dieses Plausibilitätsmaßes nicht durchführbar, es müssen Ersatzkriterien zur Plausibilitätsmessung vorgelegt werden.
Dieses Problem wird häufig angepackt, indem man eine empirische Kennzahl heranzieht, die, a priori als Zufallsvariable aufgefaßt, im Falle der Gültigkeit der Nullhypothese innerhalb eines bestimmten Bereiches mit großer Wahrscheinlichkeit liegen muß. Häufig kennt man näherungsweise den Erwartungswert, den diese Zufallsvariable im Falle der Gültigkeit der Nullhypothese besitzt, oder man weiß, daß die Zufallsvariable im Fall der Gültigkeit der Nullhypothese einen bestimmten Wert mit besonders großer Wahrscheinlichkeit (Dichte) an-

nimmt. Diese Überlegungen helfen dabei, eine Referenzzahl zu finden, von der die aufgrund des empirischen Befundes ermittelte Kennzahl nicht zu weit abweichen darf, soll die Nullhypothese nicht verworfen werden.
Hilfestellung dabei, wie groß derartige Abweichungen sein dürfen, leistet bisweilen die Verteilungsfunktion der Kennzahl, sobald eine eindeutige Verteilung dieser Kennzahl im Fall der Gültigkeit der Nullhypothese existiert. Kann von der Existenz einer eindeutigen Verteilung der Kennzahl im Fall der Gültigkeit der Nullhypothese nicht ausgegangen werden, kann aber etwa die Varianz der Kennzahl, aufgefaßt als Zufallsvariable, abgeschätzt werden, so kann etwa die Tschebyscheff - Ungleichung zur Festlegung der noch tolerierten Abweichungen der empirisch gewonnenen Kennzahl von ihrer Referenzgröße, herangezogen werden.
Keine Rolle bei derartigen Überlegungen spielt die Frage, ob diese Bedingung besonders wahrscheinlich dann eingehalten wird, wenn die Nullhypothese nicht zutrifft. Fragen der Verzerrtheit derartiger Tests kann man wegen der geringen Informationen über das genauere Aussehen der zugrundeliegenden Verteilung im Falle der Ungültigkeit der Nullhypothese nicht nachgehen, möglicherweise existiert außerhalb des Tests

$$\varphi \equiv \alpha$$

überhaupt kein unverzerrter Test.
Dabei können derartige Kennzahlen konstruiert werden auf der Basis von

- Informationen über die exakt realisierten Werte
- Reihenfolgeüberlegungen
- relative Häufigkeiten, wenn Realisationen in vorgegebene paarweise disjunkte Intervalle fallen (gruppierte Daten, zensorierte Daten)
- Vorzeicheninformationen beim Momentvergleich
- Iterationszahlen beim Vergleich zweier Stichproben (Reihenfolgezahlen)

15.4.3. Beispiele für Signifikanz - Tests

15.4.3.1. Kolmogoroff - Tests zum Vergleich von einer theoretischen mit einer empirischen Verteilungsfunktion

Es liege eine Zufallsstichprobe großen Stichprobenumfangs n vor; die zugrundeliegende Verteilungsfunktion F sei eindimensional und stetig. Sei

$$\Delta_n(X_1,\ldots\ldots,X_n) = \sup_{-\infty < x < \infty} |F_n(x) - F(x)|.$$

Kolmogoroff hat bewiesen den folgenden

Satz 15.17: (Kolmogoroff)

$$\lim_{n\to\infty} p\left(n^{1/2}\, \Delta_n(X_1,\ldots\ldots,X_n) < \lambda \right) = \begin{cases} 0 & \lambda \leq 0 \\ \sum\limits_{k=-\infty}^{\infty} (-1)^k \exp(-2\lambda^2 k^2) & \lambda > 0 \end{cases}$$

Kolmogoroff hat für den Test des folgenden Testproblems $\{H_o, H_1, \alpha\}$ mit

H_o: $\{$X besitzt die eindimensionale stetige Verteilungsfunktion $F_o\}$

H_1: H_o trifft nicht zu

folgenden Test φ vorgeschlagen:

$$\varphi(x_1,\ldots\ldots,x_n) = \begin{cases} 0 & n^{1/2}\Delta_n(x_1,\ldots\ldots,x_n) \leq \lambda_o \\ 1 & \text{sonst} \end{cases}.$$

Dabei ist λ_o so gewählt worden, daß gilt

$$\sum_{k=-\infty}^{\infty} (-1)^k \exp(-2\lambda_o^2 k^2) = 1 - \alpha.$$

λ_o kann der Vertafelung dieser Verteilung entnommen werden.

Die Verteilungsaussage des Satzes von Kolmogoroff trifft nicht zu, wenn F zwar aus einer parametrischen Klasse von Verteilungen stammt, die Parameter aber nicht bekannt sind und durch geschätzte Parameter ersetzt werden müssen.

15.4.3.2. Smirnoff - Tests zur Prüfung,ob zwei Zufallsstichproben die gleiche stetige Wahrscheinlichkeitsverteilung zugrundeliegt

Ein für die Versuchsplanung etwa in der Chemie äußerst wichtiges Testproblem ist gegeben durch die Frage, ob zwei Stichproben aus der gleichen Grundgesamtheit stammen.

Beispiel: Eine chemische Versuchsanstalt will prüfen, ob die regelmäßige Einnahme einer bestimmten chemischen Substanz, etwa in Form von Medizin, Auswirkungen auf den menschlichen Organismus hat. Dazu bedient sich die Versuchsanstalt eines Langzeitversuchs, bei dem etwa Ratten, die als Modell für den Menschen dienen, diese Substanz über eine lange Zeit dem Futter in unterschiedlichen Dosen beigemischt wird. Eine Kontrollgruppe, der keine Substanz beigemischt wird, wird ebenfalls während des Langzeitversuchs beobachtet. Die Frage an den Statistiker ist nun folgende: wenn man etwa nach zwei Jahren die überlebenden Ratten untersucht und beschreibt, kann man die so gewonnenen Stichproben als durch den gleichen Zufallsprozeß erzeugt ansehen oder nicht? Wichtig ist dabei, daß die Gruppen, in denen die Versuchstiere zusammengefaßt werden, als von der gleichen Grundgesamtheit stammend angesehen werden können. Es ist etwa zu vermeiden, daß die Tiere in der Kontrollgruppe, die nicht die chemische Substanz beigefüttert bekommen, nicht die tendentiell weniger robusten Tiere sind. Dies versucht man zu realisieren, indem man zufällig auswählt, welches Tier in welche Gruppe eingeordnet wird. Von großem Interesse ist also die Fragestellung, ob mehrere Stichproben von der gleichen Grundgesamtheit stammen. Smirnow hat dieses Problem untersucht für den Vergleich zweier Stichproben; es ist ihm gelungen, zum Satz von Kolmogoroff analoge Ergebnisse zu beweisen für den Fall, daß die zugrundeliegende Verteilung stetig ist. Für den Vergleich mehrerer Stichproben sind vor allem nichtparametrische Verfahren vorgeschlagen worden, die Häufigkeits - bzw. Ranginformationen über die einzelnen Stichproben verwenden. Hier seien die Namen Wilcoxon, Kruskal - Wallis und Mann - Whitney genannt; die zugehörigen Tests werden in den Übungsaufgaben dieses Kapitels eingeführt und hier nicht weiter dargestellt.

Es gilt folgender

Satz 15.18: (Smirnow): Seien $(X_1,\dots\dots\dots,X_n)$ und $(Y_1,\dots\dots,Y_m)$ zwei Folgen stochastisch unabhängiger gleichverteilter Zufallsvariable mit Verteilungsgesetz p_o, die Verteilungsfunktion $F(x)$ von p_o sei eindimensional und stetig. Seien

$$F_n(x),\ G_n(x)$$

die zu $(X_1,\dots\dots,X_n)$ bzw. $(Y_1,\dots.Y_m)$ gehörigen empirischen Verteilungsfunktionen. Sei

$$\Delta^+_{n,m}(X_1,\dots\dots,X_n,\ Y_1,\dots\dots,Y_m) = \sup_{-\infty < x < \infty} (F_n(x) - G_m(x))$$

$$\Delta_{n,m}(X_1,\dots\dots\dots,X_n,\ Y_1,\dots\dots,Y_m) = \sup_{-\infty < x < \infty} |F_n(x) - G_m(x)|.$$

Dann gilt:

$$\lim_{\substack{n\to\infty\\ m\to\infty}} p\left(\left[\frac{nm}{n+m}\right]^{1/2} \Delta^+_{n,m} < \lambda \right) = \begin{cases} 0 & \lambda \leq 0 \\ 1 - \exp(-2\lambda^2) & \lambda > 0 \end{cases}$$

und

$$\lim_{\substack{n\to\infty\\ m\to\infty}} p\left(\left[\frac{nm}{n+m}\right]^{1/2} \Delta_{n,m}(\lambda) = \begin{cases} 0 & \lambda \leq 0 \\ \sum_{k=-\infty}^{\infty} (-1)^k \exp(-k^2\lambda^2) & \lambda > 0 \end{cases}\right.$$

Auf der Basis dieses Satzes schlägt Smirnow folgenden Test vor für das Testproblem $\{H_o,\ H_1,\ \alpha\}$:

H_o: $(X_1, \ldots\ldots, X_n)$ und $(Y_1, \ldots\ldots, Y_m)$ sind zwei voneinander stochastisch unabhängige Zufallsstichproben, denen das gleiche Verteilungsgesetz mit stetiger eindimensionaler Verteilungsfunktion zugrundeliegt}

H_1: H_o trifft nicht zu.

$$\varphi(x_1, \ldots\ldots, x_n, y_1, \ldots\ldots y_m) = \begin{cases} 0 & \left[\frac{nm}{n+m}\right]^{1/2} \Delta^+_{n,m} \leq \lambda_o \\ 1 & \text{sonst} \end{cases}$$

Dabei ist λ_o bestimmt durch

$$1 - \exp(-2\lambda_o^2) = 1 - \alpha$$

Als zweiten Test schlägt Smirnow folgenden Test für das gleiche Testproblem vor:

$$\varphi(x_1, \ldots\ldots, x_n, y_1, \ldots\ldots, y_m) = \begin{cases} 0 & \left[\frac{nm}{n+m}\right]^{1/2} \Delta_{n,m} \leq \lambda_o \\ 1 & \text{sonst} \end{cases}$$

wobei λ_o bestimmt wird durch

$$\sum_{k=-\infty}^{\infty} (-1)^k \exp(-\lambda_o^2 k^2) = 1 - \alpha.$$

15.4.3.3. Die Pearson'sche $\aleph^2$ - Anpassungsfunktion

Sei X Zufallsvariable mit Wahrscheinlichkeitsverteilung p, Verteilungsfunktion F und Trägermenge T. Zerlege

$$T = \bigcup_{i=1}^{r} S_i$$

mit

$S_i \cap S_j = \phi$ für $i \neq j$ und S_i Ereignis aus der zugehörigen Borel'schen σ - Algebra. Es gilt folgender

Satz 15.19 (Pearson): Sei

$$\pi_i = p(X \in S_i).$$

Es liege eine Zufallsstichprobe $(X_1, \ldots\ldots\ldots, X_n)$ vor, alle X_i mögen dem Verteilungsgesetz p genügen. Sei

$$h_i = |\{j \mid X_j \in S_i\}|$$

Sei die folgende Zufallsvariable $\aleph_n^2$ definiert mittels

$$\aleph_n^2(X_1,\ldots\ldots,X_n) = \sum_{i=1}^{r} \frac{(h_i - n\pi_i)^2}{n\pi_i} .$$

Dann gilt: Die Folge der Zufallsvariablen $\aleph_n^2$ konvergiert nach Verteilung gegen eine Zufallsvariable $\aleph_o^2$. Die Verteilungsfunktion von $\aleph_o^2$ ist durch die $\aleph^2(r-1)$ - Verteilung gegeben.

Stammt p aus einer s - parametrischen Klasse von Verteilungen und ersetzt man die π_i durch die $\bar{\pi}_i$, die man gewinnt, wenn man die Verteilung mit der größten Likelihood anstelle der nicht bekannten Verteilungsfunktion p verwendet, so konvergiert die Folge der

$$\aleph_n^2(X_1,\ldots\ldots,X_n) = \sum_{j=1}^{r} \frac{(h_i - n\bar{\pi}_i)^2}{n\bar{\pi}_i}$$

nach Verteilung gegen eine Zufallsvariable $\aleph_o^2$, deren Verteilungsfunktion die der $\aleph^2(r-s-1)$ - Verteilung ist. Dabei ist das Problem nur definiert für $r > s + 1$.

Dieser Satz ist die Grundlage des folgenden $\aleph^2$ - Anpassungstests φ:

Das Testproblem sei gegeben durch

H_o: X ist Zufallsvariable mit Verteilung p.

H_1: H_o trifft nicht zu.

Der Test finde statt auf der Basis der Stichprobe $(x_1,\ldots\ldots,x_n)$.

Sei T die Trägermenge von F im Falle der Gültigkeit der Hypothese H_o. Zerlege T so in r paarweise disjunkte Teilmengen S_i, $1 \leq i \leq r$, so daß in jede dieser Teilmengen zahlreiche Beobachtungen fallen (in der Literatur wird eine Mindestanzahl von 5 Beobachtungen je S_i gefordert). Als Hinweis auf die Anzahl r und die Wahl der S_i wird etwa folgende Faustregel genannt: $\pi_i n$ soll $\geq$ 5 sein für alle π_i. Bestimme nun den Wert der $\aleph_n^2$ - Anpassungsfunktion und wende an den folgenden Test φ:

$$\varphi(x_1,\ldots\ldots,x_n) = \begin{cases} 0 & \sum_{i=1}^{r} \frac{(h_i - n\pi_i)^2}{n\pi_i} \leq d \\ 1 & \text{sonst} \end{cases}$$

Bestimme d so, daß gilt

$$\frac{1}{2^{(r-1)/2}\,\Gamma((r-1)/2)} \int_0^d u^{(r-3)/2} \exp(-\,u/2)\, du = 1 - \alpha.$$

Falls von p lediglich bekannt ist, daß p aus einer s - parametrischen Klasse von Verteilungen stammt, deren Parametermenge durch $\Psi \subset \mathbb{R}^s$ gegeben ist, bestimme die Parameterkonstellation $\bar{\lambda}$, für die die Likelihoodfunktion ihren größten Wert annimmt (vgl. die noch folgenden Ausführungen zur Maximum - Likelihood - Schätzung), bestimme auf der Basis von $\bar{\lambda}$ die $\bar{\pi}_i$, $1 \leq i \leq r$, bilde die Prüfgröße

$$\aleph_n^2(x_1,\ldots\ldots,x_n) = \sum_{i=1}^{r} \frac{(h_i - n\bar{\pi}_i)^2}{n\bar{\pi}_i}$$

und gewinne zum Testproblem $\{H_o, H_1, \alpha\}$

H_o: $p \in K$, K s - parametrische Klasse von Verteilungen mit Parametermenge Ψ

H_1: H_o trifft nicht zu:

den folgenden Test φ:

$$\varphi(x_1,\ldots\ldots,x_n) = \begin{cases} 0 & \displaystyle\sum_{i=1}^{r} \frac{(h_i - n\bar{\pi}_i)^2}{n\bar{\pi}_i} \leq d \\ 1 & \text{sonst} \end{cases}.$$

Dabei wird d bestimmt aus

$$\frac{1}{2^{(r-s-1)}\,\Gamma((r-s-1)/2)} \int_0^d u^{(r-s-3)/2} \exp(-u/2)\,du = 1 - \alpha.$$

Die Anwendung des $\aleph^2$ - Anpassungstests ist aus folgenden Gründen mit Nachteilen behaftet:

1. Trotz einiger Mindestanforderungen ist die Anzahl r und die Bestimmung der S_i in weitem Umfang in das Ermessen des Anwenders gestellt.
2. Verteilungen, die auf den gewählten S_i zu gleichen Werten π_i führen, können nicht unterschieden werden. Dies kann immer dann zu einem Problem werden, wenn man aufgrund zu geringen Stichprobenumfangs die Anzahl der S_i klein wählen muß. Die Anwendung der $\aleph_n^2$ - Anpassungsfunktion ist dann mit großen Informationsverlusten verbunden. Dieser Nachteil kann im Falle der Anwendbarkeit durch den Kolmogoroff - Test vermieden werden.
3. Die Anwendung der $\aleph^2$ - Anpassungsfunktion setzt große Stichprobenumfänge voraus, um vor allem den unter 2. genannten Nachteil zu vermeiden.

Die $\aleph^2$ - Anpassungsfunktion hat aber auch erhebliche Vorteile:

1. Der Anwendungsbereich ist weitergehend als der des Kolmogoroff - Tests, da der Fall, daß lediglich die parametrische Klasse von Verteilungen Gegenstand der Nullhypothese ist, nicht aber die genaue Parameterkonstellation, behandelt werden kann.

2. Typisches Anwendungsfeld für die $\aleph^2$ - Anpassungsfunktion sind Verteilungen mit endlicher Trägermenge, für die der Kolmogoroff - Test aufgrund der Forderung der stetigen Verteilungsfunktion nicht anwendbar ist. So entfaltet die $\aleph^2$ - Anpassungsfunktion ihre ganze Bedeutung, wenn die zugrundeliegende Klasse von Verteilungen zur Klasse der Multinomialverteilung gehört. Ein wichtiger Fall ist die Analyse der Kontingenztafel, die ja das bekannte Instrument zur Diskussion mehrdimensionaler nominal skalierter Zufallsvariabler ist.

Beispiel: Überprüfung der Kontingenztafel auf stochastische Unabhängigkeit:
Sei die folgende Kontingenztafel gegeben:

	1	2	m	
1	t_{11}	t_{12}	t_{1m}	$t_{1.}$
2	t_{21}	t_{22}	t_{2m}	$t_{2.}$
:				
n	t_{n1}	t_{n2}	t_{nm}	$t_{n.}$
	$t_{.1}$	$t_{.2}$	$t_{.m}$	T

Für den Fall, daß die beiden Merkmale stochastisch unabhängig sind, gehört die gemeinsame Verteilung der t_{ij} einer (m+n-2) - parametrischen Klasse von Verteilungen an mit Parametern $\pi_{1.},\ldots\ldots,\pi_{m-1.}, \pi_{.1},\ldots., \pi_{.n-1}$, also den Randwahrscheinlichkeiten.

Die Likelihood - Funktion lautet also

$$L(\pi_{1.},\ldots.,\pi_{n-1.}, \pi_{.1},\ldots.,\pi_{.m-1}|t_{11},\ldots\ldots,t_{nm}) =$$

$$(1 - \sum_{k=1}^{n-1} \pi_{k.})^{t_{n.}} (1 - \sum_{k=1}^{m-1} \pi_{.k})^{t_{.m}} \prod_{i=1}^{n-1} \pi_{i.}^{t_{i.}} \prod_{j=1}^{m-1} \pi_{.j}^{t_{.j}}$$

Statt der Maximierung der Likelihood - Funktion führt man einfacher die Maximierung des Logarithmus der Likelihood - Funktion, die sogenannte log - Likelihoodfunktion durch. Sie liefert:

$$\partial/\partial\pi_{.j} \log L(\pi_{1.},\ldots,\pi_{n-1.}, \pi_{.1},\ldots\ldots,\pi_{.m-1}|t_{11},\ldots\ldots,t_{nm}) =$$

$$= -\frac{t_{.m}}{1-\sum\limits_{k=1}^{m-1}\pi_{.j}} + \frac{t_{.j}}{\pi_{.j}} = 0 \qquad 1 \leq j \leq m-1$$

bzw.

$$\partial/\partial\pi_{i.} \log L(\pi_{1.},\ldots\ldots,\pi_{n-1.}, \pi_{.1},\ldots\ldots,\pi_{.m-1}|t_{11},\ldots\ldots,t_{nm}) =$$

$$= -\frac{t_{n.}}{1-\sum\limits_{k=1}^{n-1}\pi_{i.}} + \frac{t_{i.}}{\pi_{i.}} = 0 \qquad 1 \leq i \leq n-1.$$

Unter Setzung von

$$A = \frac{t_{n.}}{1-\sum\limits_{k=1}^{n-1}\pi_{i.}} \qquad \text{und} \qquad B = \frac{t_{.m}}{1-\sum\limits_{k=1}^{m-1}\pi_{.j}}$$

erhält man:

$$\bar{\pi}_{i.} = \frac{t_{i.}}{T} \qquad 1 \leq i \leq n-1$$

und

$$\bar{\pi}_{.j} = \frac{t_{.j}}{T}.$$

Damit ergibt sich im Falle

H_o: die der Kontingenztafel zugrundeliegenden Merkmale sind stochastisch unabhängig

H_1: H_o trifft nicht zu

für das Testproblem $\{H_o, H_1, \alpha\}$ für große Stichprobenumfänge T folgender Test:

$$\varphi(t_{11},\ldots\ldots,t_{nm}) = \begin{cases} 0 & \aleph_T^2 \leq d \\ 1 & \text{sonst} \end{cases}$$

wobei d bestimmt wird gemäß

$$\frac{1}{2^{(m-1)(n-1)/2}\,\Gamma((n-1)(m-1)/2)} \int\limits_0^d u^{((n-1)(m-1)-2)/2} \exp(-u/2)\,du = 1-\alpha.$$

Dabei resultiert (n-1)(m-1) aus

$$r - 1 - (n-1) - (m-1) = (n-1)(m-1)$$

mit r = nm und

$$\aleph_T^2 = T \sum_{i=1}^{n} \sum_{j=1}^{m} \frac{(t_{ij} - t_{i.}t_{.j}/T)^2}{t_{i.}t_{.j}} .$$

Aufgabe 15.4: Begründen Sie, warum man bei der Frage, ob die Klasse der $\Gamma(m, b)$ - Verteilungen zur Exponentialfamilie gehört, auf Schwierigkeiten stößt. Überlegen Sie weiterhin, wo in den Argumentationen zur Testtheorie in Exponentialfamilien die Unterstellung, daß Ψ konvexe n - dimensionale Teilmenge des $\mathbb{R}^n$ ist, Bedeutung erlangt. Welche Überlegungen können nicht erfolgreich durchgeführt werden, wenn etwa Ψ diskret ist?

Aufgabe 15.5. Bei einer repräsentativen Meinungsumfrage an 2000 Personen wird der Anteil dieser Partei auf $\bar{x}$ = 52% der Wähler geschätzt.

a: Man teste die Hypothese, daß der wahre Anteil π maximal 49% beträgt. Die Irrtumswahrscheinlichkeit α sei durch α = 5% bestimmt.

b: Wie groß muß die Stichprobe sein, damit im Falle der Gültigkeit der Hypothese $\pi = 0.49$ gilt:

$$p(0.48 \leq \bar{x} \leq 0.50) = 0.95?$$

Aufgabe 15.6. Sei $\{X_i\}_{1\leq i\leq n}$ Folge stochastisch unabhängiger $N(\mu, \sigma^2)$ - verteilter Zufallsvariabler. Sei

$$S^2 = 1/n \sum_{i=1}^{n} (X_i - \bar{X})^2.$$

Wie groß muß n mindestens gewählt werden, damit gilt

$$p(\mu - 1 \leq (n-1)^{1/2} \bar{X}/S \leq \mu +1) \geq 0.95$$

$$p(\mu - 2 \leq (n-1)^{1/2} \bar{X}/S \leq \mu + 2) \geq 0.99$$

$$p(\mu - 1.5 \leq (n-1)^{1/2} \bar{X}/S \leq \mu + 1.5) \geq 0.90$$

$$p(\mu + 1.5 \leq (n-1)^{1/2} \bar{X}/S) \leq 0.05$$

Aufgabe 15.7. Sei $\{X_i\}_{1\leq i\leq n}$ Folge stochastisch unabhängiger gleichverteilter Zufallsvariabler. Die X_i seien symmetrisch um den Median μ verteilt und besitzen Dichtefunktion. Es liege das Testproblem $\{H_o, H_1, \alpha\}$ vor mit

$$H_o: \mu = \mu_o$$

$$H_1: \mu < \mu_o$$

oder

$$H_1: \mu > \mu_o$$

oder

$$H_1: \mu \neq \mu_o.$$

Man definiere

$$Y_i = \begin{cases} 1 & X_i \geq \mu_0 \\ 0 & X_i < \mu_0 \end{cases}$$

Wie ist im Falle der Geltung von H_0 die Größe

$$S = \sum_{i=1}^{n} Y_i$$

verteilt?

Schlagen Sie einen Test für das Problem $\{H_0, H_1, \alpha\}$ als Funktion von S vor und begründen Sie diesen Test.

Aufgabe 15.8. Seien $\{X_i\}_{1\leq i\leq n}$ und $\{Y_i\}_{1\leq i\leq n}$ Folgen stochastisch unabhängiger jeweils gleichverteilter Zufallsvariabler. Die einzelnen X_i besitzen Dichtefunktion.Die X_i seien paarweise stochastisch unabhängig von den Y_j. Es liege folgendes Testproblem $\{H_0, H_1, \alpha\}$ vor:

H_0: den $\{X_i\}_{1\leq i\leq n}$ und den $\{Y_i\}_{1\leq i\leq n}$ liegt dasselbe Verteilungsgesetz zugrunde

H_1: H_0 gilt nicht.

Betrachte $\{Z_i\}_{1\leq i\leq n}$ mit

$$Z_i = \begin{cases} 0 & X_i - Y_i < 0 \\ 1 & X_i - Y_i \geq 0 \end{cases}$$

Bestimme den Verteilungstyp von

$$Z = \sum_{i=1}^{n} Z_i$$

im Falle der Gültigkeit von H_0 und schlage einen Test φ für das Problem $\{H_0, H_1, \alpha\}$ vor unter Verwendung der Prüfgröße Z.

Aufgabe 15.9. Seien $\{X_i\}_{1\leq i\leq n}$ und $\{Y_j\}_{1\leq j\leq m}$ jeweils Folgen stochastisch unabhängiger gleichverteilter Zufallsvariabler. Die X_i seien paarweise von den Y_j stochastisch unabhängig, außerdem besitzen die X_i Dichtefunktion. Sei

- $R(X_i)$ = Anzahl der X_j, die $\geq X_i$ sind, + Anzahl der Y_k, die $\geq X_i$ sind
- $R(Y_i)$ = Anzahl der X_j, die $\geq Y_i$ sind, + Anzahl der Y_k, die $\geq Y_i$ sind.

Es liege folgendes Testproblem $\{H_0, H_1, \alpha\}$ mit

H_0: die X_i und die Y_j sind gleichverteilt

H_1: H_0 trifft nicht zu

Verwende als Prüfgröße

$$Z = \sum_{i=1}^{m} R(Y_i).$$

1. Begründen Sie, warum bei Geltung von H_0 gilt:

Die Wahrscheinlichkeit dafür, daß zwei der X_i oder Y_j gleichen Wert annehmen, ist 0.

2. Begründen Sie nun, warum gilt

$$p(R(X_1) = i_1 \wedge \dots \wedge R(X_n) = i_n \wedge R(Y_1) = i_{n+1} \wedge \dots \wedge R(Y_m) = i_{n+m}) = \frac{1}{(n+m)!}$$

wobei $\{i_j\}_{1 \leq j \leq n+m} = \{1, 2, \dots, n+m\}$.

3. Schlage auf der Basis von Z einen Signifikanztest vor und begründe ihn. Schlage in der Literatur nach unter dem Stichwort "Wilcoxon - Rang - Test.

4. Verallgemeinere dieses Vorgehen auf mehrere Stichproben. Schlage hierzu nach unter dem Stichwort Kruskal - Wallis - Rangtest bzw. Randomisierungstest.

Aufgabe 15.10. Zufallsgeneratoren für R(0, 1) - verteilte Zufallsvariable werden etwa wie folgt gebaut:

a: Wähle eine Zahl $n_0 \in \mathbb{N}$.

b: Bestimme nun eine Folge von n Zufallsvariablen $\{x_i\}_{1 \leq i \leq n}$ gemäß:

$$x_i = a x_{i-1} \bmod b.$$
$$x_1 = a\, n_0 \bmod b.$$

Als Werte für a, b wurden etwa vorgeschlagen:

$$a = 7^5 \qquad b = 2^{31} - 1$$

Einen Zufallsgenerator für N(0, 1) - verteilte Zufallsvariable bestimmt man, indem man zunächst eine Folge von R(0, 1) - verteilten Zufallsvariablen $\{x_i\}_{1 \leq i \leq n}$ nach der oben beschriebenen Methode erzeugt und dann folgende Folge $\{y_i\}_{1 \leq i \leq n}$ von neuen Zufallsvariablen erzeugt:

$$y_i = F^{-1}(x_i) \qquad 1 \leq i \leq n.$$

Dabei ist F(x) die Verteilungsfunktion einer N(0, 1) - verteilten Zufallsvariablen.

a. Starten Sie mit n_0 = 195 und erzeugen Sie eine Folge von R(0, 1) - verteilten Zufallsvariablen der Länge 1000 am Computer.

b. Erzeugen Sie nun die zugehörige Folge von N(0, 1) - verteilten Zufallsvariablen.

c: Prüfen Sie nun mit dem Kolmogoroff - Test zum Niveau α = 0.001, ob die Hypothese, daß die erzeugte Folge N(0, 1) - verteilt ist, abgelehnt werden muß.

d. Wählen Sie irgendeine neue Startzahl $n_0 \neq 195$ und erzeugen Sie eine neue Folge von N(0, 1) - verteilten Zufallsvariablen auf beschriebene Weise.

Prüfen Sie nun mit beiden Smirnow - Tests nach, ob die Hypothese, daß beide Stichproben von N(0, 1) - verteilten Zufallsvariablen stammen, zum Niveau α = 0.001 abgelehnt werden muß.

e. Prüfen Sie mit dem in Aufgabe 15.9 eingeführten Wilcoxon - Rangtest nach, ob die Hypothese, daß beide Stichproben von einem einheitlichen Zufallsprozeß stammen, zum Niveau α = 0.001 abgelehnt werden muß.

Aufgabe 15.11: Das statistische Bundesamt hat in der Fachserie 1, Bevölkerung und Erwerbstätigkeit, Reihe 4.1.1., Stand und Entwicklung der Erwerbstätigkeit 1987, Stuttgart - Mainz 1989 insbesondere die folgenden Zahlen publiziert:

Männliche Erwerbstätige im März 1987 nach Staatsangehörigkeit, Stellung im Beruf und Altersgruppen:

	Deutsche		Ausländer	
Alter	selbständig. (in 1000)	Abhängig (in 1000)	selbständig (in 1000)	abhängig (in 1000)
15-20	15	845	≈ 1	63
20-25	52	1806	4	139
25-35	276	3290	27	294
35-45	426	2743	39	418
45-55	570	3199	26	317
55-60	234	1057	7	60
60-65	150	306	3	21
> 65	129	32	0	0

Bemerkung: Einige Zahlen, die vom statistischen Bundesamt mit - ausgewiesen wurden, sind hier der Einfachheit halber berechnet worden. Weiterhin zählen zur Gruppe der Selbständigen auch die mithelfenden Familienangehörigen. (S.58 in der angegebenen Quelle)

a. Prüfen Sie die Hypothesen, daß für Deutsche bzw. für Ausländer Selbständigkeit und Abhängigkeit altersunabhängig sind.

b. Prüfen Sie die Hypothese, daß Abhängigkeit und Selbständigkeit unabhängig vom Merkmal Deutscher oder Ausländer ist.

Aufgabe 15.12: In gleicher Quelle wie in Aufgabe 15.11, diesmal auf S. 57, werden insbesondere folgende Zahlen angegeben:

männliche Erwerbstätige im März 1987 nach Familienstand, Stellung im Beruf und Altersgruppen:

ledig

Alter	Selbständige (in 1000)	mith. Fam. Ang. (in 1000)	Beamte (in 1000)	Angestellte (in 1000)	Arbeiter (in 1000)
15-20	4	11	38	184	681
20-25	34	15	364	402	945
25-35	101	9	152	550	707
35-45	57	1	44	158	182
45-55	39	1	22	70	153
55-60	10	3	3	13	27
60-65	3	2	3	5	6

Verheiratet

Alter	Selbständige (in 1000)	mith. Fam. Ang. (in 1000)	Beamte (in 1000)	Angestellte (in 1000)	Arbeiter (in 1000)
15-20	0	0	0	0	0
20-25	7	0	29	35	166
25-35	178	3	263	763	1056
35-45	367	4	366	1060	1168
45-55	509	6	362	1123	1576
55-60	212	5	114	388	506
60-65	125	11	49	129	113

verwitwet/geschieden

Alter	Selbständige (in 1000)	mith. Fam. Ang. (in 1000)	Beamte (in 1000)	Angestellte (in 1000)	Arbeiter (in 1000)
15-20	0	0	0	0	0
20-25	0	0	0	0	0
25-35	10	0	9	32	53
35-45	34	0	21	70	93
45-55	40	1	21	77	112
55-60	12	1	6	21	38
60-65	10	2	2	9	9

a: Prüfen Sie, ob Beamtung und Familienstand unabhängige Merkmale sind, zum Niveau $\alpha = 0.05$.

b: Prüfen Sie, ob Lebensalter und Familienstand unabhängige Merkmale sind, wenn man unterstellt, daß das Lebensalter 25 Jahre und mehr beträgt, zum Niveau $\alpha = 0.05$.

c: Prüfen Sie, ob im Alter zwischen 25 und 60 Jahren Lebensalter und Beamtung unabhängige Merkmale sind.

d. Im März 1987 waren insgesamt 10 525 000 Frauen erwerbstätig (siehe Quelle, S. 56). Davon waren

selbständig	mithelf. Fam. Ang.	Beamtin	Angestellte	Arbeiterin
577000	552000	488000	5913000	2996000

Frauen.

a: Prüfen Sie, ob Selbständigkeit und Geschlecht im Fall der Berufstätigkeit unabhängige Merkmale sind, zum Niveau $\alpha = 0.1$.

b: Prüfen Sie, ob im Falle der Erwerbstätigkeit das Merkmal "Arbeiter" vom Merkmal "Geschlecht" unabhängig ist, zum Niveau $\alpha = 0.1$.

c: Von den berufstätigen Frauen sind

ledig	verheiratet	geschieden/verwitwet
3577000	5836000	2996000.

Prüfen Sie die Hypothese, daß für erwerbstätige Menschen Familienstand und Geschlecht unabhängige Merkmale sind, zum Niveau $\alpha = 0.05$.

d: Von den geschiedenen/verwitweten berufstätigen Frauen sind 45 000 Frauen beamtet.

Prüfen Sie die Hypothese, daß das Merkmal "Beamtung" und "Geschlecht" für beamtete geschiedene/verwitwete Erwerbstätige unabhängige Merkmale sind, zum Niveau $\alpha = 0.05$.

Aufgabe 5.13: In einem Langzeitversuch an Tieren wurden insgesamt 160 Ratten 2 Jahre lang chemische Zusätze in unterschiedlicher Dosierung dem Futter beigemischt. Dabei wurde unterschieden nach Männchen und Weibchen. Insgesamt wurden 4 verschiedene Dosierungen beigemengt, darunter die Dosierung 0. Alle Gruppen waren gleichstark, so daß jede Gruppe aus 20 Ratten bestand. Das Eingangsgewicht der Ratten der verschiedenen Gruppen in Gramm betrug:

Männlich

Gruppe 1:

112 111 126 111 116 124 130 127 111 120 115 115 117 117 109 120 112 120 114 116

Gruppe 2:

118 124 122 123 125 116 127 110 124 128 108 110 124 129 122 125 109 121 123 115

Gruppe 3:

114 123 107 111 122 126 114 124 111 128 115 111 122 119 103 130 127 115 113 133

Gruppe 4:

119 130 128 128 113 118 124 125 121 114 110 110 118 120 125 128 105 117 116 116

weiblich

Gruppe 5

121 104 118 115 118 106 124 114 101 105 113 108 107 97 113 115 105 105 116 106

Gruppe 6:

98 107 109 103 112 110 108 112 110 109 118 112 117 114 108 107 111 108 114 111

Gruppe 7:

113 103 107 108 109 112 118 114 113 108 109 116 108 110 95 108 109 107 108 112

Gruppe 8:

101 110 107 106 113 113 116 108 120 119 116 121 108 110 106 120 100 115 119 114

Unterstellen Sie zunächst, daß das Merkmal Gewicht bei den Ratten normalverteilt ist.

a: Prüfen Sie, ob die Streuung des Gewichts bei Männchen und Weibchen gleich ist, gegen die Hypothese, daß das Gewicht bei Männchen mehr streut, zum Niveau $\alpha = 0.05$.

b: Unter der Annahme, daß die Streuung bei Männchen und Weibchen gleich sind, testen Sie die Hypothese, daß das mittlere Gewicht der Männchen und Weibchen übereinstimmt, gegen die Hypothese, daß die Männchen im Mittel schwerer sind, zum Niveau $\alpha = 0.05$.

Verzichten Sie nun auf die Annahme der Normalverteilung.

c: Geben Sie auf der Basis der bisherigen Aufgaben einen Test an für das Testproblem, daß die jeweils vier Gruppen der männlichen bzw. weiblichen Ratten aus einer einheitlichen Grundgesamtheit stammen.

d: Lesen Sie in der Statistikliteratur Ausführungen über den Test nach Mann - Whitney nach und verwenden Sie diesen Test zur Prüfung des Testproblems aus Teil c.

e: Prüfen Sie die Hypothese, daß die Männchen bzw. die Weibchen aus einer normalverteilten Grundgesamtheit entnommen sind, zum Niveau $\alpha = 0.05$. Erklären Sie, warum Sie dazu den Test von Kolmogoroff nicht verwenden können.

16. Das Schätzproblem

16.1. Modell und Struktur

1944 gibt Haavelmoo eine ausführliche Begründung dafür, daß ökonomische Theorien durch ein stochastisches Modell formalisiert werden sollen; seine damit verbundenen Vorstellungen lassen sich in folgenden Punkten zusammenfassen:

1. Es sind Theorien der positiven Ökonomie, die sich durch stochastische Modelle formalisieren lassen. Sinn der Formulierung der Theorie durch ein stochastisches Modell ist es, Aussagen über die faktische Relevanz der Theorien zu ermöglichen, d.h. eine Aussage darüber zu erlauben, ob eine Theorie mit Raum - Zeit - gebundenen Beobachtungen in Einklang zu bringen ist oder nicht. Das Konzept des stochastischen Prozesses ist allgemein genug, um die Erfüllung dieses Ziels angemessen zu ermöglichen.
2. Hilfsmittel dazu ist das Konzept der stochastischen Gleichungen zwischen den beobachteten Größen. Genauer:
   a. Die Vorstellung der Kausalbeziehung als Gegenstand ökonomischer Theoriebildung wird übernommen und läßt die Unterscheidung zwischen exogenen, d.h. anderweitig bestimmten, und endogenen, d.h. durch die Theorie erklärten Variablen zu einer sinnvollen werden. Für die Unterscheidung, welche Größen als exogen und welche als endogen anzusehen sind, ist die Warte entscheidend, von der aus der Theoretiker die zu erklärende Erscheinung analysiert. Wechselt der Theoretiker diese Warte, kann er zu einer Neuentscheidung darüber gezwungen werden, welche Größen als exogen und welche als endogen anzusehen sind.
   b. Die Formalisierung der Theorie durch ein stochastisches Modell stützt sich häufig, wenn auch nicht immer, auf die Vorstellung, die Gesamterscheinung sei additiv trennbar in Trend und Abweichung vom Trend.
3. Die Abweichung vom Trend, ϵ, läßt sich als Zufallsvariable auffassen. Aus objektivistischer Warte beruht diese Sicht der Realität entweder auf der Interpretation des realen Geschehens als Massenerscheinung oder als Disposition der Welt. Aus logischer Warte läßt sich der Trend als der Teil des Gesamtgeschehens interpretieren, der auf der Grundlage vorhandenen Hintergrundwissens erklärbar ist; ϵ ist der mangels Wissen nicht weiter erklärbare Teil des Geschehens und wird deshalb als zufällig angesehen. Diese Erklärung mag zwar einsichtiger sein, sie verbietet sich aber zur Interpretation des Schätzproblems, weil hier von unbekannten, aber existenten Verteilungen die Rede ist. Das Wissenschaftsprogramm des Logikers

besteht darin, den Grad der Implikation von Sätzen durch ein gegebenes Hintergrundwissen zu messen. Ein Schätzproblem stellt sich also nicht.

4. Die stochastische Beziehung zwischen den endogenen Variablen y_t, den exogenen Variablen x_t und den verzögerten endogenen Variablen y_{t-j} läßt sich häufig angemessen in der Weise

$$h(y_t, \alpha) = g(y_{t-1},\dots,y_{j-k}, x_t, \beta) + \epsilon_t$$

formalisieren. Dabei ist h nach y_t auflösbar, g und h sind dem Typ nach bekannt, zu ihrer eindeutigen Festlegung bedarf es der Bestimmung von α und β, $\alpha \in \mathbb{R}^m$, $\beta \in \mathbb{R}^n$. Für ϵ liege der Verteilungsstyp a priori vor und sei durch endlich viele Parameter λ_i charakterisierbar.

5. Die Vollständigkeit des Modells, durch das die ökonomische Theorie formalisiert werden soll, garantiert dann, daß durch Transformation ein Verteilungsgesetz für y in Abhängigkeit von h, g, α, β, x, ϵ gefunden werden kann. Die h und g bestimmenden Parameter α, β sowie λ sollen auf der Basis des empirischen Befundes geschätzt werden.

In diesen Ausführung wird deutlich die Rolle der ökonomischen Theorie ebenso wie die der Wahrscheinlichkeit. Es wird ausgegangen von der Fiktion eines kausal erklärbaren Trends und einer als zufällig interpretierten Abweichung vom Trend.

<u>Definition 16.1:</u> Der auf der Basis ökonomischer Theorie formulierte Zusammenhang

$$h(y_t, \alpha) = g(y_{t-1},\dots\dots,y_{t-k}, x_t, \beta) + \epsilon$$

einschließlich der Angabe der parametrischen Klasse K mit Parametermenge Ψ, aus der die Verteilung der $\{\epsilon_t\}$ stammt, heißt <u>stochastisches Modell einer ökonomischen Theorie</u>. Werden die Parameter α, β, λ wertmäßig festgesetzt, so gewinnt man aus dem Modell eine <u>Struktur</u>.

<u>Beispiel:</u> <u>Eine</u> ökonomische Theorie erklärt das gesamtwirtschaftliche Konsumtheorie (Brown'sche Konsumhypothese) in folgender Weise:

$$C_t = a + cY_t + dC_{t-1} + \epsilon_t.$$

Es wird unterstellt, daß Y_t exogen ist, C_{t-1} ist verzögert endogen, und die $\{\epsilon_t\}$ seien paarweise stochastisch unabhängige $N(0, \sigma^2)$ - verteilte Zufallsvariable. In dieser Situation gilt:

$\{C_t - a - cY_t - dC_{t-1}\}$ sind stochastisch unabhängige $N(0, \sigma^2)$ - verteilte Zufallsvariable, bzw. die $\{C_t\}$ sind stochastisch unabhängige

$$N(a + cY_t + dC_{t-1}, \sigma^2) -$$

verteilte Zufallsvariable.

Da die Y_t, C_{t-1} aus Sicht von C_t als konstant aufgefaßt werden (Y_t wegen der unterstellten Exogenität, C_{t-1} wegen der Zeitverzögerung), ist das Verteilungsgesetz bei gegebenen Y_t, C_{t-1} bestimmt, falls a, c, d, σ^2 bestimmt sind.

16.2. Das Schätzproblem

Es herrscht die weitere Fiktion vor, daß der Ökonom in der Lage sei, losgelöst von der Datenlage das Modell zu formulieren; die Daten können dann dazu herangezogen werden, vom Modell mit statistischen Überlegungen auf die Struktur zu schließen. Idealisierte Arbeitshypothese ist also eine strikte Trennung von Theorie als Charakteristikum der Personen und Daten als Charakteristikum der realen Welt.

Erfahrungsgemäß erlauben die Kenntnisse des Ökonomen nicht die präzise Angabe der funktionalen Zusammenhänge h und g sowie die Angabe des Verteilungsgesetzes von ϵ. In dieser Situation hilft folgender

Methodischer Beschluß: In Situationen, in denen die Kenntnisse der Ökonomen nur ausreichen, um die exogenen und verzögert endogenen Variablen zu bestimmen, die die endogenen Variablen erklären, aber in denen kein funktionaler Zusammenhang h bzw. g vorgegeben werden kann, wähle den einfachsten mit den theoretischen Vorstellungen vereinbaren funktionalen Zusammenhang.

Da in ϵ insbesondere alle nicht explizit berücksichtigten Einflußgrößen eingehen und so ϵ als Summe zahlreicher nicht explizit berücksichtigter Einflußgrößen verstanden wird, legt man mit Hinweis auf die zentralen Grenzwertsätze die Normalverteilungsannahme nahe.

Der methodische Beschluß und die Annahme der Normalverteilung lassen sich nur begründen mit dem Hinweis darauf, daß Komplikation um der Komplikation willen unangebracht ist; falls die einfachsten Zusammenhänge (das sind lineare Zusammenhänge) als unangemessen erkannt werden, so liegen Informationen über den funktionalen Zusammenhang vor, die eine andersgeartete Wahl unter Beachtung des methodischen Beschlusses zulassen. Eine andere als die einfachste Wahl wird also nur auf der Basis besonderer Erkenntnisse vorgenommen. Dies erklärt die Bedeutung linearer Modelle in der Ökonomie und in anderen Wissenschaften.

Nachdem erklärt worden ist, wie Ökonomen trotz allgemein anerkannter Präzisionskluft zwischen theoretischem Wissen und der geforderten Präzision des Modells dennoch zu einer Modellformulierung gelangen, kann anschließend das Schätzproblem geschildert werden.

Definition 16.2.: Das Schätzproblem besteht darin, auf der Basis von Beobachtungen vom Modell als Ausdruck der menschlichen Erklärungsleistung zur Struktur zu gelangen durch die Fixierung der im Modell noch nicht festgelegten Parameter.

Von Interesse ist, daß das Schätzproblem formuliert wurde, ohne explizite Angaben über die Kriterien zu machen, nach denen die Schätzung vorgenommen werden soll. Es wäre auch nach der Schilderung, wie Ökonomen zur Modellformulierung gelangen, voreilig, ohne weitere Erklärung derartige Prinzipien vorzuschlagen, denn man würde sofort einwenden, welchen Sinn die Verfolgung irgendwelcher Prinzipien bei der Schätzung haben soll, wenn kaum davon ausgegangen werden kann, daß ein derart formuliertes Modell den wahren Zusammenhang überhaupt angemessen beschreibt. Man würde also jede weitere Diskussion über Sinn und Unsinn einer Schätzung davon abhängig machen, daß das Modell eine angemessene Beschreibung der realen Zusammenhänge liefert. Genau diese Position ist also einzunehmen: um Kriterien für eine Beurteilung von Schätzverfahren zu benennen und zu beurteilen, begebe man sich in folgende

als - ob - Position: Ausgangspunkt der weiteren Überlegungen ist die Unterstellung, die zur Erklärung anstehenden Zusammenhänge ließen sich durch die im Modell angenommenen Zusammenhänge adäquat beschreiben.

Die Annahme dieser als - ob - Position mag unbefriedigend erscheinen, aber es erscheint ausgeschlossen, ohne eine derartige Unterstellung begründet fortzufahren, dies würde Resignation vor den anstehenden Problemen bedeuten und kann deshalb nicht als fruchtbare Position aufgefaßt werden in Situationen, in denen man vor Handlungszwängen steht, die auf möglichst rationale Weise bewältigt werden sollen. Die Übernahme dieser als - ob - Position sollte also nicht von der weiteren Diskussion abhalten, umgekehrt darf sie bei der Interpretation der so gefundenen Ergebnisse nicht unberücksichtigt bleiben.

6.3. Ziele einer Schätzung

elbst wenn man die eben geschilderte als - ob - Position übernimmt, steht es och nicht fest, welche Ziele mit einer Schätzung verbunden sein sollen. Vielehr ist zunächst nach dem der Schätzung zugrundeliegenden Interesse zu fraen:

Handelt es sich allein um ein Erkenntnisinteresse oder handelt es sich um die Festlegung einer möglichst sinnvollen Aktion, für deren Bestimmung das Modell überhaupt nur gebildet wurde. Hinter dieser Unterscheidung steht die Auffassung, daß es nicht klug sein muß, sich so zu verhalten, als wäre die als plausibelste erachtete Alternative die wahre. Dieses Problem wurde im Zusammenhang mit Fragen des Hypothesentests ausreichend diskutiert und bedarf hier keiner weiteren Erörterung.

Es wird hier vorgeschlagen, Probleme der Erkenntnis von denen des Handelns zu trennen, indem eingeräumt wird, daß man unterscheiden muß zwischen der plausibelsten Hypothese und der, auf die man sich sinnvollerweise bei der Festlegung der Handlung einläßt. Denn dann ist es sinnvoll, sich ein so genaues Bild von den Alternativen zu machen wie eben möglich; insbesondere erscheint es dann vernünftig, das Problem der Schätzung unter dem Gesichtspunkt der Erkenntnis abzuhandeln; dies geschah im Rahmen des Testens ebenfalls bei der Darstellung der auf a - posteriori - Erklärungen aufbauenden Testtheorie.

Unter dem Gesichtspunkt der Erkenntnis ist es sinnvoll, nach der am besten gestützten Alternative zu fragen; dies führt unmittelbar zur Parameterkonstellation mit der größten Likelihood.

Definition 16.3.: Gewinne einen Schätzer für α, β, λ durch Maximierung der Likelihood - Funktion. Dieser Schätzer heißt Maximum - Likelihood - Schätzer für α, β, λ.

Ein anderes eher geometrisch begründbares Prinzip ergibt sich daraus, daß das Modell die additive Zerlegung in Trend (d.h. in erklärbaren Teil) und Abweichung vom Trend (d. h. unerklärbaren Teil) unterstellt und es somit naheliegt, α, β so zu schätzen, daß die Abweichungen $h(y_t, \alpha) - g(y_{t-1},\ldots,y_{t-k}, x_t, \beta)$ möglichst klein sind. Diese zunächst sehr plausible Zielsetzung ist jedoch wegen mangelnder Genauigkeit mathematisch nicht eindeutig umsetzbar; sollen etwa alle Abweichungen so klein wie möglich sein oder soll die größte Abweichung möglichst klein sein, soll etwa die Summe aller Abweichungen möglichst klein sein; alle Abweichungen so klein wie möglich zu machen beinhaltet einen Zielkonflikt dahingehend, daß eine Verringerung der einen Abweichung möglicherweise nur zu Lasten der Vergrößerung anderer Abweichungen zu erreichen ist. Eine derartige Formulierung ist also unpräzise, solange keine Basis für den Vergleich der verschiedenen Ziele "kleine Abweichung für t", $1 \leq t \leq T$, vorliegt. Die beiden anderen Formulierungen stellen auf solche Vergleiche ab in unterschiedlicher Weise ab und sind deshalb erst aus mathematischer Sicht weiter verfolgbar.

Diese beiden mathematischen Formulierungen drücken das als plausibel beurteilte Ziel in einsichtiger Weise aus; welches mathematische Ziel ist also als ge-

ignetster Ausdruck des Wunsches nach möglichst guter Annäherung der Größen $(y_{t-1},\dots\dots,y_{t-k}, x_t, \beta)$ an die $h(y_t, \alpha)$, $1 \leq t \leq T$, zu wählen, wenn inhalt-iche Gesichtspunkte nur unzureichende Ansatzpunkte zur Unterscheidung der erschiedenen mathematischen Formulierungen anbieten? Hier hilft folgende berlegung weiter: Mathematisch bedeutet die möglichst gute Verfolgung eines iels die Optimierung der Zielfunktion; als Ersatz für fehlende inhaltliche rgumente bietet sich an, eine Zielfunktion zu wählen, deren Optimierung mög-ichst leicht fällt. Die Entdeckung eines Optimums ist vergleichsweise ein-ach, falls die Zielfunktion überall differenzierbar ist. Man muß dann nur die bleitungen 0 setzen und diese Nullstellen auf Optimalität hin untersuchen. lle drei genannten Zielfunktionen sind nicht überall differenzierbar, weil $(x) = |x|$ an der Stelle 0 nicht differenzierbar ist. So liegt es nahe, die bstandsmessung in der Form $f(x) = |x|$ durch die Abstandsmessung in der Form $(x) = x^2$ zu ersetzen, denn $f(x) = x^2$ ist nach x differenzierbar.
chwierigkeiten bekommt man auch, wenn man $g(x) = \max \{f_1(x),\dots\dots,f_n(x)\}$ op-imieren will, weil diese Funktion nicht differenzierbar sein muß, selbst wenn ie $f_i(x)$ differenzierbar sind. Also ist die Minimierung der maximalen Abwei-hung ebenfalls eine schwierige mathematische Aufgabe; die Optimierung der umme der Quadrate der Abweichungen hingegen stößt auf erheblich geringere chwierigkeiten, weil die Summe differenzierbarer Funktionen wieder differen-ierbar ist.

<u>efinition 16.4:</u> Wähle $\bar{\alpha}$ und $\bar{\beta}$ so, daß gilt:

$$\sum_{t=1}^{T} (h(y_t, \bar{\alpha}) - g(y_{t-1},\dots,y_{t-k}, x_t, \bar{\beta}))^2 =$$

$$\min_{\alpha,\beta} \sum_{t=1}^{T} (h(y_t,\alpha) - g(y_{t-1},\dots,y_{t-k}, x_t, \beta))^2.$$

er so ermittelte Schätzer $\bar{\alpha}$ für α und $\bar{\beta}$ für ß heißt <u>Kleinst - Quadrate - chätzer</u> und wurde von Gauss vorgeschlagen.

ieses Prinzip erlaubt zunächst einmal nicht, die ϵ charakterisierenden Para-eter λ_i zu schätzen, weist aber dafür den Vorteil auf, auch dann anwendbar zu ein, wenn g und h, aber nicht der Verteilungstyp von ϵ bekannt ist.

in weiteres Schätzprinzip, das sich besonders gut für nominal skalierte oder ür ordinal skalierte Zufallsvariable mit endlicher Trägermenge eignet, beruht uf der Minimierung der $\aleph^2$ - Anpassungsfunktion, die aus Kapitel 7 bekannt st.

16.4. Eigenschaften von Schätzern

Angesichts dessen, daß verschiedene Prinzipien zur Gewinnung von Schätzern genannt werden können, die intuitiv gleichermaßen als plausibel angesehen werden können, bedarf es zur Entscheidung für ein Schätzprinzip der Entdeckung wünschenswerter Eigenschaften, die Schätzer haben sollten.
Bei der Formulierung wünschenswerter Eigenschaften, die stochastischer Natur sein sollen, steht man wieder vor dem Problem, ob man die a - priori - oder die a - posteriori - Position einnimmt. Denn die a - priori - Position erlaubt es, einen Schätzer als Zufallsvariable aufzufassen, da die Stichprobe noch gezogen werden muß und damit für Wahrscheinlichkeitsüberlegungen Raum bleibt. In der a - posteriori - Situation hingegen liegt die Stichprobe vor, es verbleibt kein Platz für Wahrscheinlichkeitsüberlegungen.
Bezieht man die a - priori - Position, kann man als Kriterium formulieren, daß die geschätzte Parameterkonstellation mit großer Wahrscheinlichkeit nahe bei der wahren Parameterkonstellation liegen soll. Solange man keine Annahme über den Typ der zugrundeliegenden Verteilung getroffen hat (man erinnere sich an die Aussage, daß das geometrisch begründete Kleinst - Quadrate - Prinzip im Gegensatz zum Maximum - Likelihood - Prinzip keine Aussagen über den Verteilungstyp benötigt), kann man als Hilfsmittel zur Kontrolle dieser Bedingung die Tschebyscheff - Ungleichung verwenden. Diese besagt, daß gilt

$$p(|X - \mu| \geq k\sigma) \leq 1/k^2.$$

Ihre Anwendung ist dann möglich, wenn der Erwartungswert des als Zufallsvariable interpretierbaren Schätzers $\bar{\alpha}$ für α mit α übereinstimmt und der Schätzer außerdem eine Varianz - Kovarianz - Matrix besitzt.

16.4.1. Erwartungstreue

<u>Definition 16.5:</u> Sei $\bar{\alpha}$ eine Zufallsvariable, die als Schätzer für einen Parameter α dienen soll. $\bar{\alpha}$ heißt <u>erwartungstreuer Schätzer für α</u>, wenn gilt

$$E\,\bar{\alpha} = \alpha.$$

Erwartungstreue ist allein keine besonders erwähnenswerte Eigenschaft, denn sie sagt noch nichts über die Wahrscheinlichkeit darüber aus, wie weit der Schätzer vom Parameter abweicht.

lein hat hier etwa den folgenden Vergleich bezüglich zweier Flinten geprägt: ie eine Flinte ist zwar präzise auf das Ziel gerichtet, jedoch streut sie ehr stark; die zweite Flinte zielt systematisch daneben, wenn man das Ziel räzise im Visier hat, sie streut aber weniger. Welche Flinte ist für emanden, der etwa Scheibenschießen betreibt, günstiger? Augenscheinlich hängt ie Antwort vom Ausmaß der systematischen Verzerrung und vom Vergleich der treuungen beider Flinten ab.

ngesichts der besonderen Rolle, die Erwartungswert und Varianz in der Tscheyscheff - Ungleichung spielen, wird man im Fall, daß man keine Aussagen über en Verteilungstyp des Schätzers $\bar{\alpha}$ für α machen kann, unter erwartungstreuen chätzern den vorziehen, der zu kleineren Varianzen der Komponenten von $\bar{\alpha}$ ührt.

6.4.2. Effizienz

<u>efinition 16.6:</u> Sei $\bar{\alpha}$ erwartungstreuer Schätzer für α, sei α^* ebenfalls erartungstreuer Schätzer für α. Dann heißt $\bar{\alpha}$ <u>effizienter als α^*</u>, wenn gilt:

$$\mathrm{Cov}(\alpha^*) - \mathrm{cov}(\bar{\alpha})$$

st positiv semidefinit, d. h. es gilt

$$v^t(\mathrm{cov}(\alpha^*) - \mathrm{cov}(\bar{\alpha}))\, v \geq 0 \ \forall\, v.$$

nd es gilt nicht für alle v das Gleichheitszeichen.

enn in diesem Falle gilt für jeden Einheitsvektor e_i:

$$e_i^t \, (\mathrm{cov}(\alpha^*) - \mathrm{cov}(\bar{\alpha}))\, e_i \geq 0$$

nd dies liefert

$$\mathrm{var}(\alpha_i^*) \geq \mathrm{var}(\bar{\alpha}_i).$$

ie Varianz der i-ten Komponente von α^* ist also mindestens genau so groß wie ie von $\bar{\alpha}$.

ie Streuung ist allerdings kein sicheres Instrument zur Bestimmung der Wahrcheinlichkeit, daß eine Zufallsvariable Werte innerhalb eines bestimmten Inervalls mit dem Erwartungswert als Mittelpunkt und dem k - fachen der Streung als Intervall - Länge annimmt. Diese Wahrscheinlichkeit variiert vielmehr it dem Typ der zugrundeliegenden Wahrscheinlichkeitsverteilung. Der Effizinzvergleich ist also wirksamer, wenn man sich auf Schätzer gleichen Verteiungstyps bezieht.

<u>efinition 16.7:</u> Sei $\bar{\alpha}$ Schätzer innerhalb einer Klasse K von erwartungstreuen chätzern für α. $\bar{\alpha}$ heißt <u>effizienter Schätzer</u> innerhalb der Klasse K von chätzern vom gleichen Verteilungstyp, wenn $\bar{\alpha}$ mindestens genau so effizient st wie jeder andere Schätzer der Klasse K.

16.4.3. Konsistenz

Eine weitere wünschenswerte Eigenschaft ist die, daß bei hinreichend großem Stichprobenumfang die Wahrscheinlichkeit sehr groß ist, daß der Schätzer nahe beim zu schätzenden Parameter liegt.

<u>Definition 16.8:</u> Sei $\{\bar{\alpha}_n\}_{n\in\mathbb{N}}$ eine Folge von Schätzfunktionen für den Parametervektor α in Abhängigkeit vom Umfang der zugrundeliegenden Stichprobe. Zu

$$\epsilon,\ \delta > 0 \text{ existiere } n_o$$

derart, daß für $n > n_o$ gilt:

$$p(|\bar{\alpha}_n - \alpha| \geq \delta) \leq \epsilon.$$

Dann heißt $\{\bar{\alpha}_n\}_{n\in\mathbb{N}}$ <u>konsistente</u> Schätzfolge.
Die Eigenschaft der Konsistenz ist nur dann eine wünschenswerte Eigenschaft, wenn ein Stichprobenumfang erzielt werden kann, für den die Konsistenzaussage bereits bedeutsam ist. Denn sonst kann man mit Keynes argumentieren: "Auf lange Sicht sind wir alle tot". Ein konsistenter Schätzer muß nicht erwartungstreu sein.
Welche Schätzprinzipien zu welchen Eigenschaften führen, läßt sich unabhängig vom unterstellten Modell nicht sagen. Es läßt sich aber zeigen, daß für kleine Stichprobenumfänge die Erwartungstreue eine Forderung ist, die häufig nicht eingelöst werden kann. Es sind also Abschwächungen dieser Eigenschaft vonnöten. Eine Abschwächung bezieht sich auf zunehmend großen Stichprobenumfang:

16.4.4. Asymptotisch erwartungstreu

<u>Definition 16.9:</u> Eine Schätzfolge $\{\bar{\alpha}_n\}_{n\in\mathbb{N}}$ von Schätzern für α heißt <u>asymptotisch erwartungstreu</u>, wenn gilt

$$\lim_{n\to\infty} E\ \bar{\alpha}_n = \alpha.$$

Entsprechend schwächt man das Kriterium der Effizienz ab zum Kriterium der asymptotischen Effizienz. Dabei ist zu beachten, daß in vielen Fällen mit zunehmendem Stichprobenumfang die Varianzen immer kleiner werden, man also keinen Vergleich der Varianzen für große Stichproben vornimmt, weil sie möglicherweise gegen 0 streben, dies allerdings mit unterschiedlicher Konvergenzgeschwindigkeit. Dieses Problem ist bereits bekannt aus der Diskussion der zentralen Grenzwertsätze und der Gesetze der großen Zahlen, wo das Problem der für große Stichprobenumfänge immer kleiner werdenden Varianzen der Folge von Mittelwerten

$$1/n \sum_{i=1}^{n} X_i$$

durch Übergang zu

$$1/n^{1/2} \sum_{i=1}^{n} X_i$$

überwunden wurde.

Die Untersuchung von Mittelwerten ist deshalb sehr einfach, weil mit den Normierungsfaktoren n und $n^{1/2}$ unabhängig von der Datenlage gearbeitet werden kann. Allgemein jedoch hängt dieser Normierungsfaktor von der Datenlage und von den funktionalen Zusammenhängen g, h sowie vom Verteilungstyp von ϵ ab. Insbesondere kann bei mehrdimensionalen Zufallsvariablen der Normierungsfaktor von Komponente zu Komponente ein anderer sein.

Weiterhin ist bekannt, daß die Folge der Mittelwerte unter recht allgemeinen Bedingungen einem zentralen Grenzwertsatz genügt, d.h. daß die Folge von Verteilungsfunktionen der Mittelwerte gegen die Verteilungsfunktion der Normalverteilung konvergiert.

16.4.5. Asymptotische Effizienz

Um eine dem Übergang vom Mittelwert $\bar{x}$ als Schätzer für μ zu $n^{1/2}(\bar{x} - \mu)$ analoge Konstruktion vornehmen zu können, geht man von folgenden Voraussetzungen aus:

1. Sei $\{\bar{\alpha}_t, \bar{\beta}_t\}_{t\in\mathbb{N}}$ eine Folge von Schätzern in Abhängigkeit vom Stichprobenumfang derart, daß $\{\bar{\alpha}_t, \bar{\beta}_t\}_{t\in\mathbb{N}}$ asymptotisch erwartungstreu ist.
2. Sei $\{\Delta_t\}_{t\in\mathbb{N}} = \{\mathrm{diag}(d_{1t},\ldots\ldots,d_{n+mt})\}_{t\in\mathbb{N}}$ eine Folge von Normierungsfaktoren derart, daß für alle Schätzer einer Klasse K von asymptotisch erwartungstreuen Schätzern gilt: die Folge von Zufallsvariablen

$$\left\{\Delta_t \left[\begin{bmatrix} \alpha_t^* \\ \beta_t^* \end{bmatrix} - \begin{bmatrix} \alpha \\ \beta \end{bmatrix} \right] \right\}_{t\in\mathbb{N}}$$

konvergiert nach Verteilung gegen eine $N(0, \Omega^*)$ - verteilte Zufallsvariable, Ω^* invertierbar.

Unter diesen Bedingungen läßt sich die Eigenschaft der asymptotischen Effizienz definieren in

<u>Definition 16.10:</u> Sei K eine Klasse von Schätzern für $\{\alpha, \beta\}$, die den Bedingungen 1 und 2 genügt. Eine Schätzfolge

$$\left\{\begin{bmatrix} \alpha_t^* \\ \beta_t^* \end{bmatrix}\right\}_{t\in\mathbb{N}} \text{ heißt } \underline{\text{asymptotisch effizienter}} \text{ als } \left\{\begin{bmatrix} \alpha_t^{**} \\ \beta_t^{**} \end{bmatrix}\right\}_{t\in\mathbb{N}},$$

wenn beide Schätzfolgen zu K gehören und wenn gilt

$$\Omega^{**} - \Omega^*$$

ist positiv semidefinit, $\Omega^{**} \neq \Omega^*$.

Eine Schätzfolge

$$\left\{\begin{bmatrix} \bar{\alpha}_t \\ \bar{\beta}_t \end{bmatrix}\right\}_{t\in\mathbb{N}}$$

heißt <u>asymptotisch effizient in K</u>, wenn die Schätzfolge zu K gehört und mindestens die gleiche asymptotische Effizient aufweist wie jede andere Schätzfolge aus K.

Beachte, daß hier die Verteilung für große Stichprobenumfänge durch die Grenzverteilung ersetzt wird. Man erinnere sich, daß die Grenzverteilung die Normalverteilung sein kann, ohne daß für große Stichprobenumfänge überhaupt der Verteilungstyp bekannt ist. Grenzwertsätze beinhalten ja keine Voraussetzungen über den Verteilungstyp der Folgen von Zufallsvariablen, sondern lediglich über Momente und möglicherweise über Gleichverteilung. Insbesondere kann man zeigen, daß zwei Folgen von Zufallsvariablen, die sich lediglich um einen Summanden unterscheiden, der nach Wahrscheinlichkeit gegen 0 konvergiert, beide nach Verteilung gegen eine normalverteilte Zufallsvariable konvergieren, falls eine der beiden Folgen nach Verteilung gegen eine normalverteilte Folge von Zufallsvariablen konvergiert. Es gibt aber exotische Fälle, in denen für die Verteilungen der einen Folge der Grenzwert der Momente existiert und mit den entsprechenden Momenten der Grenzverteilung übereinstimmt, aber für die Momente der zweiten Folge kein Grenzwert existiert. Sei nämlich $\{X_t\}_{t\in\mathbb{N}}$ Folge von Zufallsvariablen derart, daß gilt

$$p(X_n = 0) = 1 - 1/n, \qquad p(X_n = n^2) = 1/n.$$

Man erkennt unmittelbar nach Konstruktion, daß $\{X_n\}_{n\in\mathbb{N}}$ nach Wahrscheinlichkeit gegen 0 konvergiert. Gleichzeitig gilt aber:

$$E\, X_n = n.$$

Dieses Beispiel kann man verbal wie folgt beschreiben: Es werden mit immer kleinerer Wahrscheinlichkeit immer größere Abweichungen produziert; die Wahrscheinlichkeit, daß die Grenzverteilung ein gutes Bild für die vorliegende Situation liefert, wird jedoch mit steigendem Stichprobenumfang immer größer.

inn dieses Beispiels ist es, zu zeigen, daß der Übergang von Verteilungen bei roßen Stichproben zu Grenzverteilungen keineswegs sichert, daß die Reihung ach dem Kriterium der asymptotischen Effizienz zur gleichen Reihung bei groen Stichprobenumfängen führen muß. Ersetzen der zugrundeliegenden Verteilung urch die Grenzverteilung ist also selbst bei großen Stichproben nicht immer nproblematisch wegen der Möglichkeit großer Verschiebungen mit kleiner Wahrcheinlichkeit. Der Grund dafür liegt im Begriff der Konvergenz nach Verteiung, der keine Konvergenz der Dichtefunktionen, sondern nur Konvergenz der erteilungsfunktionen impliziert. In der Sprache von Likelihoods heißt das: ur Anwendung des Maximum - Likelihood - Prinzips als Schätzprinzip ebenso wie ur Anwendung des Likelihood - Quotienten in der Testtheorie außerhalb der eyman - Pearson - Testtheorie, die sich ja bei der Bestimmung von Ablehnungsereichen auf Integrale stützt, würde benötigt die Konvergenz der Dichten, also die Konvergenz der Folge von Integranden, und nicht nur die Konvergenz der olgen von Integralen. Die zentralen Grenzwertsätze sind also nur für die Neyan - Pearson - Testtheorie eine gute Basis wegen deren Bezug zu Integralen uf der Basis der Diskussion von Fehlern erster und zweiter Art, aber nicht ür die Likelihood - Schätztheorie oder für die a - posteriori begründete esttheorie auf der Basis des Likelihood - Quotienten. Es handelt sich zwar ur um ein Problem, das mit sehr geringer Wahrscheinlichkeit eintritt, aber an hat es bei Testproblemen wissenschaftlicher Hypothesen und bei der Schätung wissenschaftlicher Modelle mit Einzelfallsituationen zu tun. Man steht lso vor dem gleichen Problem wie bei der Beurteilung, ob eine Zufallsstichrobe repräsentativ ist. Dort konnte der Zufallsmechanismus die Repräsentatiität der gezogenen Stichprobe nicht sichern, es bedurfte des zusätzlichen Ureils des Realtheoretikers. Bei der Stichprobenziehung ist das Sprechen von ufall und Wahrscheinlichkeit noch halbwegs plausibel, da durch Ziehungsvoränge begründet. In dieser Hinsicht steht der Realtheoretiker bei der Beurteiung einer Schätzung vor weitaus gravierenderen Problemen.

ie Verbreitung des Maximum - Likelihood - Prinzips beruht darauf, daß seine nwendung in zahlreichen Fällen zu asymptotisch effizienten Schätzern führt.

ie Verbreitung des Kleinst - Quadrate - Prinzips beruht auf seiner weiten Anendbarkeit sowie darauf, daß es in vielen Fällen zur gleichen Schätzfolge wie as Maximum - Likelihood - Prinzip führt und damit in derartigen Fällen ebenalls asymptotisch effizient ist.

Aufgabe 16.1: Sei $\{X_t\}_{1 \leq t \leq T}$ Folge stochastisch unabhängiger Zufallsvariabler mit Erwartungswert μ und Varianz σ^2.

1. Zeigen Sie, daß

$$\bar{X} = T^{-1} \sum_{j=1}^{T} X_j$$

erwartungstreuer Schätzer für μ ist.

2. Zeigen Sie, daß

$$S^2 = (T-1)^{-1} \sum_{j=1}^{T} (X_j - \bar{X})$$

erwartungstreuer Schätzer für σ^2 ist.

3. Zeigen Sie, daß $\{\bar{X}_T\}_{T \in \mathbb{N}}$ mit

$$X_T = T^{-1} \sum_{t=1}^{T} X_t$$

konsistente Schätzfolge ist.

4. Es existiere $\kappa = E\, X_t^4$. Zeigen Sie, daß $\{S_T\}_{T \in \mathbb{N}}$ mit

$$S_T = (T-1)^{-1} \sum_{t=1}^{T} (X_t - \bar{X}_T)^2$$

konsistente Schätzfolge für σ^2 ist.

Aufgabe 16.2: Sei $\{X_t\}_{1 \leq t \leq T}$ Folge stochastisch unabhängiger $N(\mu, \sigma^2)$ - verteilter Zufallsvariabler.

1. Bestimmen Sie den Maximum - Likelihood - Schätzer für μ, σ^2.
2. Zeigen Sie, daß der Maximum - Likelihood - Schätzer für μ erwartungstreu und der Maximum - Likelihood - Schätzer für σ^2 nicht erwartungstreu ist.
3. Zeigen Sie, daß der Maximum - Likelihood - Schätzer für σ^2 asymptotisch erwartungstreu ist.
4. Zeigen Sie, daß das Maximum - Likelihood - Prinzip für μ, σ^2 eine konsistente Schätzfolge liefert.
5. Bestimmen Sie die Kovarianz zwischen den Maximum - Likelihood - Schätzern für μ und σ^2.

Aufgabe 16.3: Sei $\{X_t\}_{1 \leq t \leq T}$ Folge von $B(1, \alpha)$ - verteilten Zufallsvariablen.

1. Bestimmen Sie den Maximum - Likelihood - Schätzer für α.
2. Bestimmen Sie die Varianz des Maximum - Likelihood - Schätzers für α.

3. Zeigen Sie, daß das Maximum - Likelihood - Prinzip eine konsistente Schätzfolge für α liefert.
4. Zeigen Sie, daß der Maximum - Likelihood - Schätzer für α erwartungstreu ist.
5. Bestimmen Sie die asymptotische Verteilung von $\{T^{1/2} a_T\}_{T\in\mathbb{N}}$, wobei a_T der Maximum - Likelihood Schätzer für α beim Stichprobenumfang T ist.

Aufgabe 16.4: Führen Sie die Punkte 1. bis 5. aus Aufgabe 16.3 durch unter der Voraussetzung, daß $\{X_t\}_{1\leq t\leq T}$ Folge Poisson - verteilter Zufallsvariabler ist.

Aufgabe 16.5: Sei $\{X_t\}_{1\leq t\leq T}$ Folge stochastisch unabhängiger Zufallsvariabler mit Erwartungswert μ und Varianz σ^2.

1. Bestimmen Sie den Kleinst - Quadrate - Schätzer für μ.
2. Unterstellen Sie, daß die $\{X_t\}_{1\leq t\leq T}$ Ausschnitt eines schwach stationären stochastischen Prozesses sin, daß also gilt:
$$E\, X_t X_\tau = \sigma(|t-\tau|).$$
Zeigen Sie, daß der Kleinst - Quadrate - Schätzer erwartungstreu ist, und bestimmen Sie seine Varianz.
3. Es gelte für den schwach stationären stochastischen Prozeß $\{X_t\}_{t\in\mathbb{N}}$
$$\lim_{n\to\infty} \sigma(|n|) = 0.$$
Beweisen Sie, daß das Kleinst - Quadrate - Prinzip zu einer konsistenten Schätzfolge für μ führt.
4. Es gelte außerdem
$$E\, X_t^4 = \kappa.$$
Schätzen Sie $\sigma(|k|)$ für $k < T$ durch
$$s_T(|k|) = = (T-k)^{-1} \sum_{t=k+1}^{T} (X_t - \bar{X}_T)(X_{t-k} - \bar{X}_T).$$
Bestimmen Sie die Varianz von $s_T(|k|)$.
5. Beweisen Sie, daß $\{s_T(|k|)\}_{t\in\mathbb{N}}$ für festes k konsistente Schätzfolge ist.

Aufgabe 16.6: Ausgehend von einer Kontingenztafel

	1	2	3	4	5	
1	t_{11}	t_{12}	t_{13}	t_{14}	t_{15}	$t_{1.}$
2	t_{21}	t_{22}	t_{23}	t_{24}	t_{25}	$t_{2.}$
	$t_{.1}$	$t_{.2}$	$t_{.3}$	$t_{.4}$	$t_{.5}$	

schätzen Sie die Wahrscheinlichkeiten p_{ij} unter der Annahme der stochastischen Unabhängigkeit beider Merkmale mit Hilfe der Minimierung der χ^2-Anpassungsfunktion.

17. Modelle in der Ökonomie

17.1. Das klassische Regressionsmodell

Als allereinfachstes Beispiel soll das für die Ökonomie zentrale klassische Regressionsmodell vorgestellt werden. Das klassische Regressionsmodell läßt sich kennzeichnen durch folgende Bedingungen:

1. Die einzige endogene Variable y läßt sich zerlegen in durch die exogenen Variablen x_o, $x_1, \ldots\ldots\ldots, x_k$ erklärbaren Trend und die als Zufallsprozeß aufgefaßte Abweichung vom Trend, ϵ. Der funktionale Zusammenhang wird als linear angenommen und hat die Form

$$y_t = \sum_{j=0}^{k} x_{tj}\beta_j + \epsilon_t.$$

Dabei sind die β_j die Koeffizienten, die in der Ökonomie als Multiplikatoren interpretiert werden.

2. Es werde unterstellt eine Anzahl von T Beobachtungen

$$\begin{array}{l} y_1\ x_{1o}\ x_{11}\cdots\cdots x_{1j}\cdots\cdots x_{1k} \\ y_2\ x_{2o}\ x_{21}\cdots\cdots x_{2j}\cdots\cdots x_{2k} \\ y_3\ x_{3o}\ x_{31}\cdots\cdots x_{3j}\cdots\cdots x_{3k} \\ \cdots\cdots\cdots\cdots\cdots\cdots\cdots\cdots \\ \cdots\cdots\cdots\cdots\cdots\cdots\cdots\cdots \\ y_T\ x_{To}\ x_{T1}\cdots\cdots x_{Tj}\cdots\cdots x_{Tk} \end{array}$$

oder, in Kurzform geschrieben: der empirische Befund ist gegeben durch

$$y\ X$$

wobei y ein Spaltenvektor mit T Komponenten und X eine Matrix in T Zeilen und k+1 Spalten ist. Außerdem sei $x_{to} = 1$, $1 \leq t \leq T$, d.h. die stochastische Gleichung besitzt ein absolutes Glied.

3. Über den empirischen Befund wird angenommen, daß die Spalten von X nicht linear abhängig sind. Dies bedeutet ökonomisch, daß zwischen den Spalten keine Identität besteht, die erklärenden Größen für y sich also nicht selbst vollständig erklären. Dies läßt sich mathematisch fassen durch die Forderung der linearen Unabhängigkeit der Spalten von X oder in anderer Sprechweise, daß X vollen Spaltenrang hat. Dies ist äquivalent damit, daß gilt:

$$X^tX$$

ist invertierbare (k+1, k+1) - Matrix, d.h. $(X^tX)^{-1}$ existiert.

17.1.1. Schätzen im klassischen Regressionsmodell

Für dieses Modell gilt folgender

Satz: Der Kleinst - Quadrate - Schätzer b_{KQL} für β ist gegeben durch

$$b_{KQL} = (X^tX)^{-1}X^ty.$$

Der Kleinst - Quadrate - Schätzer b_{KQL} für β stimmt mit dem Maximum - Likelihood - Schätzer b_{MLS} für β überein.

Der Kleinst - Quadrate - Schätzer b_{KQL} ist erwartungstreuer Schätzer für β und es gilt:

$$E(b_{KQL} - \beta)(b_{KQL} - \beta)^t = \sigma^2 (X^tX)^{-1}.$$

Der Maximum - Likelihood - Schätzer s^2_{MLS} für σ^2 ist gegeben durch

$$s^2_{MLS} = 1/T \quad y^t(I - X(X^tX)^{-1}X^t)y.$$

Der Maximum - Likelihood - Schätzer s^2_{MLS} für σ^2 erfüllt die Bedingung

$$E\, s^2_{MLS} = (T-k-1)/T \quad \sigma^2$$

und ist somit asymptotisch erwartungstreu.

Ein erwartungstreuer Schätzer für σ^2 ist bestimmt durch

$$s^2 = \frac{1}{T-k-1} \quad y^t(I - X(X^tX)^{-1}X^t)y.$$

b_{KQS} und s^2 sind voneinander stochastisch unabhängig. Weiterhin gilt:

b_{KQS} ist $N(\beta, \sigma^2(X^tX)^{-1})$ - verteilt und $s^2(T-k-1)/\sigma^2$ ist $\chi^2(T-k-1)$ - verteilt.

17.1.2. Testen im klassischen Regressionsmodell

17.1.2.1. Testen einer Komponente von β (t - Test)

Im klassischen Regressionsmodell werden folgende Testprobleme untersucht:

Testproblem 1: Es ist zu testen, ob eines der β_i , etwa β_k ,einen bestimmten Wert β_{ko} annimmt:

$$H_o: \beta_k = \beta_{ko}, \ \beta_o, \ldots, \beta_{k-1}, \ \sigma^2 \text{ unspezifiziert}$$

$$H_1: \beta_k > \beta_{ko}, \ \beta_o, \ldots, \beta_{k-1}, \ \sigma^2 \text{ unspezifiziert}$$

bzw.

$$H_2: \beta_k < \beta_{ko}, \ \beta_o, \ldots, \beta_{k-1}, \ \sigma^2 \text{ unspezifiziert}$$

bzw.

$$H_3: \beta_k \neq \beta_{ko}, \ \beta_o, \ldots, \beta_{k-1}, \ \sigma^2 \text{ unspezifiziert}$$

Sei z_{kk} das Element der letzten Zeile und Spalte von $(X^tX)^{-1}$, also

$$z_{kk} = (X^tX)^{-1}_{k+1k+1}.$$

Definiere

$$t = \frac{b_{KQS,k} - \beta_{ko}}{(z_{kk}\, s^2)^{1/2}}$$

Dann gilt folgender

Satz 17.1:

1. Das Testproblem

$$\{H_o, H_1, \alpha\}$$

besitzt folgenden universell besten ähnlichen Test φ^*:

$$\varphi^*(t) = \begin{cases} 1 & t \geq d \\ 0 & \text{sonst} \end{cases}$$

Dabei ist d bestimmt durch

$$\int_d^\infty \frac{\Gamma((T-k)/2)}{(T-k-1)^{1/2}\,\Gamma(1/2)\,\Gamma((T-k-1)/2)} \frac{1}{(1 + t^2/(T-k-1))^{(T-k)/2}}\, dt = \alpha.$$

2. Das Testproblem

$$\{H_o, H_2, \alpha\}$$

besitzt folgenden universell besten ähnlichen Test φ^*:

$$\varphi^*(t) = \begin{cases} 1 & t \leq d \\ 0 & \text{sonst} \end{cases}$$

Dabei wird d bestimmt nach

$$\int_{-\infty}^d \frac{\Gamma((T-k)/2)}{(T-k-1)^{1/2}\,\Gamma(1/2)\,\Gamma((T-k-1)/2)} \frac{1}{(1 + t^2/(T-k-1))^{(T-k)/2}}\, dt = \alpha$$

3. Das Testproblem

$$\{H_o, H_3, \alpha\}$$

besitzt folgenden universell besten ähnlichen unverzerrten Test φ^*:

$$\varphi^*(t) = \begin{cases} 1 & t \leq -d \text{ oder } t \geq d \\ 0 & \text{sonst} \end{cases}.$$

Dabei wird d bestimmt nach

$$\int_{-d}^d \frac{\Gamma((T-k)/2)}{(T-k-1)^{1/2}\,\Gamma(1/2)\,\Gamma((T-k-1)/2)} \frac{1}{(1 + t^2/(T-k-1))^{(T-k)/2}}\, dt = 1 - \alpha.$$

7.1.2.2. Testen eines Teilvektors von ß (F - Test)

Das zweite Testproblem von großem Interesse beruht auf folgender Zerlegung

$$y = X_1\beta_1 + X_2\beta_2 + \epsilon,$$

wobei β_1 k+1-j - Vektor, β_2 j - Vektor ist.

Die interessierenden Hypothesen lauten:

$$H_0\colon \beta_2^t\beta_2 = 0,\ \beta_o,\ldots,\beta_{k-j},\ \sigma^2 \text{ unspezifiziert}$$

$$H_1\colon \beta_2^t\beta_2 > 0,\ \beta_o,\ldots,\beta_{k-j},\ \sigma^2 \text{ unspezifiziert}$$

Dann vergleiche man

$$y^t(I - X(X^tX)^{-1}X^t)y = e^te$$

mit

$$y^t(I - X_1(X_1^tX_1)^{-1}X_1^t)y = e_1^te_1.$$

Man erinnere sich, daß

$$1/(T-k-1)\ e^te$$

erwartungstreuer Schätzer für σ^2 ist. Ist die Hypothese H_o richtig, so lautet das richtig spezifizierte Modell

$$y = X_1\beta_1 + \epsilon,$$

folglich ist im Falle der Gültigkeit der Nullhypothese

$$1/(T-k-1+j)\ e_1^te_1$$

erwartungstreuer Schätzer für σ^2.

Offenbar gilt

$$e^te \leq e_1^te_1.$$

Man beweist, daß gilt:

1. $(e - e_1)$ und e sind stochastisch unabhängig voneinander
2. Es gilt

$$(e - e_1)^t(e - e_1) = e_1^te_1 - e^te$$

3. Im Falle der Gültigkeit von H_o gilt: $(e^te - e_1^te_1)/\sigma^2$ ist $\aleph^2(j)$ - verteilt und e^te/σ^2 ist $\aleph^2(T-k-1)$ - verteilt.

   Dann ist aufgrund der bisherigen Ausführungen über Verteilungsfunktionen im Falle der Gültigkeit der Nullhypothese

$$\frac{(e_1^te_1 - e^te)/j}{e^te/(T-k-1)}$$

   F(j, n-k-1) - verteilt.

4. Ist H_1 richtig, so gilt:

$$(e_1^t e_1 - e^t e)/\sigma^2$$

ist nicht - zentral $\aleph^2(j)$ - verteilt mit Nichtzentralitätsparameter

$$\lambda = \beta_2^t X_2^t (I - X_1(X_1^t X_1)^{-1} X_1^t) X_2 \beta_2 / 2\sigma^2.$$

Damit gilt nach den bisherigen Ausführungen über Verteilungstheorie:

$$\frac{(e_1^t e_1 - e^t e)/j}{e^t e/(T-k-1)}$$

ist nicht - zentral - F - verteilt mit Nichtzentralitätsparameter λ.

5. Die Klasse der nicht - zentralen F - Verteilungen ist Klasse mit monotonem Dichtequotienten in λ, und die zugehörige Statistik ist gegeben durch den Quotienten der nicht - zentral $\aleph^2$ - verteilten Größe $(e_1^t e_1 - e^t e)/\sigma^2$ und der zentral $\aleph^2(T-k-1)$ - verteilten Zufallsvariablen $e^t e/\sigma^2$.

Damit gilt: Im Falle der Nullhypothese ist

$$f = \frac{(e_1^t e_1 - e^t e)/j}{e^t e/(T-k-1)}$$

$F(j, T-k-1)$ - verteilt. Im Fall der Gegenhypothese ist die gleiche Prüfgröße nicht - zentral $F(j, T-k-1)$- verteilt mit Nicht - Zentralitätsparameter λ. Damit gilt folgender

Satz 17.2: Das Testproblem $\{H_o, H_1, \alpha\}$ läßt sich durch folgenden Test φ^* untersuchen:

$$\varphi^*(f) = \begin{cases} 1 & f \geq d \\ 0 & \text{sonst} \end{cases}$$

Dabei ist d bestimmt durch

$$\int_d^\infty \frac{\Gamma((T-k-1+j)/2)}{\Gamma(j/2)\,\Gamma((T-k-1)/2)} \, \frac{j}{(T-k-1)} \, \frac{(ju/(T-k-1))^{(j-2)/2}}{(1 + ju/(T-k-1))^{(T-k-1+j)/2}} \, du = \alpha.$$

Dieser Test ist universell bester Test innerhalb der Klasse von Tests, die nur von f abhängig sind.

Daß es sinnvoll ist, Tests allein von f abhängig zu machen, läßt sich durch Anwendung des Invarianzprinzips begründen. Hier sei auf eine eingehendere Untersuchung dieser Fragestellung verzichtet.

Ein weiteres Testproblem bezieht sich auf die Überprüfung von Hypothesen über die Varianz σ^2 von ϵ. Da dieses Problem in der praktischen Arbeit der Ökonomen keine Rolle spielt, sei hier ausreichend der Hinweis, daß dieser Test auf der Basis der Prüfgröße $e^t e$ und der Information, daß $e^t e/\sigma^2$ $\chi^2(T-k-1)$ - verteilt ist, beruht und mit dem für die Überprüfung von Varianzen üblichen χ^2 - Test durchzuführen ist. Der resultierende Test ist ein universell bester ähnlicher unverzerrter Test.

17.1.3. Ein Sonderfall des klassischen Regressionsmodells: Varianzanalyse

Das zugrundeliegende Problem läßt sich an folgendem Beispiel aus der Landwirtschaft verdeutlichen:

<u>Beispiel:</u> In einer landwirtschaftlichen Versuchsanstalt werden verschiedene Methoden der Bestellung von Äckern ausprobiert, von denen untersucht werden soll, ob sie zu unterschiedlichen Erträgen je Fläche führen.

Man unterstellt als statistische Oberhypothese, daß der Ertrag je Fläche normalverteilt ist mit einer Varianz, die nicht abhängt von der Bebauungsmethode, und einem methodenabhängigen Erwartungswert. Seien also

$$\left\{ \{X_{ij}\}_{1 \leq j \leq n_i} \right\}_{1 \leq i \leq m}$$

lauter stochastisch unabhängige Zufallsvariable, die folgende Bedingung erfüllen:

$$X_{ij} \text{ ist } N(\mu_i, \sigma^2) \text{ - verteilt.}$$

Setze

$$\beta_i = \begin{cases} \mu_1 & i=1 \\ \mu_i - \mu_1 & 2 \leq i \leq m \end{cases}$$

und erhalte unmittelbar:

$$X_{ij} \text{ ist } N(\beta_1 + \beta_i, \sigma^2) \text{ - verteilt, } i \geq 2.$$

Dieses Problem läßt sich folgendermaßen als Regressionsproblem schreiben:

$$X_{ij} = \sum_{k=1}^{m} x_{ijk}\beta_k + \epsilon_{ij}$$

mit

$$x_{ijk} = \begin{cases} 1 & \forall i, \quad j, \text{ falls } k = 1 \\ 1 & \forall j \; 1 \leq j \leq n_i, \text{ falls } i = k \text{ und } k \geq 2. \\ 0 & \text{sonst} \end{cases}$$

In dieser Formulierung werden also alle Anbaumethoden mit der ersten Anbaumethode verglichen, β_1 ist also der zu erwartende Ertrag aufgrund der ersten Anbaumethode, β_i ist die erwartete Ertragsdifferenz zwischen der i-ten Anbaumethode und der ersten Anbaumethode, $i \geq 2$.
Das zu testende Problem sei $\{H_o, H_1, \alpha\}$ mit

$$H_o: \lambda = \sum_{j=2}^{m} \beta_i^2 = 0, \; \sigma^2 \text{ unspezifiziert}$$

$$H_1: \lambda = \sum_{j=2}^{m} \beta_i^2 > 0, \; \sigma^2 \text{ unspezifiziert.}$$

Die Nullhypothese unterstellt also keine Ertragsdifferenzen. Offenbar ist dieses Problem mit dem F - Test zu testen. Es bedarf lediglich der Ausnutzung der besonderen Gestalt der exogenen Variablen, die die weitere Berechnung von f in alleiniger Abhängigkeit von den X_{ij} gestattet. Schreibe nämlich mit

$$X^* = 1/n \sum_{i=1}^{m} \sum_{j=1}^{n_i} X_{ij}$$

$$\bar{X}_i = 1/n_i \sum_{j=1}^{n_i} X_{ij}, \quad 1 \leq i \leq m$$

$$n = \sum_{i=1}^{m} n_i$$

$$\sum_{i=1}^{m} \sum_{j=1}^{n_i} (X_{ij} - X^*)^2 = \sum_{i=1}^{m} \sum_{j=1}^{n_i} [(X_{ij} - \bar{X}_i + \bar{X}_i - X^*)^2]$$

$$= \sum_{i=1}^{m} \sum_{j=1}^{n_i} (X_{ij} - \bar{X}_j)^2 + \sum_{i=1}^{m} n_i (\bar{X}_i - X^*)^2,$$

da

$$\sum_{j=1}^{n_i} (\bar{X}_i - X^*)(X_{ij} - \bar{X}_i) = 0 \quad 1 \leq i \leq m$$

ist. Man ermittelt nun unmittelbar, daß gilt

$$\frac{(e_1^t e_1 - e^t e)/(m-1)}{e^t e/(n-m)} = \frac{\sum_{i=1}^{m} n_i(\bar{X}_i - X^*)^2/(m-1)}{\sum_{i=1}^{m}\sum_{j=1}^{n_i}(X_{ij} - \bar{X}_i)^2/(n-m)}$$

und dieser Ausdruck ist im Fall der Gültigkeit von H_o $F(m-1, n-m)$ - verteilt. Dies führt wieder zur Anwendung des F - Tests.

Soweit also nur Testprobleme untersucht werden, die innerhalb der Untersuchung des klassischen Regressionsmodells bereits diskutiert worden sind, können sie als Spezialisierungen dieser allgemeineren Ergebnisse gewonnen werden. Daß die Varianzanalyse ein eigenständiges Untersuchungsgebiet darstellt, resultiert daraus, daß aufgrund der speziellen Gestalt der exogenen Variablen x_{ijk} Hypothesen sinnvollerweise untersucht werden, die im klassischen Regressionsmodell nicht diskutiert werden.

.7.2. Verallgemeinerte lineare Modelle

Von großem Interesse sind noch einige Bemerkungen zu Verallgemeinerungen des klassischen Regressionsmodells.

.. In der klassischen Ökonometrie verfolgt man im wesentlichen die Untersuchung der Konsequenzen
  - der Einführung verzögerter endogener Variabler ins Modell
  - der Berücksichtigung stochastischer Abhängigkeiten der einzelnen ϵ_i
  - der gleichzeitigen Einbeziehung mehrerer endogener Variabler, also des Übergangs vom Eingleichungsmodell zum Mehrgleichungsmodell.

  Alle diese Abänderungen werden realtheoretisch als sinnvoll begründet und führen zu erheblichen Komplikationen.

. Wechsel der Verteilungsannahmen bei gleichzeitiger Aufrechterhaltung dessen, daß die den Erwartungswert bestimmenden Parameter durch einen linearen Zusammenhang der erklärenden Variablen bestimmt werden. Dies führt zu den verallgemeinerten linearen Modellen, die die Unterstellung, die zugrundeliegende Verteilung sei die der Normalverteilung, aufhebt zugunsten der verallgemeinernden Annahme, sie stamme aus der Exponentialfamilie. Von besonderer Bedeutung sind in diesem Zusammenhang Normalverteilung, Binomialverteilung, Poisson - Verteilung, Γ - Verteilung bzw. Verallgemeinerungen der $\aleph^2$ - Verteilung.

Beispiel: Sei X B(n, α) - verteilt. In der Exponentialdarstellung tritt der Parameter

$$\lambda = \ln \frac{\alpha}{1-\alpha}$$

auf. λ besitzt als möglichen Wertebereich $\mathbb{R}$. Es kann also versucht werden, λ in der Form

$$\lambda_t = \sum_{i=1}^{k} x_{tk} \beta_k$$

darzustellen und wegen

$$\exp(\lambda) = \frac{\alpha}{1 - \alpha}$$

also

$$\alpha = \exp(\lambda)\ (1 - \alpha) \quad \rightarrow \alpha = \frac{\exp(\lambda)}{1 + \exp(\lambda)}$$

sowie

$$E\ y_t = \alpha_t$$

folgendes Modell zu gewinnen:

$\{Y_t\}$ ist Folge stochastisch unabhängiger B(1, $\frac{\exp(x_t^t \beta)}{1 + \exp(x_t^t \beta)}$) - verteilter Zufallsvariabler.

Dieses Modell bietet sich an für die Modellierung dichotomer Zusammenhänge. Man führt so etwa die Frage der Berufstätigkeit verheirateter Frauen auf zahlreiche die Familiensituation beschreibende Charakteristika zurück.

Beispiel: Poisson - Verteilung:

$$p(j) = \exp(-\lambda) \frac{\lambda^j}{j!} = \exp(-\lambda) \frac{\exp(j \ln \lambda)}{j!} .$$

Man formuliert also einen Zusammenhang

$$\ln \lambda_t = \sum_{j=0}^{k} x_{tk} \beta_x = x_t^t \beta.$$

Der Wertebereich für ln λ ist wieder durch $\mathbb{R}$ gegeben. Das Modell lautet wegen

$$E\ y_t = \lambda_t$$

$\{y_t\}_{1 \leq t \leq T}$ Folge stochastisch unabhängiger P(exp($x_t^t \beta$)) - verteilter Zufallsvariabler. Dieses Modell wird oft der Auswertung von Kontingenztafeln zugrundegelegt, wobei man unterstellt, die Besetzungen der einzelnen Zellen wären Poisson - verteilt. Denn jede Realisation einer Multinomialverteilung läßt ich interpretieren als Realisation von stochastisch unabhängigen Poisson verteilter Zufallsvariabler unter der Bedingung, daß die Summe aller Besetungszahlen ebenfalls Poisson - verteilt ist. Dies führt zur Klasse der log linearen Modelle.

eispiel: Eine $\Gamma(m, \lambda)$ - verteilte Zufallsvariable besitzt die Dichte

$$f(u) = \begin{cases} 0 & u \leq 0 \\ \frac{\lambda^m}{\Gamma(m)} u^{m-1} \exp(-u\lambda) & u \geq 0 \end{cases} .$$

it der Unterstellung

$$\lambda_t = \sum_{j=0}^{k} x_{tj}\beta_j = x_t^t \beta$$

elangt man wegen

$$E\, y_t = m/\lambda_t$$

um Modell:

$\{y_t\}_{1\leq t\leq T}$ ist Folge stochastisch unabhängiger $\Gamma(m, 1/x_t^t\beta)$ - verteilter ufallsvariabler.

egen $\lambda_t > 0$ führt die Schätzung von β in $\lambda_t = x^t\beta$ möglicherweise zu Komplikaionen, da $\lambda_t > 0$ als Restriktion bei der Schätzung einzuhalten ist. Dies legt en Ansatz

$$\ln \lambda_t = x^t \beta$$

ahe, der unter dieser Schwierigkeit nicht leidet. Mit dieser Parametrisierung ilt:

$\{Y_t\}_{1\leq t\leq T}$ ist Folge $\Gamma(m, \exp(- x_t^t\beta))$ - verteilter Zufallsvariabler.

ie Unterstellung der Γ - Verteilung ist sinnvoll, sobald man unterstellt, daß er Fehlerterm ϵ nicht symmetrisch zum Nullpunkt ist.

. lineare Fehler - in - den - Variablen - Modellen

Hier wird das Problem der Meßfehler mit statistischen Methoden zu bewältigen versucht in der Weise, daß Meßfehlern eine stochastische und damit eine systematische Struktur unterstellt wird. Dies führt zu den sogenannten LISREL - Modellen, die folgendes Aussehen haben:

$$A\, Y_t = B\, X_t + \epsilon$$

sei der wahre Zusammenhang, die $\{\epsilon_t\}_{1\leq t\leq T}$ seien stochastisch unabhängig und $N(0, \Omega)$ - verteilt. Doch seien Y_t und X_t nicht direkt meßbar, es bestehe aber folgender stochastischer Zusammenhang zwischen Y_t und meßbarem

U_t bzw. X_t und meßbarem V_t:

$$GY_t = HU_t + \kappa_t$$

sowie

$$KX_t = LV_t + \pi_t$$

wobei die $\{\kappa_t\}_{1\leq t\leq T}$ sowie die $\{\pi_t\}_{1\leq t\leq T}$ stochastisch unabhängig und normalverteilt, sowohl wechselseitig als auch von ϵ_t stochastisch unabhängig seien.

Für alle diese Modelle sind gravierende statistische Probleme zu lösen, die bekannten Methoden lassen sich nur zum Teil mit ähnlichen Begründungen übertragen. Grundsätzlich neue Verfahren stehen nicht zur Verfügung.

17.3. Ein Beispiel zur Regressionsanalyse

Das vorgestellte Beispiel befaßt sich mit dem Versuch, die gesamtwirtschaftlichen Investitionen in der Bundesrepublik Deutschland für die Zeit von 1959 bis 1984 zu erklären. Eine auf der Akzelerator - Theorie basierende Erklärung verwendet als erklärende Größen für die gesamtwirtschaftlichen Investitionen:

- Netto - Sozialprodukt der laufenden Periode in Preisen von 1976
- Netto - Sozialprodukt der Vorperiode in Preisen von 1976
- Kapitalstock der laufenden Periode in Preisen von 1976.

Der Ansatz lautet:

$$I_t = a\ Y_t + b\ Y_{t-1} + c\ K_t + \epsilon_t$$

Es wird unterstellt, daß die Folge der ϵ_t stochastisch unabhängig und $N(0, \sigma^2)$ - verteilt ist.

17.3.1. Die Daten

t	I_t	Y_t	Y_{t-1}	K_t
1951	6.934	27.286	24.852	104.902
1952	7.660	29.836	27.286	108.848
1953	8.216	32.426	29.836	113.329
1954	9.147	34.732	32.426	118.938
1955	11.107	38.923	34.732	125.323
1956	11.762	41.824	38.923	133.181
1957	12.044	44.244	41.824	141.768
1958	12.215	45.959	44.244	150.341

1959	13.634	49.400	45.959	159.358
1960	15.350	53.734	49.400	169.500
1960	16.170	56.848	53.734	180.313
1961	16.925	59.388	56.848	191.894
1962	17.323	61.786	59.388	204.270
1963	17.253	63.401	61.786	216.953
1964	19.738	67.524	63.401	229.502
1965	21.261	71.041	67.524	243.421
1966	20.576	72.605	71.041	258.044
1967	18.223	72.131	72.605	272.562
1968	20.585	76.632	72.131	285.641
1969	23.475	82.546	76.632	298.904
1970	25.138	86.575	82.546	313.688
1971	25.155	89.006	86.575	329.974
1972	25.826	92.461	89.006	347.439
1973	26.673	96.539	92.461	365.300
1974	23.218	96.510	96.539	382.821
1975	20.859	94.400	96.510	397.563
1976	23.824	99.902	94.400	410.898
1977	24.382	102.581	99.902	424.916
1978	25.325	106.101	102.581	439.456
1979	28.641	110.326	106.101	454.621
1980	28.771	112.136	110.326	471.106
1981	25.716	111.332	112.136	488.071
1982	24.565	109.556	111.332	503.813
1983	26.076	110.766	109.556	518.219
1984	27.230	113.618	110.766	533.186

Es fällt zunächst auf, daß für 1960 zwei Daten genannt sind. Dies hat mit Umstellungen auf ein größeres Gebiet für die Bundesrepublik ab 1960 (einschließlich Saarland und Wert - Berlin) zu tun. Die ursprüngliche und die neue Berechnung wurden für 1960 gemeinsam aufgeführt. Zu den Daten vergleiche Statistisches Bundesamt (Hrsg.), Volkswirtschaftliche Gesamtrechnung, Serie 18, Lange Reihen 1950 - 1984, Kohlhammer - Verlag, Stuttgart - Mainz 1987, S. 41, 42, 124.

17.3.2. Die Schätzung

Die Anzahl der Freiheitsgrade lautet 31.

Der KQS - Schätzer b für a ,der t - Wert und die Wahrscheinlichkeit dafür, daß im Fall $\beta_i = 0$ die t - Prüfgröße größer ist als der ermittelte Wert, lautet:

i	b_i	t_i	p
1	0.722	8.540	0.000
2	- 0.280	- 3.057	0.998
3	- 0.044	- 6.736	1.000
4	- 1.707	- 2.761	0.995

die Varianz - Kovarianz - Matrix lautet auf 3 Stellen genau:

$$\begin{bmatrix} 0.007 & -0.007 & 0.000 & -0.023 \\ -0.007 & 0.008 & -0.000 & 0.011 \\ 0.000 & -0.000 & 0.000 & 0.002 \\ -0.023 & 0.011 & 0.002 & 0.382 \end{bmatrix} = s^2 \; (X^t X)^{-1}$$

Die Matrix der Korrelationskoeffizienten zwischen den einzelnen Komponenten von b_{kqs} lautet:

$$\begin{bmatrix} 1.000 & -0.940 & 0.091 & -0.449 \\ -0.940 & 1.000 & -0.421 & 0.186 \\ 0,091 & -0.421 & 1.000 & 0.549 \\ -0.449 & 0.186 & 0.549 & 1.000 \end{bmatrix}$$

Das multiple Bestimmtheitsmaß $\bar{R}^2 = \dfrac{(y - \bar{y})^t (y - \bar{y}) - e^t e}{e^t e} \; \dfrac{31}{3}$ lautet:

$$R^2 = 0.981$$

Der F - Test liefert:

$$p(R^2 \geq \bar{R}^2 \,|\, \beta_1 = \beta_2 = \beta_3 = 0) = 0.00000$$

Zur eingehenderen Analyse seien einander gegenübergestellt:

t	y_t	$y_t - e_t$	e_t	e_t/y_t
1951	6.934	6.464	0.470	0.068
1952	7.660	7.452	0.208	0.027
1953	8.216	8.413	- 0.197	- 0.024
1954	9.147	9.108	0.039	0.004
1955	11.107	11.210	- 0.103	- 0.009
1956	11.762	11.789	- 0.027	- 0.002
1957	12.044	12.350	- 0.306	- 0.025
1958	12.215	12.538	- 0.323	- 0.026
1959	13.634	14.149	- 0.515	- 0.038
1960	15.350	15.872	- 0.522	- 0.034
1960	16.170	16.436	- 0.266	- 0.016
1961	16.925	16.894	0.031	0.002
1962	17.323	17.375	- 0.052	- 0.003
1963	17.253	17.317	- 0.064	- 0.004
1964	19.738	19.294	0.444	0.022
1965	21.261	20.073	1.188	0.056
1966	20.576	19.580	0.996	0.048
1967	18.223	18.168	0.055	0.003
1968	20.585	20.979	- 0.394	- 0.019
1969	23.475	23.411	0.064	0.003
1970	25.138	24.020	1.118	0.044
1971	25.155	23.938	1.217	0.048
1972	25.826	24.991	0.835	0.032
1973	26.673	26.189	0.484	0.018
1974	23.218	24.264	- 1.046	- 0.045
1975	20.859	22.106	- 1.247	- 0.060
1976	23.824	26.086	- 2.262	- 0.095
1977	24.382	25.870	- 1.488	- 0.061
1978	25.325	27.027	- 1.702	- 0.067
1979	28.641	28.431	0.210	0.007
1980	28.771	27.837	0.934	0.032
1981	25.716	26.011	- 0.295	- 0.011
1982	24.565	24.267	0.298	0.012

1983	26.076	25.010	1.066	0.041
1984	27.230	26.077	1.153	0.042

17.3.3. Einige Bemerkungen zur Interpretation

1. Zuerst ist zu prüfen, ob die geschätzten Parameter ökonomisch sinnvolle Größen annehmen. Dazu schreibe den Regressionsansatz wie folgt um:
$$I_t = v\,(Y_t - Y_{t-1}) + w\,Y_t + k\,K_t + \epsilon_t$$
Man erkennt unmittelbar, daß v und w positiv und k negativ geschätzt wurden. Dies ist ökonomisch einsichtig, denn der Akzelerator v ist positiv; die Höhe des Sozialproduktes ist ein Indikator für die fälligen Ersatzinvestitionen, und der vorhandene Kapitalstock ist ein Maß für die vorhandenen und noch nicht ausgeschöpften Investitionspotentiale. Die Regressionskoeffizienten erscheinen also vom Vorzeichen her sinnvoll.
2. Betrachte den Ausdruck
$$\frac{e^t e}{(y-\bar{y})^t (y-\bar{y})} = 0.016.$$
Diesen Ausdruck kann man aus R^2 ausrechnen. Er läßt sich wie folgt interpretieren: Man vergleiche den Betrag des mittleren Fehlers, den man begeht, wenn man den Erwartungswert von y mit $\bar{y}$ schätzt, mit dem mittleren Fehler, den man begeht, wenn man den Erwartungswert von y durch Xb schätzt. Eine erste Annäherung liefert dafür $0.016^{0.5} \approx 0.128$. Dies besagt, daß der mittlere Fehler auf etwa 13% von $y - \bar{y}$ reduziert werden kann. Bestimmt man dagegen
$$\frac{\sum_{i=1}^{35} e_i}{\sum_{i=1}^{35} (y_i - \bar{y})} \approx 0.110,$$
so sieht man, daß dieser Ausdruck durch 0.128 brauchbar abgeschätzt ist. Dies verdeutlicht die Bedeutung eines hohen Ausdrucks
$$\frac{(y - \bar{y})^t (y - \bar{y}) - e^t e}{(y - \bar{y})^t (y - \bar{y})} = R_1^2$$

Einige Abschätzungen:

R_1^2	$1 - R_1^2$	$(1 - R_1^2)^{1/2}$
0.51	0.49	0.7
0.64	0.36	0.6
0.75	0.25	0.5
0.84	0.16	0.4
0.91	0.09	0.3
0.96	0.04	0.2
0.99	0.01	0.1
0.999	0.001	0.03
0.9999	0.0001	0.01

Dies verdeutlicht, welche Konsequenzen ein R_1^2 bestimmter Größe für die Genauigkeit der Anpassung hat. Üblicherweise wird ein R_1^2 in der Größenordnung von 0.9 schon als groß angesehen. Ein solches R_1^2 führt aber immer noch zu einem mittleren Approximationsfehler

$$e_t/(y_t - \bar{y}) \approx 0.3.$$

Es zeigt sich, daß vergleichsweise große Steigerungen von R_1^2 ziemlich wenig Einfluß auf die Reduzierung des verbleibenden Fehlers hat, falls R_1^2 klein ist; umgekehrt kann eine geringfügige Steigerung von R_1^2 eine enorme Reduzierung des verbleibenden Fehlers nach sich ziehen, falls R_1^2 bereits groß ist.

3. Man erkennt unmittelbar aus der Graphik S. 247, daß der geschätzte Fehler

$$e = y - X(X^tX)^{-1}X^ty = (I - X\,(X^tX)^{-1}X^t)y$$

kaum als adäquate Stichprobe einer $N(0, \sigma^2)$ - verteilten Zufallsvariablen anzusehen ist. Die Verteilung der Vorzeichen weist vielmehr auf einen systematischen Zusammenhang zwischen e_t und e_{t-1} hin. Dieses Phänomen nennt man Autokorrelation. Diesem Problem wendet sich die Ökonometrie zu.
Weiterhin erkennt man, daß tendentiell mit zunehmendem t der prozentuale Anteil von e_t an y_t abnimmt. Dies ist leicht zu erklären: die Folge der y_t ist tendentiell steigend, die Summe der e_t ist 0; es wäre eher ein

sichtig, wenn der prozentuale Fehler tendentiell gleich bliebe. Es ist tatsächlich schwer begründbar, warum die Varianz des Fehlers ϵ_t mit steigendem t gleich bleiben soll, wenn y_t mit steigendem t tendentiell zunimmt. Diese Feststellung wirft die Frage nach der inhaltlichen Berechtigung der stochastischen Modellspezifikation auf. Es wäre plausibler, anzunehmen, daß mit steigendem y_t auch var ϵ_t ansteigt. Denn sonst müßte man nur auf hinreichendes Wachstum warten, bis sich das Problem der Erklärungsgenauigkeit, die wohl eher durch den relativen als durch den absoluten Fehler zu messen wäre, nicht mehr stellt.

4. Überall da, wo Koeffizienten unplausibel erscheinen, ist Vorsicht geboten. Man sollte seinen ökonomischen Sachverstand nicht zugunsten eines Glaubens an statistische Ergebnisse ohne weiteres beiseite schieben. Überraschungen, für die man nach Kenntnisnahme keine Anhaltspunkte zur Erklärung findet, beruhen häufig auf einer unzureichenden Einbeziehung weiterer Einflußgrößen und weisen deshalb eher auf ein schlechtes als auf ein neues theoretisches Fundament hin. Anwendung statistischer Methoden ersetzt keine ökonomisch theoretischen Überlegungen, sondern gibt bestenfalls Anlaß zu neuen ökonomischen Überlegungen.

Aufgabe 17.1: Gegeben ist folgender Datensatz (vgl. Statistisches Bundesamt (Hrsg.), Volkswirtschaftliche Gesamtrechnungen, Fachserie 18, Lange Serien 1950 - 1984, Kohlhammer - Verlag, Stuttgart - Mainz 1987, S. 41f.)

Jahr t	C_t	Y_t	C_{t-1}
1951	15.190	27.286	14.175
1952	16.523	29.836	15.190
1953	18.234	32.426	16.523
1954	19.402	34.732	18.234
1955	21.390	38.923	19.402
1956	23.252	41.824	21.390
1957	24.658	44.244	23.252
1958	25.914	45.959	24.658
1959	27.500	49.400	25.914
1960	29.908	53.734	27.500
1960	31.867	56.848	29.908
1961	33.767	59.388	31.867

1962	35.613	61.786	33.767
1963	36.607	63.401	35.613
1964	38.534	67.524	36.607
1965	41.182	71.041	38.534
1966	42.442	72.605	41.182
1967	42.910	72.131	42.442
1968	44.939	76.632	42.910
1969	48.430	82.546	44.939
1970	52.109	86.575	48.430
1971	54.831	89.006	52.109
1972	57.330	92.461	54.831
1973	58.709	96.539	57.330
1974	58.968	96.510	58.709
1975	61.015	94.400	58.968
1976	63.350	99.902	61.015
1977	65.721	102.581	63.350
1978	68.100	106.101	65.721
1979	70.239	110.326	68.100
1980	71.242	112.136	70.239
1981	70.813	111.332	71.242
1982	69.827	109.556	70.813
1983	70.628	110.766	69.827
1984	71.056	113.618	70.628

Dabei bedeuten:

C_t: privater Verbrauch des Jahres t in der BRD in Preisen von 1976

Y_t: Nettosozialprodukt des Jahres t in der BRD in Preisen von 1976

C_{t-1}: privater Verbrauch des Jahres t-1 in der BRD in Preisen von 1976

Erläuterungen zu den Daten sind der angegebenen Quelle zu entnehmen.

1. Vergleichen Sie die angegebenen Daten mit der Quelle.
2. Schätzen Sie folgende Regressionsgleichung:

$$C_t = \beta_1 Y_t + \beta_2 C_{t-1} + \beta_3 + \epsilon_t$$

mit Hilfe der Kleinst - Quadrate - Schätzung.

3. Führen Sie folgende Tests durch:

a: H_o: $\beta_1 = 0$, β_2, β_3, σ^2 unspezifiziert;

H_1: $\beta_1 \neq 0$, β_2, β_3, σ^2 unspezifiziert;

b: H_0: $\beta_2 = 0$, β_1, β_3, σ^2 unspezifiziert;

H_1: $\beta_2 > 0$, β_1, β_3, σ^2 unspezifiziert;

c: H_0: $\beta_1^2 + \beta_2^2 = 0$, β_3, σ^2 unspezifiziert;

H_1: $\beta_1^2 + \beta_2^2 > 0$, β_3, σ^2 unspezifiziert.

4. Bestimmen Sie e, $Y - \bar{Y}$, $|e_i/(Y_i - \bar{Y}_i)|$, $|e_i/Y_i|$ für alle i.
5. Für wie angemessen beurteilen Sie die Annahme, daß ϵ $N(0, \sigma^2 I)$ - verteilt ist?
6. Beschaffen Sie Sich aus der angegebenen Quelle die Daten für den privaten Verbrauch und das Nettosozialprodukt zu laufenden Preisen; führen Sie anschließend für den neuen Datensatz die Punkte 1 - 5 durch.
7. Vergleichen Sie die gewonnenen Ergebnisse für beide Datensätze.

Aufgabe 17.2: Beweisen Sie:

a: $X^t(I - X(X^tX)^{-1}X^t) = (I - X(X^tX)^{-1}X^t)X = 0.$

b: $(I - X(X^tX)^{-1}X^t)(I - X(X^tX)^{-1}X^t) = (I - X(X^tX)^{-1}X^t).$

c: $(I - X(X^tX)^{-1}X^t)^t = (I - X(X^tX)^{-1}X^t).$

d: Sei $b = (X^tX)^{-1}X^ty$ und $e = y - Xb$. Dann gilt:

$$e^tXb = 0.$$

e: Sei $X = (X_1 \;\; X_2)$, X_1 und X_2 Untermatrizen von X. Dann gilt:

$$(I - X(X^tX)^{-1}X^t)X_1 = 0$$

$$(I - X(X^tX)^{-1}X^t)X_2 = 0$$

$$X(X^tX)^{-1}X^tX_1 = X_1$$

$$X(X^tX)^{-1}X^tX_2 = X_2$$

Aufgabe 17.3: Sei $X = (X_1 \;\; X_2)$. Sei

$$e = y - Xb$$

$$b = (X^tX)^{-1}X^ty$$

$$e_1 = y - X_1b_1$$

$$b_1 = (X_1^tX_1)^{-1}X_1^ty$$

a: Beweise, daß gilt:

$$(e_1 - e)^t(e_1 - e) = e_1^te_1 - e^te$$

b: Beweise, daß gilt:

$$E\,(e_1 - e)\,e^t = 0$$

c: Sei ϵ $N(0, \sigma^2 I)$ - verteilt; sei A quadratische Matrix, $A\epsilon$ sei definiert. Zeige, daß gilt:

$$COV(A\epsilon) = \sigma^2 AA^t.$$

d. Unter Verwendung dessen, daß mit ϵ auch $A\epsilon$ normalverteilt ist, zeige, daß $(e_1 - e)$ und e stochastisch unabhängig sind.

Aufgabe 17.4: a: Definiere für eine quadratische Matrix A mit

$$A = \left[\, a_{ij} \,\right]_{1 \leq i,j \leq n}$$

$$\text{Spur } A = \sum_{i=1}^{n} a_{ii}.$$

Beweisen Sie: Sei A (n, m) - Matrix und B (m, n) - Matrix. Dann gilt:

$$\text{Spur } AB = \text{Spur } BA.$$

Sei m = n. Beweisen Sie:

$$\text{Spur } A{+}B = \text{Spur } A + \text{Spur } B.$$

b: Beweisen Sie: Unter den Bedingungen des klassischen Regressionsmodells gilt:

$$y^t(I - X(X^tX)^{-1}X^t)y = \epsilon^t(I - X(X^tX)^{-1}X^t)\epsilon.$$

Anleitung: $y = X\beta + \epsilon$ und $X(I - X(X^tX)^{-1}X^t) = 0$.

c: Beweisen Sie:

$$E\,\epsilon^t(I - X(X^tX)^{-1}X^t)\epsilon = (n-k-1)\sigma^2.$$

Dabei ist k+1 die Spaltenzahl von X, n die Zeilenzahl von X und

$$E\,\epsilon\epsilon^t = \sigma^2 I.$$

Anleitung: Verwenden Sie, daß gilt:

$$E\,\epsilon^t(I - X(X^tX)^{-1}X^t)\epsilon = E\,\text{Spur } \epsilon^t(I - X(X^tX)^{-1}X^t)\epsilon$$

$$= \text{Spur } (I - X(X^tX)^{-1}X^t)\,E\,\epsilon\epsilon^t$$

und wenden Sie an, daß gilt:

$$E\,\epsilon\epsilon^t = \sigma^2 I.$$

Mit

$$e = (I - X(X^tX)^{-1}X^t)y$$

beweisen Sie:

$$E\,e^t e = \sigma^2\,(n-k-1).$$

Aufgabe 17.5: Sei unter den Bedingungen des klassischen Regressionsmodells Ay erwartungstreuer, in y linearer Schätzer für β.

a: Beweisen Sie, daß gilt: $AX\beta = \beta$ und damit $AX = I$.

b: Schreiben Sie

$$A = (A - (X^tX)^{-1}X^t) + (X^tX)^{-1}X^t$$

und zeigen Sie, daß gilt:

$$\mathrm{Var}\ (Ay) = \sigma^2((A - (X^tX)^{-1}X^t)^t(A - (X^tX)^{-1}X^t) + (X^tX)^{-1}).$$

c: Zeigen Sie, daß $(X^tX)^{-1}X^ty$ unter allen in y linearen erwartungstreuen Schätzern für β effizient ist. (Dies ist Inhalt des berühmten Gauss - Markov - Theorems und begründet die Bedeutung des KQS im klassischen Regressionsmodell).

Aufgabe 17.6: Für $y = X\beta + \epsilon$ seien die Bedingungen des klassischen Regressionsmodells erfüllt. Sei $X = (X_1\ X_2)$. Ersetze X_2 durch $(I-X_1(X_1^tX_1)^{-1}X_1^t)X_2$.

a: Zeigen Sie, daß der KQS für β_2 unverändert bleibt, wenn X_2 durch $(I - X_1(X_1^tX_1)^{-1}X_1^t)X_2$ ersetzt wird.

Anleitung: Benutzen Sie, daß gilt

$$\begin{bmatrix} A & B \\ B^t & C \end{bmatrix}^{-1} = \begin{bmatrix} (A - BC^{-1}B^t)^{-1} & -(A - BC^{-1}B^t)^{-1}BC^{-1} \\ -B^{-1}C^t(A - BCB^t)^{-1} & C^{-1} + C^{-1}B^t(A - BC^{-1}B^t)^{-1}BC^{-1} \end{bmatrix}$$

Aufgabe 17.7: Sei X Matrix mit T Zeilen und k+1 Spalten; der Rang von X sei k+1. Beweisen Sie:

1: Der Rang von $(I - X(X^tX)^{-1}X^t)$ ist T-k-1.

2: Wähle ein System von T-k-1 unabhängigen Spalten von $(I - X(X^tX)^{-1}X^t)$. Dieses System sei gegeben durch $\{v_1,\ldots\ldots,v_{T-k-1}\}$. Gewinne aus diesem System ein neues System $\{w_1,\ldots\ldots,w_{T-k-1}\}$ linear unabhängiger Vektoren gemäß folgender Konstruktion:

$$w_1 = v_1/(v_1^tv_1)^{1/2}.$$

Gewinnen Sie rekursiv w_i gemäß

$$w_i^1 = (I - (w_1,\ldots,w_{i-1})((w_1,\ldots,w_{i-1})^t(w_1,\ldots,w_{i-1}))^{-1}(w_1,\ldots,w_{i-1})^t)v_i$$

$$w_i = w_i^1/(w_i^{1^t}w_i^1)^{1/2}$$

und zeigen Sie, daß gilt:

$$w_i^tw_j = \begin{cases} 1 & i = j \\ 0 & i \neq j \end{cases} \qquad 1 \leq i,\ j \leq T\text{-}k\text{-}1.$$

Führen Sie gleiches Verfahren mit den Spalten von X durch und erhalten Sie so weitere Vektoren $\{w_{T-k},......,W_T\}$.

Zeigen Sie, daß gilt:

$$w_i^t w_j = \begin{cases} 1 & i = j \\ 0 & i \neq j \end{cases} \qquad 1 \leq i,\ j \leq T.$$

Zeigen Sie, daß gilt:

$$(I - X(X^tX)^{-1}X^t)w_i = \begin{cases} w_i & 1 \leq i \leq T\text{-}k\text{-}1 \\ 0 & T\text{-}k \leq i \leq T \end{cases}$$

Beweisen Sie nun mit

$$C = (w_1,......,w_T),$$

daß gilt:

$$C^t(I - X(X^tX)^{-1}X^t)C = \begin{bmatrix} I_{T-k} & 0 \\ 0 & 0 \end{bmatrix}$$

Beweisen Sie, daß gilt:

Falls ϵ $N(0,\ \sigma^2 I_T)$ - verteilt ist, so ist $C\epsilon$ $N(0,\ \sigma^2 I_T)$ - verteilt.

Anleitung: Verwenden Sie, daß $A\epsilon$ $N(0,\ \sigma^2 AA^t)$ - verteilt ist (Kapitel 9).

Zeigen Sie nun:

$$e^t e/\sigma^2 = \epsilon^t(I - X(X^tX)^{-1}X^t)\epsilon/\sigma^2 \text{ ist } \aleph^2(T\text{-}k\text{-}1) \text{ - verteilt.}$$

Aufgabe 17.8: Beweisen Sie Satz 17.2.

Aufgabe 17.9: Beweisen Sie Satz 17.3.

Multiple - Choice - Aufgaben

Die vorliegenden Aussagen sollen auf ihren Wahrheitsgehalt überprüft werden. Falls Sie Aussagen für falsch halten, geben Sie eine Begründung dafür an. Ziel ist es, Ihnen eine Aufbereitung der Lerninhalte zu erleichtern.

Subjektivismus (Kapitel 10)
Wetten, Kohärenz

1. Nach subjektivistischer Auffassung kann die Person jedem Ereignis eine Wahrscheinlichkeit für ihr Eintreten zuweisen. Dies läßt sich durch den Wetteinsatz dokumentieren.
2. Im Subjektivismus legt die Person, deren Wahrscheinlichkeitsbewertung erfragt werden soll, den Wetteinsatz bei festem bestimmten Auszahlungsbetrag fest. Derjenige, der die Wahrscheinlichkeitsbewertung der Person durch solche Wettsysteme mißt, bestimmt jedoch, wer welchen Part der Wette übernimmt.
3. Kohärenz eines Wettsystems bedeutet, daß es keine Konstellation der eingetretenen Ereignisse gibt, unter der der Wettende verliert.
4. Ein kohärentes Wettsystem liegt dann vor, wenn der Wettende unabhängig vom eintretenden Ereignis gewinnt.
5. Ein System von Wetteinsätzen ist kohärent, wenn es dem Messenden nicht gelingt, der Person einen Wettpart zuzuweisen, bei dem sie sicher verliert.
6. Ein nicht - kohärentes Wettsystem weist auf eine Inkonsistenz des Wettenden hin.
7. Um bedingte Wahrscheinlichkeiten $p(A|B)$ zu messen, verwenden Subjektivisten das folgende Wettsystem:

   Wette 1: wette auf das Eintreten von B
   Wette 2: wette auf das Eintreten von A
   Wette 3: wette auf das Eintreten von $A|B$
8. Liegt eine Wette auf $A|B$ vor, so findet im Falle C(B) weder Einzahlung noch Auszahlung statt.
9. Betrachte folgendes Wettsystem:

   Wette 1: α_1 Einheiten auf das Eintreten von B gegen eine Einheit
   Wette 2: α_2 Einheiten auf das Eintreten von $A \cap B$ gegen eine Einheit
   Wette 3: α_3 Einheiten auf das Eintreten von $A|B$ gegen eine Einheit.

   Das Wettsystem ist kohärent, wenn gilt

9a: $\alpha_1 \; \alpha_2/\alpha_3 = 1$

b: $\alpha_1 \alpha_3/\alpha_2 = 1$

c: $\alpha_3 \alpha_1/\alpha_2 = 1$.

.0. Ein abzählbares System $\{E_i\}_{i\in\mathbb{N}}$ von Ereignissen heißt austauschbar, wenn für alle n gilt:

$$p(E_{i_1}, \ldots\ldots, E_{i_n}) = a_n.$$

.1. Es sei erfüllt:

$$p(E_1) = \alpha_1 \text{ und } p(E_1 \cap E_2) = \alpha_2.$$

In einem kohärenten System von Wetten muß gelten:

$$p(E_1) \cap C(E_2)) = \alpha_1 - \alpha_2$$

12. Das Konzept der Austauschbarkeit von Ereignissen dient den Subjektivisten zur mathematischen Beschreibung des Lernens aus Erfahrung.

13. Gemischte Wahrscheinlichkeitsbewertungen lassen sich als gewichtete Summen oder Integrale von Bernoulli - Wahrscheinlichkeitsbewertungen interpretieren.

14. Das subjektivistische Konzept der Bernoulli - Wahrscheinlichkeitsbewertungen ist allgemeiner als das objektivistische Konzept der stochastischen Unabhängigkeit.

15. Das Konzept der gemischten Verteilungen ist spezieller als das Konzept der Bernoulli - Wahrscheinlichkeitsbewertungen.

16. Bernoulli - Wahrscheinlichkeitsbewertungen sind Extremformen von gemischten Verteilungen.

17. Lernen aus Erfahrung bedeutet: ändern der Wahrscheinlichkeitsbewertung aufgrund unterschiedlicher empirischer Erfahrung.

18. Nur wer einer Bernoulli - Wahrscheinlichkeitsbewertung unterliegt, ändert angesichts neuer Erfahrungen seine Wahrscheinlichkeitsbewertung ab.

19. Sei $\{E_i\}_{i\in\mathbb{N}}$ ein System austauschbarer Elemente, sei

$$a_n = p(E_{i_1} \cap \ldots\ldots \cap E_{i_n}) \quad \forall n \in \mathbb{N}$$

festgelegt. Bezeichne mit

$$x_k = 1,$$

daß E_{i_k} eingetreten ist, und mit

$$x_k = 0$$

daß $C(E_{i_k})$ eingetreten ist. Dann ist mit der Festlegung von

$$a_n = p\left(\sum_{j=1}^{n} x_j = n\right) \quad \forall n \in \mathbb{N}$$

und der Forderung der Kohärenz auch

$$p\left(\sum_{j=1}^{n} x_j = k\right)$$

festgelegt.

20. Die Likelihood bestimmt der Subjektivist nur auf der Basis von Bernoulli - Verteilungen.
21. Die a - priori - Verteilung spiegelt die Wahrscheinlichkeitsbewertung vor Einbeziehung der in die Likelihood - Bestimmung eingehenden empirischen Erfahrung wider, die a - posteriori - Verteilung spiegelt die Abänderung der a - priori - Verteilung aufgrund der in der Likelihood dokumentierten empirischen Erfahrung wider.
22. Die a - posteriori - Wahrscheinlichkeit von gestern ist die a - priori - Wahrscheinlichkeit von heute.
23. Eine Hypothese, die a - priori für unmöglich erachtet wurde, kann a - posteriori aufgrund neuer Erfahrungen für möglich erachtet werden.
24. Die Subjektivisten behaupten: selbst durch beliebig lange gleichartige empirische Erfahrung kann ein unterschiedliches a - priori - Vorurteil nicht wesentlich abgebaut werden; Personen, die also eine unterschiedliche a - priori - Wahrscheinlichkeitsbewertung aufweisen, werden selbst bei gleicher umfangreicher empirischer Erfahrung auch a - posteriori eine sehr unterschiedliche Wahrscheinlichkeitsbewertung aufweisen.

Verteilungen (Kapitel 11)

1. Sei X $\beta(m/2, n/2)$ - verteilt. Dann gilt:

$$E\,X = \frac{m}{m+n} \qquad E\,X^2 = \frac{m(m+1)}{(m+n)(m+n+1)} \qquad Var(X) = \frac{mn}{(n+m)^2(m+n+1)}$$

2. Sei X $\aleph^2(n)$ - verteilt. Dann gilt:

$$E\,X = n \quad E\,X^2 = n(n+2) \quad var(X) = 2n.$$

3. Sei X $\Gamma(n, b))$ - verteilt. Dann gilt:

$$E\,X = n/b\ ,\ E\,X^2 = n(n+1)/b^2\ ,\quad var(X) = n/b^2.$$

4. Die Summe von n $N(0, 1)$ - verteilten Zufallsvariablen ist $\aleph^2(n)$ - verteilt.
5. Die Summe von 2n stochastisch unabhängigen $N(0, \sigma^2)$ - verteilten Zufallsvariablen ist $\Gamma(n, \sigma^2/2)$ - verteilt.
6. Die Summe zweier stochastisch unabhängiger $\aleph^2$ - verteilter Zufallsvariabler ist $\aleph^2$ - verteilt, d.h. ist X $\aleph^2(n)$ und Y $\aleph^2(m)$ - verteilt, so ist X + Y $\aleph^2(m+n)$ - verteilt.
7. Sei X t(n) - verteilt. Dann gilt:

$$E\,X = 0$$

8. Sei $\{X_i\}_{1 \leq i \leq n}$ Folge stochastisch unabhängiger gleichverteilter Zufallsvariabler mit Erwartungswert μ und Varianz σ^2. Dann gilt:

$$E \, 1/n \sum_{i=1}^{n} (X_i - \bar{X})^2 = \sigma^2.$$

9. Sei $\{X_i\}_{1 \leq i \leq n}$ Folge stochastisch unabhängiger $N(\mu, \sigma^2)$ - verteilter Zufallsvariabler. Dann sind

$$\bar{X} = 1/n \sum_{i=1}^{n} X_i \quad \text{und} \quad S^2 = 1/n \sum_{i=1}^{n} (X_i - \bar{X})^2$$

stochastisch unabhängig.

10. Unter den Bedingungen von 9. ist $\bar{X}/S$ $t(n-1)$ - verteilt.

11. Sei X $t(n)$ - verteilt. Dann ist X^2 $F(1, n)$ - verteilt.

12. Unter den Bedingungen von 9. gilt: nS^2/σ^2 ist $\aleph^2(n)$ - verteilt.

13. Seien X und Y zwei stochastisch unabhängige $\aleph^2(m)$ - bzw. $\aleph^2(n)$ - verteilte Zufallsvariable. Dann ist $Z = X/Y$ $F(m, n)$ - verteilt.

14. Die Summe stochastisch unabhängiger nicht - zentraler $\aleph^2$ - Verteilungen ist $\aleph^2$ - verteilt, und der Nichtzentralitätsparameter der Summe stimmt mit der Summe der Nichtzentralitätsparameter überein.

15. Eine nicht - zentrale $\aleph^2$ - Verteilung läßt sich darstellen als Summe von zentralen $\aleph^2$ - verteilten Zufallsvariablen.

Suffiziente Statistiken

1. Suffiziente Statistiken enthalten sämtliche Informationen einer Stichprobe, die es erlauben, auf der Basis der Stichprobe verschiedene Verteilungen aus einer gegebenen parametrischen Klasse von Verteilungen zu unterscheiden.

2. Suffiziente Statistiken enthalten alle Informationen, die eine Stichprobe enthält.

3. Ein System suffizienter Statistiken mit minimaler Elementzahl ist ein minimal - suffizientes System von Statistiken.

4. Oft ist die Anzahl der Elemente eines minimal - suffizienten Systems von Statistiken unabhängig vom Stichprobenumfang bestimmt.

5. Seien die $\{X_i\}_{1 \leq i \leq n}$ ein System von stochastisch unabhängigen $N(0, \sigma^2)$ - verteilten Zufallsvariablen. Dann ist

- $\sum_{i=1}^{n} X_i$, $\sum_{i=1}^{n} X_i^2$
- $\sum_{i=1}^{n} X_i$
- $\sum_{i=1}^{n} X_i^2$

ein minimales System suffizienter Statistiken.

6. Sei $\{X_t = (X_{1t}, X_{2t})\}_{1 \leq t \leq T}$ $N(\begin{bmatrix} \mu_1 \\ \mu_2 \end{bmatrix}, \begin{bmatrix} \sigma_{11} & \sigma_{12} \\ \sigma_{21} & \sigma_{22} \end{bmatrix})$ - verteilt. Dann ist die gemeinsame Dichte bestimmt durch

$$f(x_1, \ldots\ldots, x_T) = \frac{1}{(2\pi)^T \det \begin{bmatrix} \sigma_{11} & \sigma_{12} \\ \sigma_{21} & \sigma_{22} \end{bmatrix}^{T/2}}$$

$$\exp\{- 1/2(1 - \rho)^2 \sum_{j=1}^{5} \lambda_j t_j(x_1, \ldots, x_T)\} \; c(\lambda_1, \ldots\ldots, \lambda_5)$$

mit $\rho = \sigma_{12}/(\sigma_{11}\ \sigma_{12})^{1/2}$ sowie

$$\lambda_1 = - \frac{2\rho}{(\sigma_{11}\ \sigma_{22})^{1/2}} , \ \lambda_2 = \frac{1}{\sigma_{11}} , \ \lambda_3 = \frac{1}{\sigma_{22}} , \ \lambda_4 = \frac{2\rho\mu_2}{(\sigma_{11}\ \sigma_{22})^{1/2}} - \frac{2\mu_1}{\sigma_{11}}$$

$$\lambda_5 = \frac{2\rho\mu_1}{(\sigma_{11}\ \sigma_{22})^{1/2}} - \frac{\mu_2}{\sigma_{22}}$$

und

$$t_1 = \sum_{j=1}^{T} x_{1j}x_{2j} , \ t_2 = \sum_{j=1}^{T} x_{2j}^2 , \ t_3 = \sum_{j=1}^{T} x_{1t}^2 , \ t_4 = \sum_{j=1}^{T} x_{1t} , \ t_5 = \sum_{j=1}^{T} x_{2j}$$

7. Existieren suffiziente Statistiken $\{t_i(x_1, \ldots, x_T)\}_{1 \leq i \leq m}$, so zerfällt die gemeinsame Verteilung der $\{X_t\}_{1 \leq t \leq T}$ in drei Faktoren, von denen der eine nur von λ, der andere nur von $(x_1, \ldots., x_T)$ und der dritte nur von λ und den $t_i(x_1, \ldots., x_T)$ abhängt.

8. Im Fall der Existenz suffizienter Statistiken läßt sich folgende Fallunterscheidung treffen: man kann unterscheiden zwischen unplausiblen Hypothesen und seltenen Ereignissen.

9. Seien die $\{X_i\}_{1 \leq i \leq T}$ stochastisch unabhängige $\Gamma(n, b)$ - verteilte Zufallsvariable. Dann ist durch

$$\sum_{j=1}^{T} \ln x_j \quad \text{und} \quad \sum_{j=1}^{T} x_j$$

ein System suffizienter Statistiken gegeben.

10. Sei $\{X_t\}_{1 \leq t \leq T}$ Folge stochastisch unabhängiger Poisson - verteilter Zufallsvariabler, die Poisson - verteilt oder binomial - verteilt sind. Dann ist

$$\sum_{j=1}^{T} x_j$$

suffiziente Statistik.

a - priori - und a posteriori - Verteilungen

1. Man definiert "natürlich - konjugierte a - priori - Verteilungen" in der Weise, daß a - posteriori - Verteilung und Likelihood sich analytisch leicht verbinden lassen.
2. Die Klasse der natürlich - konjugierten a - priori - Verteilungen
zur Klasse der Poisson - Verteilungen ist die der $\beta(m, n)$ - Verteilungen
zur Klasse der Normalverteilungen mit bekanntem Erwartungswert ist die der $\Gamma(m, b)$ - Verteilungen
zur Klasse der Binomial - Verteilungen ist die der $\Gamma(m, b)$ - Verteilungen
zur Klasse der Poisson - Verteilungen ist die der Exponentialverteilungen
zur Klasse der Normalverteilungen bei bekannter Varianz ist die der Normalverteilungen.
3. Man gewinnt die a - posteriori - Wahrscheinlichkeit eines Ereignisses B, indem man $p_\lambda(B)$ für alle λ bestimmt und über Ψ integriert (summiert).
4. Man gewinnt den a - posteriori - Erwartungswert einer Zufallsvariablen X, indem man den Erwartungswert für jedes p_λ, $\lambda \in \Psi$, bildet, dies mit der a - posteriori - Dichte (Wahrscheinlichkeit) von λ multipliziert und über Ψ integriert (addiert).
5. Subjektivisten haben keine Schwierigkeit damit, die a - posteriori - Verteilung als Hypothesenwahrscheinlichkeit zu interpretieren.
6. A - posteriori - Verteilungen sind Mischungen von Wahrscheinlichkeitsverteilungen und ohne Rückgriff auf Hypothesenwahrscheinlichkeiten interpretierbar.
7. Der Übergang von der a - priori - Verteilung zur a - posteriori - Verteilung läßt sich in der Weise interpretieren, daß durch die Einbeziehung des empirischen Befundes auf der Basis der Likelihood die Mischung der a - priori - möglichen Bernoulli - Verteilungen geändert wird.

Objektivismus

Wahrscheinlichkeitsbegriff und Bedeutungsfragen

1. Die relative Häufigkeit, mit der ein Ereignis eintritt, stimmt mit der Wahrscheinlichkeit ihres Eintretens überein, wenn die Versuchszahl lang genug ist.
2. Man unterscheidet Objektivisten danach, ob sie die Einzelwahrscheinlichkeit anerkennen oder nicht.
3. Man unterscheidet Objektivisten danach, ob Wahrscheinlichkeit Charakteristikum einer Versuchsanordnung oder einer Serie von Versuchsausgängen ist.
4. Unterstellt man, daß Wahrscheinlichkeit ein Charakteristikum einer Versuchsanordnung ist, muß man zugestehen, daß Wahrscheinlichkeit auch dann definiert ist, wenn an der Versuchsanlage nie ein Experiment durchgeführt worden ist.
5. Unter "long - run - Konzeption" versteht man die Vorstellung, Wahrscheinlichkeit sei ein Charakteristikum einer Versuchsanordnung, die sichtbar wird nur in langen Versuchsserien dadurch, daß im Regelfall die wahrscheinlicheren Alternativen öfter eintreten als die unwahrscheinlicheren.
6. Eine objektive Wahrscheinlichkeitsinterpretation ist ohne die Unterscheidung "deterministisch - indeterministisch" nicht zu übernehmen.
7. Die "Long - run" - Interpretation hat gegenüber der Interpretation der Einzelfall - Wahrscheinlichkeit den Vorteil, daß sie nicht erklären muß, was eine Wiederholung ist.
8. Der Unterschied zwischen von Mises und Kolmogoroff besteht z. B. darin, daß Kolmogoroff davon ausgeht, daß bei hinreichend großem Stichproben umfang relative Häufigkeit und Wahrscheinlichkeit für das Eintreten eines Ereignisses mit großer Wahrscheinlichkeit nahe beieinanderliegen, während von Mises verlangt, daß der Grenzwert der relativen Häufigkeiten mit der Wahrscheinlichkeit übereinstimmt. Serien, bei denen dies nicht erfüllt sind, sind bei von Mises keine Zufallsserien.
9. Anhänger der "long - run" - Konzeption lehnen eine statistische Analyse des Einzelfalles ab.
10. Der Vorteil der Einzelfall - Interpretation besteht darin, daß sie nicht zu epistemologischen Problemen führt.
11. Moderne Objektivisten messen Wahrscheinlichkeit eines Ereignisses durch die relative Häufigkeit des Eintretens des Ereignisses.
12. Das Problem der objektivistischen Anwendung des Wahrscheinlichkeitsbegriffs beruht darin, daß Wahrscheinlichkeit ein theoretischer Begriff ist, ohne daß die Theorie angegeben werden kann, mit Hilfe derer dieser

Begriff erklärt wird.

13. Das Besondere an der Wahrscheinlichkeitsinterpretation beim radioaktiven Zerfall besteht darin, daß die zugrundeliegende Wahrscheinlichkeitsverteilung daraus abgeleitet werden kann, daß man die realwissenschaftliche Aussage formuliert, die Tendenz zum Zerfall sei unabhängig von der bisherigen Lebensdauer eines Teilchens.
14. Die Normalverteilung ist die Verteilung, die für die statistische Behandlung des radioaktiven Zerfalls die angemessene ist.
15. Viele Anhänger der "long - run" - Interpretation würden es ablehnen, in den Wirtschaftswissenschaften in dem Umfang Wahrscheinlichkeitsschlüsse anzuwenden, wie es betrieben wird, da ihnen die Interpretation der Wirtschaft als Massenereignis nicht annehmbar erscheint.
16. In der Qualitätskontrolle wird die Wahrscheinlichkeit darüber eingeführt, daß es zufällig ist, ob ein Werkstück gut oder nicht gut ist.
17. In der Qualitätskontrolle spielt zur Einführung der Wahrscheinlichkeitsüberlegungen das Urnenmodell eine wesentliche Rolle.
18. Wahrscheinlichkeitsüberlegungen werden besonders erfolgreich dann durchgeführt, wenn die Realwissenschaft sich nicht mit dem nur selten lösbaren Problem befaßt, was eigentlich durch Wahrscheinlichkeit ausgedrückt werden soll.
19. Es ist ein methodischer Grundsatz zu sagen, daß im Zweifel das einfachste Modell zu verwenden ist.
20. Wenn Wissenschaftler in einer statistischen Untersuchung ein Wahrscheinlichkeitsgesetz unterstellen, so geschieht dies vorwiegend deshalb, weil sie den zugrundegelegten Verteilungstyp als den wahren Verteilungstyp erkannt haben.
21. Ziel der Testtheorie ist es, Kriterien für eine endgültige Verwerfung von Hypothesen zu finden.
22. All - Sätze sind zwar verifizierbar, aber nicht falsifizierbar.
23. Wahrscheinlichkeitsaussagen sind dann falsifizierbar, wenn ein Ereignis eingetreten ist, das nicht zur Trägermenge der unterstellten Verteilung gehört.
24. Ziel der Statistik ist es, zu beweisen, daß bestimmte Hypothesen richtig sind.
25. Gegenstand statistischer Hypothesen sind immer Wahrscheinlichkeitsaussagen.
26. Ziel statistischer Überlegungen ist es, unwahre Hypothesen zu widerlegen.
27. Die Verwerfung einer statistischen Hypothese ist nur vorläufig.
28. Eine objektivistische Interpretation dessen, was eine Wiederholung ist, ist folgende: Zwei Versuche sind Wiederholungen eines allgemeinen Ver-

suchstyps, wenn ihre Beschreibung mit der Beschreibung des Versuchstyps übereinstimmt.

29. Annahme einer Hypothese besagt nicht, daß diese Hypothese richtig ist.
30. Es ist problemlos, die am besten gestützte Hypothese für die Wahre zu halten und sich entsprechend zu verhalten.
31. Das Konzept der Likelihood erlaubt es, Theorien, die sich auf unterschiedliche empirische Befunde beziehen, hinsichtlich des Grades ihrer Stützung miteinander zu vergleichen.
32. Man kann die Likelihood zusammengesetzter Hypothesen bestimmen.
33. Die Likelihood erfüllt die Kolmogoroff - Axiome.
34. Die Likelihood läßt sich als a - posteriori - Konzept, aber nicht als a - priori - Konzept interpretieren.
35. Folgende Aussage ist sinnlos: Käme bei einer Serie von Experimenten ein bestimmtes Ergebnis heraus, so würde es die Hypothese des Forschers A besser stützen als die Hypothese des Forschers B.
36. Die Likelihood kann eine Hypothese nur dann stützen, wenn die Likelihood einen großen Wert annimmt.
37. Die Likelihood einer Hypothese ist nur im Vergleich mit anderen Hypothesen zu interpretieren. Dabei müssen sich beide Likelihoods auf den gleichen empirischen Befund stützen.
38. Versuche in amerikanischen Labors über eine physikalische Hypothese können nicht mit Versuchen in europäischen Labors zur gleichen physikalischen Hypothese zu einem gemeinsamen empirischen Befund zusammengefaßt werden.

Testtheorie: Grundsätzliches

1. Statistische Tests lassen sich danach klassifizieren, ob sie nur zur Verwerfung der Hypothese führen oder ob sie auch zur Annahme der Hypothese führen können.
2. Die Qualitätskontrolle ist ein Paradebeispiel für den Einsatz von Tests, die einzig zur Verwerfung von Hypothesen konzipiert sind.
3. Die Annahme wissenschaftlicher Hypothesen auf der Basis einer Testtheorie ist nicht sinnvoll.
4. Man unterscheidet Tests danach, ob sie sich auf festen oder auf variablen Stichprobenumfang beziehen.
5. Es gibt keine Tests ohne Gegenhypothese.
6. Es gibt Testtheorien, die explizit auf die handlungsbedingten Folgen von Annahme und Verwerfung einer Hypothese abstellen.

. Das Konzept zur Berücksichtigung der handlungsbedingten Folgen der Annahme oder Ablehnung einer Hypothese auf der Basis der Neyman - Pearson - Testtheorie ist der Fehler erster und zweiter Art.

. Eine auf der Basis eines Tests durchgeführte Handlung ist dann besonders unsinnig, wenn sie gleichzeitig zum Fehler erster und zweiter Art führt.

. Statistische Tests auf der Basis der Neyman - Pearson - Testtheorie sind von besonderer Wichtigkeit gerade dann, wenn man als Höchstgrenze für die Fehlerwahrscheinlichkeit α erster Art $\alpha = 0$ fordert.

0. In der Neyman - Pearson - Testtheorie ist die Hypothese als H_0 zu wählen, deren fälschliche Annahme die gewichtigeren Konsequenzen hat.

1. Der Fehler zweiter Art wird gegenüber dem Fehler erster Art bevorzugt behandelt, weil seine Wahrscheinlichkeit minimiert werden soll, während der Fehler erster Art lediglich in der Weise berücksichtigt wird, daß für seine Wahrscheinlichkeit gewisse Höchstgrenzen einzuhalten sind.

2. Wissenschaftliche Hypothesen sind als All - Sätze formuliert und deshalb nicht verifizierbar.

3. Man unterscheidet Hypothesen danach, ob sie sich lediglich auf bestimmte Charakteristika einer Verteilung beziehen, oder ob sie das zugrundeliegende Verteilungsgesetz vom Typ her festlegen.

4. Jemand, der eine statistische Analyse eines Problems in Auftrag gibt und dabei auf Neyman - Pearson's Testtheorie zurückgreifen läßt, bestimmt den Ausgang der Analyse insofern mit, als er sinnvollerweise als Nullhypothese diejenige wählt, deren fälschliche Verwerfung für ihn die gewichtigeren Konsequenzen hätte.

5. Die Stiftung Warentest als Interessenvertreter der Käufer wird bei einer Qualitätskontrolle auf der Basis Neyman - Pearson'scher Testtheorie als Nullhypothese wählen: H_0: die Ware ist schlecht. Denn es ist ihr wichtiger, angesichts eines reichhaltigen Warenangebots den Käufer vom Kauf unzutreffender Ware zurückzuhalten,als zuzulassen, daß eine brauchbare Ware schlecht beurteilt wird.

6. Signifikanztests finden häufiger Verwendung als die Neyman - Pearson'sche Testtheorie, weil ihre Anwendung unter schwächeren Bedingungen möglich ist.

7. Signifikanztests finden häufiger Verwendung als die Neyman - Pearson'sche Testtheorie, weil sie aussagefähiger sind auch dann, wenn beide Tests zum Einsatz gelangen können.

8. Testtheorien unterscheiden sich danach,ob sie auf der Basis von a - priori - Überlegungen und damit auf der Basis von Wahrscheinlichkeitsüberlegungen begründet werden, oder ob sie auf der Basis von a - posteriori - Überlegungen und damit mit der Likelihood als a - posteriori - Stützungs-

maß begründet werden.

19. Die Neyman - Pearson - Testtheorie wird mit a - posteriori - Überlegungen begründet.

20. Daß man zur Durchführung eines Tests noch Zufallsexperimente einsetzt, die mit dem zu untersuchenden Problem in keiner Verbindung stehen, kann a - priori, aber nicht a - posteriori begründet werden.

21. Die Neyman - Pearson - Testtheorie empfiehlt nur unverzerrte Tests als beste Tests.

22. Die Eigenschaft der Unverzerrtheit eines Tests besagt, daß die Nullhypothese auf lange Sicht vor allem dann angenommen wird, wenn sie richtig ist, und daß ihre Annahme im Falle ihrer Falschheit unwahrscheinlicher ist.

23. Man kann innerhalb der Neyman - Pearson'schen Testtheorie immer nur einen Fehler begehen, entweder den Fehler erster oder zweiter Art.

24. Sei f eine Abbildung des $\mathbb{R}^n$ in den $\mathbb{R}^m$. Sei $B \in \mathcal{B}^m$. Definiere

$$f^{-1}(B) = \{x \mid f(x) \in B\}.$$

f heißt meßbar, wenn für $B \in \mathcal{B}^m$ gilt: $f^{-1}(B) \in \mathcal{B}^n$.

25. Sei unter den Bezeichnungen von 24 über $\mathcal{B}^n$ eine Wahrscheinlichkeitsverteilung p definiert. Sei f: $\mathbb{R}^n \to \mathbb{R}^m$ meßbare Abbildung. Dann gilt: durch

$$p^*(B) = p(f^{-1}(B))$$

wird über $\mathcal{B}^m$ eine Wahrscheinlichkeitsverteilung p^* definiert.

26. Betrachte die Umkehrung von 25: Sei p^* Wahrscheinlichkeitsverteilung über $\mathcal{B}^m$, und f: $\mathbb{R}^n \to \mathbb{R}^m$ sei meßbar. Dann wird durch

$$p(B) = p^*(f(B))$$

nicht notwendig eine Wahrscheinlichkeitsverteilung über $\mathcal{B}^n$ definiert, weil z.B. nicht gesichert ist, daß gilt

$$f(B) \in \mathcal{B}^m.$$

27. Ein Test muß meßbare Abbildung sein, damit die Wahrscheinlichkeit der Ablehnung der Nullhypothese bestimmt werden kann.

28. Ein Test φ für das Testproblem $\{H_0, H_1, \alpha\}$ heißt zulässig, wenn gilt

$$E_p(\varphi) \geq \alpha \qquad \forall\, p \in H_1.$$

29. Für das Testproblem $\{H_0, H_1, \alpha\}$ existiert ein zulässiger Test φ.

30. Das Neyman - Pearson - Fundamentallemma bezieht sich auf das Testen zweier einfacher Hypothesen und besagt, daß die Nullhypothese dann anzunehmen ist, wenn die Differenz ihrer Likelihood und der Likelihood der Gegenhy

pothese hinreichend groß ist.

1. Bei der Festlegung der Höchstgrenze für den Fehler erster Art vergleicht man die Auswirkungen der fälschlichen Ablehnung der Nullhypothesen mit den Auswirkungen der fälschlichen Annahme der Gegenhypothese.
2. Je größer der Stichprobenumfang ist, desto geringer kann die Wahrscheinlichkeit für den Fehler zweiter Art bei gegebenem α werden.
3. Das Problem des Tests zweier einfacher Hypothesen besitzt einen universell besten Test. Das Neyman - Pearson - Fundamentallemma sagt aus, wie ein derartiger Test aussieht.
4. Das Kennzeichen eines universell besten Tests innerhalb einer Klasse von Tests besteht darin, daß er zu einer geringeren Wahrscheinlichkeit für den Fehler zweiter Art führt, egal, welche Verteilung aus der Gegenhypothese untersucht wird.
5. Die Gütefunktion g_φ eines Tests weist jeder Verteilung der Gegenhypothese die Fehlerwahrscheinlichkeit zweiter Art zu.
6. Neyman - Pearson begründen ihren universell besten Tests mit a - posteriori - Überlegungen.
7. Die Neyman - Pearson - Testtheorie erlaubt keine Aussage über den Einzelfall.
8. Neyman - Pearson's Testtheorie ist konzipiert für eine handlungsorientierte Testtheorie.

Genaueres zur Neyman - Pearson - Testtheorie

1. Das Konzept des monotonen Dichtequotienten ist dafür konzipiert, beidseitige Testprobleme zu lösen.
2. Universell beste einseitige Tests können für beidseitige Testprobleme verzerrt sein.
3. Die Klasse der unverzerrten Tests für zweiseitige Testprobleme ist genau so groß wie die Klasse unverzerrter Tests für einseitige Testprobleme, wenn man sich auf die gleichen statistischen Oberhypothesen bezieht.
4. In einem Test werden statistische Oberhypothesen als zutreffend unterstellt. Diese statistischen Oberhypothesen können nur Gegenstand eines anderen Testproblems sein.
5. Jeder Test ist auf die zugrundegelegten statistischen Oberhypothesen zu relativieren, es gibt keinen Test, der nicht irgendwelche statistischen Oberhypothesen unterstellt.

6. Folgende Klassen von Verteilungen sind Klassen mit monotonem Dichtequotienten:
   - $B(n, \alpha)$ - Verteilungen bei gegebenem n
   - $P(\alpha)$ - Verteilungen
   - $N(\mu, \sigma^2)$ bei gegebenem μ
   - $N(\mu, \sigma^2)$ bei gegebenem σ^2
   - $\Gamma(m, b)$ - Verteilung bei gegebenem m
7. Zur Exponentialfamilie gehören
   - die Klasse der $N(\mu, \Omega)$ - verteilten Zufallsvariablen
   - die Klasse der Rechteckverteilungen
   - die Klasse der Binomialverteilungen mit $0 \leq \alpha \leq 1$
   - die Klasse der Poisson - verteilten Zufallsvariablen
   - die Klasse der $\Gamma(m, b)$ - verteilten Zufallsvariablen
   - die Klasse der verallgemeinerten Exponentialverteilungen
   - die Klasse der t - Verteilungen
   - die Klasse der $\beta(m, n)$ - Verteilungen
8. Sichert die statistische Oberhypothese, daß die Verteilungen aus einer Klasse von Verteilungen stammen, die der Exponentialfamilie angehört, so ist die Gütefunktion eines Tests nach $\lambda \in \Psi$ partiell differenzierbar.
9. Das Konzept des ähnlichen Tests ist das Hilfsmittel zur Konstruktion universell bester Tests, das erfolgreich zum Einsatz kommt, wenn die statistische Oberhypothese sichert, daß die Klasse der zugrundeliegenden Verteilungen aus der Exponentialfamilie stammt.
10. Sichert die statistische Oberhypothese, daß die zugrundeliegende Klasse von Verteilungen monotonen Dichtequotienten hat, so haben alle ähnlichen Tests Neyman - Struktur.
11. Daß ein Test Neyman - Struktur hat, besagt, daß ein Test nur dann ähnlich ist, wenn alle bedingten Testprobleme den gleichen Fehler erster Art α aufweisen.
12. Bedingte Tests spielen dann eine Rolle, wenn man Testprobleme in mehrparametrischen Klassen von Verteilungen auf Testprobleme in einparametrischen Klassen von Verteilungen zurückführen will.
13. Bei gegebenem arithmetrischen Mittel von n Zahlen $a_1, \ldots, a_n$ ist das geometrische Mittel am größten, wenn alle a_i gleich sind.
14. Bei gegebenem geometrischem Mittel ist das arithmetrische Mittel dann am kleinsten, wenn alle a_i gleich sind.

15. Seien $\{X_i\}_{1 \le i \le n}$ stochastisch unabhängige $N(\mu, \sigma^2)$ - verteilte Zufallsvariable. Sei

$$\bar{X} = 1/n \sum_{i=1}^{n} X_i \quad \text{und} \quad S^2 = 1/n \sum_{i=1}^{n} X_i^2.$$

Dann gilt:

$\bar{X}/S$ ist stochastisch unabhängig von S^2.

16. Unter den Bedingungen von 15 gilt: $\bar{X}$ ist von S^2 stochastisch unabhängig.

17. Unter den Bedingungen von 15 gilt: $\bar{X}$ ist von $S^2 - n\bar{X}^2$ stochastisch unabhängig.

18. Sei $(X_1,\ldots\ldots,X_n)$ Folge stochastisch unabhängiger $N(\mu, \sigma^2)$ - verteilter Zufallsvariabler: Sei $(Y_1,\ldots\ldots,Y_m)$ Folge stochastisch unabhängiger $N(\nu, \tau^2)$ - verteilter Zufallsvariabler. Seien die X_i und die Y_j paarweise stochastisch unabhängig voneinander. Dann gilt

- $\sum_{i=1}^{n} X_i^2/\sigma^2$ ist nicht - zentral $\aleph^2(n)$ - verteilt mit Nichtzentralitätsparameter $n\,\mu^2/2$.
- $\sum_{i=1}^{n} (X_i - \bar{X})^2/\sigma^2$ ist $\aleph^2(n)$ - verteilt.
- $\sum_{i=1}^{m} (Y_i - \bar{Y})^2/\tau^2$ ist $\aleph^2(m-1)$ - verteilt.
- $\sum_{i=1}^{m} (Y_i - \bar{Y})^2$ und $\sum_{i=1}^{n} (X_i - \bar{X})^2$ sind stochastisch unabhängig voneinander.
- $\sum_{i=1}^{n} (X_i - \bar{X})^2 / \sum_{i=1}^{m} (Y_i - \bar{Y})^2$ ist $F(n, m)$ - verteilt, falls $\sigma^2 = \tau^2$ gilt.

19. Ähnlichkeit eines Tests ist die Eigenschaft, daß für alle Verteilungen aus der Nullhypothese der Fehler erster Art konstant ist.

20. Sei $(X_1,\ldots\ldots,X_n)$ Folge stochastisch unabhängiger $N(\mu, \sigma^2)$ - verteilter Zufallsvariabler. Dann ist

$$1/n \sum_{i=1}^{n} X_i \quad \text{und} \quad 1/n \sum_{i=1}^{n} X_i^2$$

minimales System suffizienter Statistiken. Außerdem gilt:

$V = \sum_{i=1}^{n} X_i / (\sum_{i=1}^{n} X_i - \bar{X})^2$ läßt sich schreiben in der Form

$$a(\sum_{i=1}^{n} X_i^2/n) \sum_{i=1}^{n} X_i + b(\sum_{i=1}^{n} X_i^2/n).$$

21. $U = \sum_{i=1}^{n} X_i / (\sum_{i=1}^{n} X_i^2)^{1/2}$ läßt sich unter den Bedingungen von 20 darstellen in der Form

$$a(\sum_{i=1}^{n} X_i^2) \sum_{i=1}^{n} X_i + b(\sum_{i=1}^{n} X_i^2)$$

darstellen.

22. Die Verteilung von U aus 21 ist symmetrisch um 0. Die Verteilung von V aus 20 ist symmetrisch um 0.
Außerdem gilt

$$(n-1)^{1/2}\, U/(n - U^2)^{1/2} = V\, (n-1)^{1/2}.$$

23. Da die Transformation aus 22 schiefsymmetrisch bezüglich der 0 ist und die Verteilung von U symmetrisch ist um 0, kann anstelle der Prüfgröße U die Prüfgröße $V\,(n-1)^{1/2}$ für das Testproblem $\{H_0, H_1, \alpha\}$ mit

$$H_0\text{: } X\ N(0, \sigma^2) \text{ - verteilt}$$

$$H_1\text{: } N(\mu, \sigma^2) \text{ - verteilt, } \mu \neq 0,$$

verwandt werden und dennoch ein universell bester ähnlicher unverzerrter Test φ^* für $\{H_0, H_1, \alpha\}$ bestimmt werden.

24. Der t - Test findet Verwendung für folgendes Testproblem:

$$H_0\text{: } X\ N(\mu_0, 1) \text{ - verteilt.}$$

$$H_1\text{: } X\ N(\mu, 1) \text{ - verteilt}$$

mit $\mu > \mu_0$ oder $\mu < \mu_0$ oder $\mu \neq \mu_0$.

25. Das Testproblem aus 24 kann ohne Rückgriff auf den t - Test gelöst werden, der t - Test wird nur benötigt, wenn die Varianz unspezifiziert ist.

26. Der t - Test kann unabhängig von der statistischen Oberhypothese der Normalverteilung abgeleitet werden.

27. Sei $\{X_n\}_{n\in\mathbb{N}}$ Folge von t(n) - verteilten Zufallsvariablen. Dann konvergiert $\{X\}_{n\in\mathbb{N}}$ nach Verteilung gegen eine N(0, 1) - verteilte Zufallsvariable.

28. Sei $\{X_n\}_{n\in\mathbb{N}}$ Folge von $B(n, \alpha)$ - verteilten Zufallsvariablen. Dann konvergiert $\{X_n\}_{n\in\mathbb{N}}$ nach Verteilung gegen eine N(0, 1) - verteilte Zufallsvariable.

29. Sei $\{X_n\}_{n\in\mathbb{N}}$ Folge von $B(n, \alpha)$ - verteilten Zufallsvariablen. Dann konvergiert $\{Y_n\}_{n\in\mathbb{N}}$ nach Verteilung gegen eine N(0, 1) - verteilte Zufallsvariable. Dabei gilt

- $Y_n = \dfrac{1}{(n\,\alpha(1-\alpha))^{1/2}} X_n.$

- $Y_n = \dfrac{1}{(n\,\alpha(1-\alpha))^{1/2}} (X_n - n\alpha).$

$$- Y_n = \frac{1}{n \, (\alpha(1-\alpha))^{1/2}} (X_n - n\alpha).$$

0. Das Problem des Erwartungswertvergleichs zweier binomialverteilter Zufallsvariabler kann man als bedingtes Testproblem auffassen und dann eine hypergeometrisch verteilte Prüfgröße verwenden. Daraus resultiert ein universell bester ähnlicher unverzerrter Test.

1. Das Problem des Varianzvergleichs unter der statistischen Oberhypothese der Normalverteilung besitzt für die einseitigen Testprobleme ebenso wie für das beidseitige Testproblem universell beste Tests, und zwar lassen sich jeweils F - verteilte Prüfgrößen verwenden. Für die beiden einseitigen Testprobleme kann man auch eine β - verteilte Prüfgröße heranziehen, diese Prüfgröße liefert aber keinen universell besten unverzerrten Test für das beidseitige Testproblem.

2. Der F - Test ist unempfindlich gegenüber Abweichungen von der Oberhypothese der Normalverteilung. Gleiches gilt auch für den t - Test bei hinreichend großem Stichprobenumfang.

3. Der $\aleph^2$ - Test ist ein universell bester ähnlicher Test für den Test von einseitigen und beidseitigen Testproblemen über die Varianz einer $N(\mu, \sigma^2)$ verteilten Zufallsvariablen. Der $\aleph^2$ - Test ist empfindlich gegenüber Abweichungen von der statistischen Oberhypothese der Normalverteilung.

4. Das Problem des Vergleichs der Erwartungswerte unter der Oberhypothese der Normalverteilung wird mit dem t - Test einer universell besten ähnlichen Lösung zugeführt.

5. In allen Fällen, in denen wir universell beste Tests für einseitige Testprobleme gefunden haben, existierte eine Prüfgröße, die zur Annahme der Nullhypothese führte, wenn der Wert der Prüfgröße rechts oder links vom kritischen Wert lag. Bei beidseitigen Testproblemen wurde immer ein Intervall der Form (a, b) mit $- \infty < a < b < \infty$ gefunden, so daß die Nullhypothese angenommen wurde, wenn die Prüfgröße innerhalb dieses Intervalls ihren Wert annahm. Die Randwerte waren nur dann von Interesse, wenn die Prüfgröße diskret verteilt war.

6. Das Invarianzprinzip ist von Interesse beim Test von Verteilungshypothesen mit ordinal skalierten Trägermengen. Hier führt Invarianz gegenüber monotonen Transformationen zu Prüfgrößen, die lediglich Informationen über Reihenfolgen beinhalten.

Likelihood - Quotienten - Tests und Signifikanz - Tests

1. Die a - posteriori - Begründung für Likelihood - Quotienten - Tests kann nicht mit den Konzepten des Fehlers erster und zweiter Art begründet werden.
2. Die Schwierigkeit mit den Likelihood - Quotienten - Tests besteht darin, daß keine gut begründete Empfehlung über die Mindestgröße des Quotienten angegeben werden kann, unterhalb derer die Hypothese verworfen wird.
3. Bei Signifikanztests stellt man nicht auf unverzerrte Tests ab.
4. Der Kolmogoroff - Test eignet sich zum Test der einfachen Hypothese, daß ein bestimmtes Verteilungsgesetz mit Dichtefunktion vorliegt.
5. Der Kolmogoroff - Test kann auch dann benutzt werden, wenn lediglich der Typ der Verteilung, nicht aber die die Verteilung bestimmenden Parameter feststehen.
6. Das Testproblem aus 5 kann mit dem χ^2 - Anpassungstest behandelt werden.
7. Der Kolmogoroff - Smirnoff - Test wird verwandt, wenn die Hypothese zu prüfen ist, ob zwei Stichproben das gleiche Verteilungsgesetz zugrundeliegt.
8. Der Kolmogoroff - Smirnoff - Test wird bevorzugt eingesetzt zur Überprüfung der stochastischen Unabhängigkeit in Kontingenztafeln.

Eigenschaften von Schätzern (Kapitel 16):

1. Erwartungstreue eines Schätzers a für α liegt vor, wenn gilt
$$E\, a = \alpha.$$
2. Erwartungstreue ist eine Eigenschaft, die ihre Bedeutung zusammen mit der Tschebyscheff'schen Ungleichung annimmt.
3. Ein konsistenter Schätzer ist erwartungstreu.
4. Ein erwartungstreuer Schätzer führt zu einer asymptotisch erwartungstreuen Schätzfolge.
5. Sei $\{X_t\}_{1\leq t\leq n}$ eine Folge stochastisch unabhängiger Zufallsvariabler mit Erwartungswert μ und Varianz σ^2. Dann gilt:
   - $\bar{X} = 1/n \sum_{i=1}^{n} X_i$ ist erwartungstreuer Schätzer für μ mit $\mathrm{Var}(\bar{X}) = \sigma^2/n$.
   - $S^2 = 1/n \sum_{i=1}^{n} (X_i - \bar{X})^2$ ist erwartungstreuer Schätzer für σ^2.
   - $\{S_n^2\}_{n\in\mathbb{N}}$ ist asymptotisch erwartungstreue Schätzfolge für σ^2.
   - $\{S_n^2\}_{n\in\mathbb{N}}$ ist konsistente Schätzfolge für σ^2.

- $\{\bar{X}_n\}_{n\in\mathbb{N}}$ ist konsistente Schätzfolge für μ.

6. Vordringliches Ziel der Schätzung ist es, so zu schätzen, daß die auf der Basis der Schätzung empfohlene Handlung einen möglichst großen Nutzen bringt.
7. Das Maximum - Likelihood - Prinzip ist geometrisch als Schätzprinzip motiviert. Das Kleinst - Quadrate - Prinzip bietet sich an wegen der intuitiv einfachen statistischen Interpretation dieses Prinzips.
8. Das Kleinst - Quadrate - Prinzip eignet sich besonders gut zur Schätzung von Parametern in Kontingenztafeln.
9. Das Maximum - Likelihood - Prinzip ist deshalb besonders vielseitig anwendbar, weil man zu seiner Anwendung nicht das zugrundeliegende Verteilungsgesetz spezifizieren muß.
10. Erwartungstreue und Konsistenz sind Eigenschaften von Schätzern, die sich durch a - priori - Überlegungen begründen lassen.
11. Ein Schätzer a_1 für α heißt effizienter als ein Schätzer a_2 für α, falls die Varianz von a_1 kleiner ist als die Varianz von a_2.
12. Bei der Untersuchung der asymptotischen Effizienz einer Schätzfolge betrachtet man nicht den Grenzwert der Folge der Varianzen der Schätzer, sondern die Varianz der Grenzverteilung.
13. Die weite Anwendung des Maximum - Likelihood - Prinzips resultiert daraus, daß es in zahlreichen Fällen zu asymptotisch effizienten Schätzern führt.
14. Wenn die Grenzverteilung einer konsistenten Schätzfolge Varianz - Kovarianz - Matrix besitzt, muß nicht der Grenzwert der Varianz - Kovarianz - Matrix der Schätzer existieren.
15. Die Interpretation der Likelihood - Quotienten - Tests aus a - posteriori - Sicht erlaubt die problemlose Anwendung der zentralen Grenzwertsätze für die Untersuchung großer Stichproben.

Schätzen und Testen im klassischen Regressionsmodell

1. Im klassischen Regressionsmodell gilt: Der Kleinst - Quadrate - Schätzer b_{KQS} für β ist $N(\beta, \sigma^2(X^tX)^{-1})$ - verteilt.
2. Im klassischen Regressionsmodell gilt: Maximum - Likelihood - Prinzip und Kleinst - Quadrate - Prinzip führen zum gleichen Schätzer $b_{MLS} = b_{KQS}$ für β.
3. Der Maximum - Likelihood - Schätzer $s^2 = 1/n\ (y - Xb_{MLS})^t(y - Xb_{MLS})$ ist asymptotisch erwartungstreuer Schätzer für σ^2 unter den Bedingungen des

klassischen Regressionsmodells.

4. Der Schätzer $s'^2 = 1/(n-k-1)\ (y - Xb_{KQS})^t (y - Xb_{KQS})$ ist erwartungstreu für σ^2 unter den Bedingungen des klassischen Regressionsmodells.

5. Unter den Bedingungen des klassischen Regressionsmodells gilt:

$$1/(n-k-1)\ (y - Xb_{KQS})^t (y - Xb_{KQS}) = 1/(n-k-1)\ (y - Xb_{MLS})^t (y - Xb_{MLS}).$$

6. Unter den Bedingungen des klassischen Regressionsmodells gilt:

$$1/n \quad (y - Xb_{KQS})^t (y - Xb_{KQS})$$

ist $\aleph^2(n-k-1)$ - verteilt, falls y n - Vektor ist.

7. Im klassischen Regressionsmodell

$$y = X\beta + \epsilon$$

bestehe die erste Spalte von X nur aus Einsen. Es gelte mit

$$\beta = (\beta_o, \ldots, \beta_k)^t: \qquad \sum_{i=1}^{k} \beta_i^2 = 0.$$

Sei

$$e = (I - X(X^tX)^{-1}X^t)y \qquad \text{und} \qquad e' = (I - x_1(x_1^tx_1)^{-1}x_1^t)y$$

wobei x_1 die erste Spalte von X ist. Dann gilt:

- e ist stochastisch unabhängig von e' - e.

- $\dfrac{e^te - e'^te'}{e^te}\ (n-k-1)$ ist F(1, n-k-1) - verteilt.

8. Im klassischen Regressionsmodell werde das Testproblem $\{H_o, H_1, \alpha\}$ mit

$$H_o\colon \beta_k = 0,\ \beta_o, \ldots\ldots, \beta_{k-1},\ \sigma^2 \text{ unspezifiziert}$$

$$H_1\colon \beta_k \neq 0,\ \beta_o, \ldots\ldots, \beta_{k-1},\ \sigma^2 \text{ unspezifiziert}$$

getestet. Der Stichprobenumfang sei n. Dann wird der beidseitige t - Test angewendet. Die zugehörige Prüfgröße lautet

$$t = \frac{(n-k-1)^{1/2}\ b_{MLS}}{((X^tX)^{-1})_{kk}\ (y^t(I - X(X^tX)^{-1}X^t)y)^{1/2}}.$$

Sie ist t(n) - verteilt.

9. Sei (X_1, X_2) $N(\begin{bmatrix}\mu_1\\ \mu_2\end{bmatrix}, \begin{bmatrix}\sigma_{11} & \sigma_{12}\\ \sigma_{21} & \sigma_{22}\end{bmatrix})$ verteilt. Dann gilt mit

$$\rho = \sigma_{12}/(\sigma_{11}\sigma_{22})^{1/2}:$$

$$f(x_1|x_2) = \frac{1}{(2\pi)^{1/2}\ (\sigma_{11}(1 - \rho^2))^{1/2}} *$$

$$* \exp(- \frac{1}{2\ \sigma_{11}(1 - \rho^2)}(x_1 - \mu_1 - \rho \frac{\sigma_{11}^{1/2}}{\sigma_{22}^{1/2}}(x_2-\mu_2))^2)$$

10. Sei b der KQS für β in

$$y = X\beta + \epsilon.$$

Dann gilt:

$$b^t X^t e = 0$$

mit

$$e = I - Xb.$$

11. Das klassische Regressionsmodell ist ein Sonderfall der verallgemeinerten linearen Modelle, nämlich der, der für y Normalverteilung unterstellt.
12. Der unter 17.1.3. genannte F - Test zum Test der Hypothese, daß alle Er- Erwartungswerte übereinstimmen, läßt sich nur unter der Annahme der Normalverteilung begründen; kann die Hypothese der Normalverteilung nicht aufrechterhalten werden, führt der F - Test zu Fehlinterpretationen.
13. Die Anwendung des F - Tests kann insbesondere dann zu falschen Interpretationen führen, wenn das vierte zentrale Moment der zugrundeliegenden Folge von Zufallsvariablen sich erheblich von 3 unterscheidet.
14. Sei X $N(0, \sigma^2)$ - verteilt. Dann gilt:

$$E X^4 = 3\sigma^4.$$

Umgang mit Tabellen:

1. Sei X N(500, 625) - verteilt. Bestimme
   - $p(X \leq 550)$
   - $p(X \geq 425)$
   - $p(X \leq 525)$
   - $p(450 \leq X \leq 550)$
2. Sei X $\aleph^2(n)$ - verteilt. Bestimme
   - $p(X \leq x) = 0.95$ n = 20
   - $p(X \geq x) = 0.05$ n = 10
   - $p(X \geq x) = 0.01$ n = 15
   - $p(X \leq 1000)$ n = 1000
   - $p(600 \leq X \leq 650)$ n = 625
3. Sei X F(m, n) - verteilt. Bestimme
   - $p(X \leq x) = 0.01$ n = 5, m = 7
   - $p(X \geq x) = 0.95$ n = 10, m = 20
   - $p(X \leq x) = 0.05$ n = 20, m = 15
   - $p(X \geq x) = 0.99$ n = 1, m = 1
   - $p(X \geq x) = 0.01$ n = 15, m = 25

4. Sei X t(n) - verteilt. Bestimme

- $p(-x \leq X \leq x) = 0.95$ $\quad n = 15$
- $p(X \geq x) = 0.95$ $\quad n = 20$
- $p(-x \leq X \leq x) = 0.99$ $\quad n = 10$
- $p(-x \leq X \leq x) = 0.99$ $\quad n = 1000$

5. Sei X B(0.2, n) - verteilt. Bestimme näherungsweise

- $p(X \leq x) = 0.95$ $\quad n = 10000$
- $p(X \geq x) = 0.05$ $\quad n = 10000$
- $p(X \leq x) = 0.01$ $\quad n = 2500$
- $p(X \leq x) = 0.99$ $\quad n = 3600$

6. Sei $\{X_i\}_{1 \leq i \leq n}$ Folge stochastisch unabhängiger $P(\alpha)$ - verteilter Zufallsvariabler. Sei

$$Y = 1/n^{1/2} \sum_{j=1}^{n} X_j .$$

Bestimme näherungsweise

- $p(Y \leq x) = 0.95$ $\quad \alpha = 4,\ n = 10000$
- $p(Y \geq x) = 0.01$ $\quad \alpha = 9,\ n = 2500$
- $p(Y \geq x) = 0.95$ $\quad \alpha = 1\ \ n = 1600$
- $p(Y \leq x) = 0.05$ $\quad \alpha = 16,\ n = 3600$

7. Sei $\{X_i\}_{1 \leq i \leq n}$ Folge stochastisch unabhängiger gleichverteilter Zufallsvariabler mit Erwartungswert μ und Varianz σ^2 sowie $E\ (X - \mu)^4 = 3$. Sei

$$Y = n^{-1/2} \sum_{i=1}^{n} X_i .$$

Bestimme näherungsweise

- $p(-x \leq Y \leq x) = 0.95$ $\quad \mu = 2,\ \sigma^2 = 9,\ n = 10000$
- $p(Y \leq x) = 0.95$ $\quad \mu = 4,\ \sigma^2 = 25,\ n = 1000000$
- $p(Y \geq x) = 0.01$ $\quad \mu = 3,\ \sigma^2 = 36,\ n = 25000$
- $p(-x \leq Y \leq x) = 0.99$ $\quad \mu = 10,\ \sigma^2 = 49,\ n = 25000$

Tabellen

Verteilungsfunktion der Standardnormalverteilung

Dichte der Standardnormalverteilung

Verteilungsfunktion der $\aleph^2(n)$ - Verteilung für ausgewählte n, α

Verteilungsfunktion der t(n) - Verteilung für ausgewählte n, α

Verteilungsfunktion der F(m, n) - Verteilung für ausgewählte m, n

und $\alpha = 0.95$, $\alpha = 0.99$

Verteilungsfunktion der Standardnormalverteilung

$$F(x) = \frac{1}{(2\pi)^{1/2}} \int_{-\infty}^{x} \exp(-\, z^2/2)\, dz$$

	0.00	0.01	0.02	0.03	0.04	0.05	0.06	0.07	0.08	0.09
0.0	0.500	0.504	0.508	0.512	0.516	0.520	0.524	0.528	0.532	0.536
0.1	0.540	0.544	0.548	0.552	0.556	0.560	0.564	0.567	0.571	0.575
0.2	0.579	0.583	0.587	0.591	0.595	0.599	0.603	0.606	0.610	0.614
0.3	0.618	0.622	0.626	0.629	0.633	0.637	0.641	0.644	0.648	0.652
0.4	0.655	0.659	0.663	0.666	0.670	0.674	0.677	0.681	0.684	0.688
0.5	0.691	0.695	0.698	0.702	0.705	0.709	0.712	0.716	0.719	0.722
0.6	0.726	0.729	0.732	0.736	0.739	0.742	0.745	0.749	0.752	0.755
0.7	0.758	0.761	0.764	0.767	0.770	0.773	0.776	0.779	0.782	0.785
0.8	0.788	0.791	0.794	0.797	0.800	0.802	0.805	0.808	0.811	0.813
0.9	0.816	0.819	0.821	0.824	0.826	0.829	0.831	0.834	0.836	0.839
1.0	0.841	0.844	0.846	0.848	0.851	0.853	0.855	0.858	0.860	0.862
1.1	0.864	0.867	0.869	0.871	0.873	0.875	0.877	0.879	0.881	0.883
1.2	0.885	0.887	0.889	0.891	0.893	0.894	0.896	0.898	0.900	0.901
1.3	0.903	0.905	0.907	0.908	0.910	0.911	0.913	0.915	0.916	0.918
1.4	0.919	0.921	0.922	0.924	0.925	0.926	0.928	0.929	0.931	0.932
1.5	0.933	0.934	0.936	0.937	0.938	0.939	0.941	0.942	0.943	0.944
1.6	0.945	0.946	0.947	0.948	0.949	0.951	0.952	0.953	0.954	0.954
1.7	0.955	0.956	0.957	0.958	0.959	0.960	0.961	0.962	0.962	0.963
1.8	0.964	0.965	0.966	0.966	0.967	0.968	0.969	0.969	0.970	0.971
1.9	0.971	0.972	0.973	0.973	0.974	0.974	0.975	0.976	0.976	0.977
2.0	0.977	0.978	0.978	0.979	0.979	0.980	0.980	0.981	0.981	0.982
2.1	0.982	0.983	0.983	0.983	0.984	0.984	0.985	0.985	0.985	0.986
2.2	0.986	0.986	0.987	0.987	0.987	0.988	0.988	0.988	0.989	0.989
2.3	0.989	0.990	0.990	0.990	0.990	0.991	0.991	0.991	0.991	0.992
2.4	0.992	0.992	0.992	0.992	0.993	0.993	0.993	0.993	0.993	0.994
2.5	0.994	0.994	0.994	0.994	0.994	0.995	0.995	0.995	0.995	0.995
2.6	0.995	0.995	0.996	0.996	0.996	0.996	0.996	0.996	0.996	0.996
2.7	0.997	0.997	0.997	0.997	0.997	0.997	0.997	0.997	0.997	0.997
2.8	0.997	0.998	0.998	0.998	0.998	0.998	0.998	0.998	0.998	0.998
2.9	0.998	0.998	0.998	0.998	0.998	0.998	0.998	0.999	0.999	0.999

Beispiel: $F(0.75) = 0.773$ ist zu finden in der zu 0.7 gehörigen Zeile und zu 0.05 gehörigen Spalte. Beachte, daß die Verteilungsfunktion für negative x gegeben ist als

$$F(-x) = 1 - F(x).$$

Dichte der Standardnormalverteilung

$$f(x) = \frac{1}{(2\pi)^{1/2}} \exp(-x^2/2)$$

	0.00	0.01	0.02	0.03	0.04	0.05	0.06	0.07	0.08	0.09
0.0	0.399	0.399	0.399	0.399	0.399	0.398	0.398	0.398	0.398	0.397
0.1	0.397	0.397	0.396	0.396	0.395	0.394	0.394	0.393	0.393	0.392
0.2	0.391	0.390	0.389	0.389	0.388	0.387	0.386	0.385	0.384	0.383
0.3	0.381	0.380	0.379	0.378	0.377	0.375	0.374	0.373	0.371	0.370
0.4	0.368	0.367	0.365	0.364	0.362	0.361	0.359	0.357	0.356	0.354
0.5	0.352	0.350	0.348	0.347	0.345	0.343	0.341	0.339	0.337	0.335
0.6	0.333	0.331	0.329	0.327	0.325	0.323	0.321	0.319	0.317	0.314
0.7	0.312	0.310	0.308	0.306	0.303	0.301	0.299	0.297	0.294	0.292
0.8	0.290	0.287	0.285	0.283	0.280	0.278	0.276	0.273	0.271	0.268
0.9	0.266	0.264	0.261	0.259	0.256	0.254	0.252	0.249	0.247	0.244
1.0	0.242	0.240	0.237	0.235	0.232	0.230	0.227	0.225	0.223	0.220
1.1	0.218	0.215	0.213	0.211	0.208	0.206	0.204	0.201	0.199	0.197
1.2	0.194	0.192	0.190	0.187	0.185	0.183	0.180	0.178	0.176	0.174
1.3	0.171	0.169	0.167	0.165	0.163	0.160	0.158	0.156	0.154	0.152
1.4	0.150	0.148	0.146	0.144	0.141	0.139	0.137	0.135	0.133	0.131
1.5	0.130	0.128	0.126	0.124	0.122	0.120	0.118	0.116	0.115	0.113
1.6	0.111	0.109	0.107	0.106	0.104	0.102	0.101	0.099	0.097	0.096
1.7	0.094	0.092	0.091	0.089	0.088	0.086	0.085	0.083	0.082	0.080
1.8	0.079	0.078	0.076	0.075	0.073	0.072	0.071	0.069	0.068	0.067
1.9	0.066	0.064	0.063	0.062	0.061	0.060	0.058	0.057	0.056	0.055
2.0	0.054	0.053	0.052	0.051	0.050	0.049	0.048	0.047	0.046	0.045
2.1	0.044	0.043	0.042	0.041	0.040	0.040	0.039	0.038	0.037	0.036
2.2	0.035	0.035	0.034	0.033	0.032	0.032	0.031	0.030	0.030	0.029
2.3	0.028	0.028	0.027	0.026	0.026	0.025	0.025	0.024	0.023	0.023
2.4	0.022	0.022	0.021	0.021	0.020	0.020	0.019	0.019	0.018	0.018
2.5	0.018	0.017	0.017	0.016	0.016	0.015	0.015	0.015	0.014	0.014
2.6	0.014	0.013	0.013	0.013	0.012	0.012	0.012	0.011	0.011	0.011
2.7	0.010	0.010	0.010	0.010	0.009	0.009	0.009	0.009	0.008	0.008
2.8	0.008	0.008	0.007	0.007	0.007	0.007	0.007	0.006	0.006	0.006
2.9	0.006	0.006	0.006	0.005	0.005	0.005	0.005	0.005	0.005	0.005

Beispiel: $f(0.75) = 0.301$ ist zu finden in der zu 0.7 gehörigen Zeile und der zu 0.05 gehörigen Spalte. Beachte, daß gilt

$$f(x) = f(-x).$$

$\aleph^2$ - Verteilung

$$\int_x^{\infty} \frac{1}{\Gamma(n/2)\ 2^{n/2}}\ z^{(n-2)/2} \exp(-\ z/2)\ dz = \alpha$$

α Signifikanzniveau
n Anzahl der Freiheitsgrade

α / n	0.800	0.900	0.950	0.975	0.990	0.995	0.999	0.9995
1	0.064	0.016	0.004	0.001	0.000	0.000	0.000	0.000
2	0.446	0.211	0.103	0.051	0.020	0.010	0.002	0.001
3	1.005	0.584	0.352	0.216	0.115	0.072	0.024	0.015
4	1.649	1.064	0.711	0.484	0.297	0.207	0.091	0.064
5	2.343	1.610	1.145	0.831	0.554	0.412	0.210	0.158
6	3.070	2.204	1.635	1.237	0.872	0.676	0.381	0.299
7	3.822	2.833	2.167	1.690	1.239	0.989	0.598	0.485
8	4.594	3.490	2.733	2.180	1.647	1.344	0.857	0.710
9	5.380	4.168	3.325	2.700	2.088	1.735	1.152	0.972
10	6.179	4.865	3.940	3.247	2.558	2.156	1.479	1.265
11	6.989	5.578	4.575	3.816	3.054	2.603	1.834	1.587
12	7.807	6.304	5.226	4.404	3.571	3.074	2.214	1.934
13	8.634	7.041	5.892	5.009	4.107	3.565	2.617	2.304
14	9.467	7.790	6.571	5.629	4.660	4.075	3.041	2.697
15	10.307	8.547	7.261	6.262	5.229	4.601	3.482	3.108
16	11.152	9.312	7.962	6.908	5.812	5.142	3.942	3.536
17	12.002	10.085	8.672	7.564	6.408	5.697	4.416	3.980
18	12.857	10.865	9.390	8.231	7.015	6.265	4.905	4.440
19	13.716	11.651	10.117	8.906	7.633	6.844	5.406	4.913
20	14.578	12.443	10.851	9.591	8.260	7.434	5.921	5.398
21	15.445	13.240	11.591	10.283	8.897	8.034	6.446	5.895
22	16.314	14.042	12.338	10.982	9.543	8.643	6.983	6.404
23	17.187	14.848	13.091	11.689	10.196	9.260	7.529	6.923
24	18.062	15.659	13.848	12.401	10.857	9.886	8.085	7.453
25	18.940	16.473	14.611	13.120	11.524	10.519	8.649	7.990
26	19.820	17.292	15.379	13.844	12.198	11.160	9.222	8.539
27	20.703	18.114	16.151	14.573	12.879	11.808	9.802	9.093
28	21.588	18.939	16.928	15.308	13.565	12.461	10.391	9.656
29	22.475	19.768	17.708	16.047	14.257	13.121	10.987	10.226
30	23.364	20.599	18.493	16.791	14.953	13.787	11.587	10.804
31	24.255	21.434	19.281	17.539	15.655	14.458	12.195	11.389
32	25.148	22.271	20.072	18.291	16.362	15.134	12.810	11.978
33	26.042	23.110	20.867	19.047	17.074	15.815	13.430	12.577
34	26.938	23.952	21.664	19.806	17.789	16.501	14.056	13.181
35	27.836	24.797	22.465	20.569	18.509	17.192	14.687	13.785
36	28.735	25.643	23.269	21.336	19.233	17.887	15.325	14.402
37	29.635	26.492	24.075	22.106	19.960	18.586	15.965	15.019
38	30.537	27.343	24.884	22.879	20.691	19.289	16.611	15.646
39	31.441	28.196	25.695	23.654	21.426	19.996	17.262	16.272
40	32.345	29.051	26.509	24.433	22.164	20.707	17.917	16.909

α / n	0.200	0.100	0.050	0.025	0.010	0.005	0.001	0.0005
1	1.642	2.706	3.841	5.024	6.635	7.879	10.826	12.115
2	3.219	4.605	5.991	7.378	9.210	10.596	13.817	15.205
3	4.642	6.251	7.815	9.348	11.345	12.838	16.268	17.727
4	5.989	7.779	9.488	11.143	13.277	14.860	18.467	19.997
5	7.289	9.236	11.071	12.833	15.086	16.750	20.514	22.106
6	8.558	10.645	12.592	14.449	16.812	18.548	22.459	24.101
7	9.803	12.017	14.067	16.013	18.475	20.278	24.320	26.022
8	11.030	13.362	15.507	17.534	20.090	21.955	26.123	27.870
9	12.242	14.684	16.919	19.023	21.666	23.589	27.878	29.663
10	13.442	15.987	18.307	20.483	23.209	25.188	29.588	31.424
11	14.631	17.275	19.675	21.920	24.725	26.757	31.261	33.139
12	15.812	18.549	21.026	23.337	26.217	28.300	32.907	34.824
13	16.985	19.812	22.362	24.735	27.688	29.820	34.528	36.474
14	18.151	21.064	23.685	26.119	29.141	31.319	36.122	38.105
15	19.311	22.307	24.996	27.488	30.578	32.802	37.698	39.718
16	20.465	23.542	26.296	28.845	32.000	34.267	39.253	41.306
17	21.615	24.769	27.587	30.191	33.409	35.718	40.791	42.882
18	22.760	25.989	28.869	31.526	34.805	37.156	42.315	44.435
19	23.900	27.204	30.144	32.852	36.191	38.582	43.823	45.970
20	25.038	28.412	31.410	34.170	37.566	39.997	45.314	47.493
21	26.171	29.615	32.671	35.479	38.932	41.401	46.798	49.006
22	27.301	30.813	33.924	36.781	40.289	42.796	48.266	50.511
23	28.429	32.007	35.172	38.076	41.639	44.182	49.726	51.996
24	29.553	33.196	36.415	39.364	42.980	45.559	51.178	53.478
25	30.675	34.382	37.652	40.646	44.314	46.928	52.619	54.944
26	31.795	35.563	38.885	41.923	45.642	48.289	54.054	56.410
27	32.912	36.741	40.113	43.194	46.963	49.644	55.477	57.858
28	34.027	37.916	41.337	44.461	48.278	50.993	56.890	59.294
29	35.139	39.087	42.557	45.722	49.588	52.335	58.300	60.734
30	36.250	40.256	43.773	46.979	50.892	53.672	59.702	62.156
31	37.359	41.422	44.985	48.232	52.191	55.003	61.101	63.577
32	38.466	42.585	46.194	49.480	53.486	56.328	62.485	65.002
33	39.572	43.745	47.400	50.725	54.776	57.648	63.871	66.404
34	40.676	44.903	48.602	51.966	56.061	58.965	65.247	67.801
35	41.778	46.059	49.802	53.203	57.342	60.275	66.615	69.194
36	42.879	47.212	50.998	54.437	58.619	61.581	67.986	70.587
37	43.978	48.363	52.192	55.668	59.892	62.884	69.346	71.966
38	45.076	49.513	53.384	56.896	61.162	64.182	70.704	73.349
39	46.173	50.660	54.572	58.120	62.428	65.475	72.053	74.721
40	47.269	51.805	55.759	59.342	63.691	66.767	73.404	76.094

$$\int_{-\infty}^{x} \frac{\Gamma((n+1)/2)}{\Gamma(1/2)\ \Gamma(n/2)\ n^{1/2}} \ \frac{1}{(1 + z^2/n)^n}\, dz = \alpha$$

α Signifikanzniveau
n Anzahl der Freiheitsgrade

α / n	0.200	0.100	0.050	0.025	0.010	0.005	0.001	0.0005
1	1.376	3.078	6.314	12.707	31.822	63.660	318.359	636.719
2	1.061	1.886	2.920	4.303	6.965	9.926	22.324	31.616
3	0.978	1.638	2.353	3.182	4.541	5.841	10.214	12.932
4	0.941	1.533	2.132	2.776	3.747	4.604	7.172	8.606
5	0.920	1.476	2.015	2.571	3.365	4.032	5.894	6.866
6	0.906	1.440	1.943	2.447	3.143	3.708	5.207	5.957
7	0.896	1.415	1.895	2.365	2.998	3.500	4.785	5.407
8	0.889	1.397	1.860	2.306	2.896	3.356	4.501	5.041
9	0.883	1.383	1.833	2.262	2.821	3.250	4.297	4.781
10	0.879	1.372	1.812	2.228	2.764	3.169	4.144	4.587
11	0.876	1.363	1.796	2.201	2.718	3.105	4.024	4.437
12	0.873	1.356	1.782	2.179	2.681	3.054	3.930	4.317
13	0.870	1.350	1.771	2.160	2.650	3.012	3.852	4.221
14	0.868	1.345	1.761	2.145	2.624	2.976	3.788	4.141
15	0.866	1.341	1.753	2.131	2.602	2.946	3.730	4.073
16	0.865	1.337	1.746	2.120	2.583	2.920	3.684	4.015
17	0.863	1.333	1.740	2.110	2.567	2.898	3.644	3.961
18	0.862	1.330	1.734	2.101	2.552	2.878	3.609	3.918
19	0.861	1.328	1.729	2.093	2.539	2.861	3.578	3.880
20	0.860	1.325	1.725	2.086	2.528	2.845	3.550	3.846
21	0.859	1.323	1.721	2.080	2.517	2.831	3.525	3.815
22	0.858	1.321	1.717	2.074	2.508	2.818	3.503	3.788
23	0.858	1.319	1.714	2.069	2.500	2.807	3.483	3.765
24	0.857	1.318	1.711	2.064	2.492	2.797	3.465	3.742
25	0.856	1.316	1.708	2.059	2.485	2.787	3.448	3.722
26	0.856	1.315	1.706	2.055	2.478	2.778	3.433	3.704
27	0.855	1.314	1.703	2.052	2.472	2.770	3.419	3.686
28	0.855	1.313	1.701	2.048	2.467	2.763	3.406	3.671
29	0.854	1.311	1.699	2.045	2.462	2.756	3.395	3.656
30	0.854	1.310	1.697	2.042	2.457	2.750	3.384	3.642
40	0.851	1.303	1.684	2.021	2.423	2.704	3.306	3.548
45	0.850	1.301	1.679	2.014	2.412	2.689	3.280	3.517
50	0.849	1.299	1.676	2.009	2.403	2.678	3.260	3.493
55	0.848	1.297	1.673	2.004	2.396	2.668	3.244	3.474
60	0.848	1.296	1.671	2.000	2.390	2.660	3.230	3.458
65	0.847	1.295	1.669	1.997	2.385	2.653	3.219	3.444
70	0.847	1.294	1.667	1.994	2.381	2.648	3.209	3.433
80	0.846	1.292	1.664	1.990	2.374	2.638	3.194	3.413
100	0.845	1.290	1.660	1.984	2.364	2.626	3.172	3.388
120	0.845	1.289	1.658	1.980	2.358	2.617	3.158	3.371

$$\int_0^x \frac{\Gamma((m/2)\ \Gamma(n/2)\ m}{\Gamma((m+n)/2\ n} \ \frac{(mz/n)^{(m-2)/2}}{(1 + mz/n)^{(m+2)/2}}\, dz = 0.95$$

m \ n	1	2	3	4	5	6	7	8	9	10
1	161.45	18.51	10.13	7.71	6.61	5.99	5.59	5.32	5.12	4.96
2	199.51	19.00	9.55	6.94	5.79	5.14	4.74	4.46	4.26	4.10
3	215.71	19.16	9.28	6.59	5.41	4.76	4.35	4.07	3.86	3.71
4	224.58	19.25	9.12	6.39	5.19	4.53	4.12	3.84	3.63	3.48
5	230.16	19.30	9.01	6.26	5.05	4.39	3.97	3.69	3.48	3.33
6	233.99	19.33	8.94	6.16	4.95	4.28	3.87	3.58	3.37	3.22
7	236.77	19.35	8.89	6.09	4.88	4.21	3.79	3.50	3.29	3.14
8	238.89	19.37	8.85	6.04	4.82	4.15	3.73	3.44	3.23	3.07
9	240.54	19.38	8.81	6.00	4.77	4.10	3.68	3.39	3.18	3.02
10	241.88	19.40	8.79	5.96	4.74	4.06	3.64	3.35	3.14	2.98
11	242.98	19.41	8.76	5.94	4.70	4.03	3.60	3.31	3.10	2.94
12	243.91	19.41	8.74	5.91	4.68	4.00	3.57	3.28	3.07	2.91
13	244.69	19.42	8.73	5.89	4.66	3.98	3.55	3.26	3.05	2.89
14	245.36	19.42	8.71	5.87	4.64	3.96	3.53	3.24	3.03	2.86
15	245.96	19.43	8.70	5.86	4.62	3.94	3.51	3.22	3.01	2.85
16	246.46	19.43	8.69	5.84	4.60	3.92	3.49	3.20	2.99	2.83
17	246.92	19.44	8.68	5.83	4.59	3.91	3.48	3.19	2.97	2.81
18	247.33	19.44	8.67	5.82	4.58	3.90	3.47	3.17	2.96	2.80
19	247.68	19.44	8.67	5.81	4.57	3.88	3.46	3.16	2.95	2.79
20	248.02	19.45	8.66	5.80	4.56	3.87	3.44	3.15	2.94	2.77
21	248.32	19.45	8.65	5.79	4.55	3.86	3.43	3.14	2.93	2.76
22	248.58	19.45	8.65	5.79	4.54	3.86	3.43	3.13	2.92	2.75
23	248.83	19.45	8.64	5.78	4.53	3.85	3.42	3.12	2.91	2.75
24	249.05	19.45	8.64	5.77	4.53	3.84	3.41	3.12	2.90	2.74
25	249.27	19.46	8.63	5.77	4.52	3.83	3.40	3.11	2.89	2.73
30	250.09	19.46	8.62	5.75	4.50	3.81	3.38	3.08	2.86	2.70
35	250.70	19.47	8.60	5.73	4.48	3.79	3.36	3.06	2.84	2.68
40	251.14	19.47	8.59	5.72	4.46	3.77	3.34	3.04	2.83	2.66
45	251.50	19.47	8.59	5.71	4.45	3.76	3.33	3.03	2.81	2.65
50	251.77	19.48	8.58	5.70	4.44	3.75	3.32	3.02	2.80	2.64
60	252.20	19.48	8.57	5.69	4.43	3.74	3.30	3.01	2.79	2.62
70	252.50	19.48	8.57	5.68	4.42	3.73	3.29	2.99	2.78	2.61
80	252.73	19.48	8.56	5.67	4.41	3.72	3.29	2.99	2.77	2.60
90	252.90	19.48	8.56	5.67	4.41	3.72	3.28	2.98	2.76	2.59
100	253.05	19.49	8.55	5.66	4.41	3.71	3.27	2.97	2.76	2.59
125	253.30	19.49	8.55	5.66	4.40	3.70	3.27	2.97	2.75	2.58
150	253.46	19.49	8.54	5.65	4.39	3.70	3.26	2.96	2.74	2.57

$$\int_0^x \frac{\Gamma((m/2)\ \Gamma(n/2)\ m}{\Gamma((m+n)/2\ n} \quad \frac{(mz/n)^{(m-2)/2}}{(1 + mz/n)^{(m+2)/2}}\, dz = 0.95$$

m \ n	12	14	16	20	24	30	40	60	100	200
1	4.75	4.60	4.49	4.35	4.26	4.17	4.08	4.00	3.94	3.89
2	3.89	3.74	3.63	3.49	3.40	3.32	3.23	3.15	3.09	3.04
3	3.49	3.34	3.24	3.10	3.01	2.92	2.84	2.76	2.70	2.65
4	3.26	3.11	3.01	2.87	2.78	2.69	2.61	2.53	2.46	2.42
5	3.11	2.96	2.85	2.71	2.62	2.53	2.45	2.37	2.31	2.26
6	3.00	2.85	2.74	2.60	2.51	2.42	2.34	2.25	2.19	2.14
7	2.91	2.76	2.66	2.51	2.42	2.33	2.25	2.17	2.10	2.06
8	2.85	2.70	2.59	2.45	2.36	2.27	2.18	2.10	2.03	1.98
9	2.80	2.65	2.54	2.39	2.30	2.21	2.12	2.04	1.97	1.93
10	2.75	2.60	2.49	2.35	2.25	2.16	2.08	1.99	1.93	1.88
11	2.72	2.57	2.46	2.31	2.22	2.13	2.04	1.95	1.89	1.84
12	2.69	2.53	2.42	2.28	2.18	2.09	2.00	1.92	1.85	1.80
13	2.66	2.51	2.40	2.25	2.15	2.06	1.97	1.89	1.82	1.77
14	2.64	2.48	2.37	2.22	2.13	2.04	1.95	1.86	1.79	1.74
15	2.62	2.46	2.35	2.20	2.11	2.01	1.92	1.84	1.77	1.72
16	2.60	2.44	2.33	2.18	2.09	1.99	1.90	1.82	1.75	1.69
17	2.58	2.43	2.32	2.17	2.07	1.98	1.89	1.80	1.73	1.67
18	2.57	2.41	2.30	2.15	2.05	1.96	1.87	1.78	1.71	1.66
19	2.56	2.40	2.29	2.14	2.04	1.95	1.85	1.76	1.69	1.64
20	2.54	2.39	2.28	2.12	2.03	1.93	1.84	1.75	1.68	1.62
21	2.53	2.38	2.26	2.11	2.01	1.92	1.83	1.73	1.66	1.61
22	2.52	2.37	2.25	2.10	2.00	1.91	1.81	1.72	1.65	1.60
23	2.51	2.36	2.24	2.09	1.99	1.90	1.80	1.71	1.64	1.58
24	2.51	2.35	2.24	2.08	1.98	1.89	1.79	1.70	1.63	1.57
25	2.50	2.34	2.23	2.07	1.97	1.88	1.78	1.69	1.62	1.56
30	2.47	2.31	2.19	2.04	1.94	1.84	1.74	1.65	1.57	1.52
35	2.44	2.28	2.17	2.01	1.91	1.81	1.72	1.62	1.54	1.48
40	2.43	2.27	2.15	1.99	1.89	1.79	1.69	1.59	1.52	1.46
45	2.41	2.25	2.14	1.98	1.88	1.77	1.67	1.57	1.49	1.43
50	2.40	2.24	2.12	1.97	1.86	1.76	1.66	1.56	1.48	1.41
60	2.38	2.22	2.11	1.95	1.84	1.74	1.64	1.53	1.45	1.39
70	2.37	2.21	2.09	1.93	1.83	1.72	1.62	1.52	1.43	1.36
80	2.36	2.20	2.08	1.92	1.82	1.71	1.61	1.50	1.41	1.35
90	2.36	2.19	2.07	1.91	1.81	1.70	1.60	1.49	1.40	1.33
100	2.35	2.19	2.07	1.91	1.80	1.70	1.59	1.48	1.39	1.32
125	2.34	2.18	2.06	1.89	1.79	1.68	1.57	1.46	1.37	1.30
150	2.33	2.17	2.05	1.89	1.78	1.67	1.56	1.45	1.36	1.28

$$\int_0^x \frac{\Gamma((m/2)\ \Gamma(n/2)\ m}{\Gamma((m+n)/2\ n} \quad \frac{(mz/n)^{(m-2)/2}}{(1 + mz/n)^{(m+2)/2}}\, dz = 0.99$$

m \ n	1	2	3	4	5	6	7	8	9	10
1	4052.73	98.50	34.12	21.20	16.26	13.74	12.25	11.26	10.56	10.04
2	5000.00	98.99	30.82	18.00	13.27	10.92	9.55	8.65	8.02	7.56
3	5402.83	99.16	29.46	16.69	12.06	9.78	8.45	7.59	6.99	6.55
4	5625.00	99.26	28.71	15.98	11.39	9.15	7.85	7.01	6.42	5.99
5	5764.16	99.30	28.24	15.52	10.97	8.75	7.46	6.63	6.06	5.64
6	5859.38	99.33	27.91	15.21	10.67	8.47	7.19	6.37	5.80	5.39
7	5927.73	99.35	27.67	14.98	10.46	8.26	6.99	6.18	5.61	5.20
8	5981.45	99.37	27.49	14.80	10.29	8.10	6.84	6.03	5.47	5.06
9	6022.95	99.39	27.35	14.66	10.16	7.98	6.72	5.91	5.35	4.94
10	6057.13	99.39	27.23	14.55	10.05	7.87	6.62	5.81	5.26	4.85
11	6083.98	99.41	27.13	14.45	9.96	7.79	6.54	5.73	5.18	4.77
12	6105.96	99.41	27.05	14.37	9.89	7.72	6.47	5.67	5.11	4.71
13	6125.49	99.43	26.98	14.31	9.83	7.66	6.41	5.61	5.05	4.65
14	6142.58	99.43	26.92	14.25	9.77	7.60	6.36	5.56	5.01	4.60
15	6157.23	99.43	26.87	14.20	9.72	7.56	6.31	5.52	4.96	4.56
16	6169.43	99.43	26.83	14.15	9.68	7.52	6.28	5.48	4.92	4.52
17	6181.64	99.45	26.79	14.11	9.64	7.48	6.24	5.44	4.89	4.49
18	6191.41	99.45	26.75	14.08	9.61	7.45	6.21	5.41	4.86	4.46
19	6201.17	99.45	26.72	14.05	9.58	7.42	6.18	5.38	4.83	4.43
20	6208.50	99.45	26.69	14.02	9.55	7.40	6.16	5.36	4.81	4.41
21	6215.82	99.45	26.66	13.99	9.53	7.37	6.13	5.34	4.79	4.38
22	6223.14	99.45	26.64	13.97	9.51	7.35	6.11	5.32	4.77	4.36
23	6228.03	99.45	26.62	13.95	9.49	7.33	6.09	5.30	4.75	4.34
24	6235.35	99.45	26.60	13.93	9.47	7.31	6.07	5.28	4.73	4.33
25	6240.23	99.47	26.58	13.91	9.45	7.30	6.06	5.26	4.71	4.31
30	6259.77	99.47	26.50	13.84	9.38	7.23	5.99	5.20	4.65	4.25
35	6274.41	99.47	26.45	13.79	9.33	7.18	5.94	5.15	4.60	4.20
40	6286.62	99.47	26.41	13.74	9.29	7.14	5.91	5.12	4.57	4.17
45	6296.39	99.47	26.38	13.71	9.26	7.11	5.88	5.09	4.54	4.14
50	6303.71	99.49	26.35	13.69	9.24	7.09	5.86	5.07	4.52	4.12
60	6313.48	99.49	26.32	13.65	9.20	7.06	5.82	5.03	4.48	4.08
70	6320.80	99.49	26.29	13.63	9.18	7.03	5.80	5.01	4.46	4.06
80	6325.68	99.49	26.27	13.61	9.16	7.01	5.78	4.99	4.44	4.04
90	6330.57	99.49	26.25	13.59	9.14	7.00	5.77	4.97	4.43	4.03
00	6333.01	99.49	26.24	13.58	9.13	6.99	5.75	4.96	4.41	4.01
25	6340.33	99.49	26.22	13.55	9.11	6.97	5.73	4.94	4.39	3.99
50	6345.21	99.49	26.20	13.54	9.09	6.95	5.72	4.93	4.38	3.98

$$\int_0^x \frac{\Gamma((m/2)\ \Gamma(n/2)\ m}{\Gamma((m+n)/2\ n} \ \frac{(mz/n)^{(m-2)/2}}{(1 + mz/n)^{(m+2)/2}}\ dz = 0.99$$

n / m	12	14	16	20	24	30	40	60	100	200
1	9.33	8.86	8.53	8.09	7.82	7.56	7.31	7.08	6.89	6.76
2	6.93	6.51	6.23	5.85	5.61	5.39	5.18	4.98	4.82	4.71
3	5.95	5.56	5.29	4.94	4.72	4.51	4.31	4.13	3.98	3.88
4	5.41	5.04	4.77	4.43	4.22	4.02	3.83	3.65	3.51	3.41
5	5.06	4.70	4.44	4.10	3.90	3.70	3.51	3.34	3.21	3.11
6	4.82	4.46	4.20	3.87	3.67	3.47	3.29	3.12	2.99	2.89
7	4.64	4.28	4.03	3.70	3.50	3.30	3.12	2.95	2.82	2.73
8	4.50	4.14	3.89	3.56	3.36	3.17	2.99	2.82	2.69	2.60
9	4.39	4.03	3.78	3.46	3.26	3.07	2.89	2.72	2.59	2.50
10	4.30	3.94	3.69	3.37	3.17	2.98	2.80	2.63	2.50	2.41
11	4.22	3.86	3.62	3.29	3.09	2.91	2.73	2.56	2.43	2.34
12	4.16	3.80	3.55	3.23	3.03	2.84	2.66	2.50	2.37	2.27
13	4.10	3.75	3.50	3.18	2.98	2.79	2.61	2.44	2.31	2.22
14	4.05	3.70	3.45	3.13	2.93	2.74	2.56	2.39	2.27	2.17
15	4.01	3.66	3.41	3.09	2.89	2.70	2.52	2.35	2.22	2.13
16	3.97	3.62	3.37	3.05	2.85	2.66	2.48	2.31	2.19	2.09
17	3.94	3.59	3.34	3.02	2.82	2.63	2.45	2.28	2.15	2.06
18	3.91	3.56	3.31	2.99	2.79	2.60	2.42	2.25	2.12	2.03
19	3.88	3.53	3.28	2.96	2.76	2.57	2.39	2.22	2.09	2.00
20	3.86	3.51	3.26	2.94	2.74	2.55	2.37	2.20	2.07	1.97
21	3.84	3.48	3.24	2.92	2.72	2.53	2.35	2.17	2.04	1.95
22	3.82	3.46	3.22	2.90	2.70	2.51	2.33	2.15	2.02	1.93
23	3.80	3.44	3.20	2.88	2.68	2.49	2.31	2.13	2.00	1.90
24	3.78	3.43	3.18	2.86	2.66	2.47	2.29	2.12	1.98	1.89
25	3.76	3.41	3.17	2.84	2.64	2.45	2.27	2.10	1.97	1.87
30	3.70	3.35	3.10	2.78	2.58	2.39	2.20	2.03	1.89	1.79
35	3.65	3.30	3.05	2.73	2.53	2.34	2.15	1.98	1.84	1.74
40	3.62	3.27	3.02	2.69	2.49	2.30	2.11	1.94	1.80	1.69
45	3.59	3.24	2.99	2.67	2.46	2.27	2.08	1.90	1.76	1.66
50	3.57	3.22	2.97	2.64	2.44	2.25	2.06	1.88	1.74	1.63
60	3.54	3.18	2.93	2.61	2.40	2.21	2.02	1.84	1.69	1.58
70	3.51	3.16	2.91	2.58	2.38	2.18	1.99	1.81	1.66	1.55
80	3.49	3.14	2.89	2.56	2.36	2.16	1.97	1.78	1.63	1.52
90	3.48	3.12	2.87	2.55	2.34	2.14	1.95	1.76	1.61	1.50
100	3.47	3.11	2.86	2.54	2.33	2.13	1.94	1.75	1.60	1.48
125	3.45	3.09	2.84	2.51	2.31	2.11	1.91	1.72	1.57	1.45
150	3.43	3.08	2.83	2.50	2.29	2.09	1.90	1.70	1.55	1.42

Die Kolmogoroff - Smirnoff - λ - Verteilung

$$p(\lambda) = \sum_{j=-\infty}^{\infty} (-1)^k \exp(-2\lambda^2 k^2)$$

λ	p(λ)	λ	p(λ)	λ	p(λ)
0.36	0.00034	0.96	0.68464	1.56	0.98461
0.37	0.00072	0.97	0.69645	1.57	0.98554
0.38	0.00123	0.98	0.70794	1.58	0.98643
0.39	0.00189	0.99	0.71913	1.59	0.98726
0.40	0.00279	1.00	0.73000	1.60	0.98805
0.41	0.00396	1.01	0.74057	1.61	0.98879
0.42	0.00547	1.02	0.75083	1.62	0.98949
0.43	0.00737	1.03	0.76078	1.63	0.99015
0.44	0.00973	1.04	0.77044	1.64	0.99078
0.45	0.01259	1.05	0.77979	1.65	0.99136
0.46	0.01600	1.06	0.78886	1.66	0.99192
0.47	0.02002	1.07	0.79764	1.67	0.99244
0.48	0.02468	1.08	0.80613	1.68	0.99293
0.49	0.03002	1.09	0.81434	1.69	0.99339
0.50	0.03605	1.10	0.82228	1.70	0.99382
0.51	0.04281	1.11	0.82995	1.71	0.99423
0.52	0.05031	1.12	0.83736	1.72	0.99461
0.53	0.05853	1.13	0.84450	1.73	0.99497
0.54	0.06750	1.14	0.85140	1.74	0.99531
0.55	0.07718	1.15	0.85804	1.75	0.99563
0.56	0.08758	1.16	0.86444	1.76	0.99592
0.57	0.09866	1.17	0.87061	1.77	0.99620
0.58	0.11039	1.18	0.87655	1.78	0.99646
0.59	0.12276	1.19	0.88226	1.79	0.99670
0.60	0.13572	1.20	0.88775	1.80	0.99693
0.61	0.14923	1.21	0.89303	1.81	0.99715
0.62	0.16325	1.22	0.89810	1.82	0.99735
0.63	0.17775	1.23	0.90297	1.83	0.99753
0.64	0.19268	1.24	0.90765	1.84	0.99771
0.65	0.20799	1.25	0.91213	1.85	0.99787
0.66	0.22364	1.26	0.91643	1.86	0.99802
0.67	0.23958	1.27	0.92056	1.87	0.99816
0.68	0.25578	1.28	0.92451	1.88	0.99830
0.69	0.27219	1.29	0.92829	1.89	0.99842
0.70	0.28876	1.30	0.93191	1.90	0.99854
0.71	0.30547	1.31	0.93537	1.91	0.99864
0.72	0.32227	1.32	0.93868	1.92	0.99874
0.73	0.33911	1.33	0.94185	1.93	0.99884
0.74	0.35598	1.34	0.94487	1.94	0.99892
0.75	0.37283	1.35	0.94776	1.95	0.99900
0.76	0.38964	1.36	0.95051	1.96	0.99908
0.77	0.40637	1.37	0.95314	1.97	0.99915
0.78	0.42300	1.38	0.95565	1.98	0.99921
0.79	0.43950	1.39	0.95804	1.99	0.99927
0.80	0.45586	1.40	0.96032	2.00	0.99933
0.81	0.47204	1.41	0.96249	2.01	0.99938
0.82	0.48803	1.42	0.96455	2.02	0.99943
0.83	0.50381	1.43	0.96651	2.03	0.99947
0.84	0.51936	1.44	0.96838	2.04	0.99951
0.85	0.53468	1.45	0.97016	2.05	0.99955
0.86	0.54974	1.46	0.97185	2.06	0.99959
0.87	0.56454	1.47	0.97345	2.07	0.99962
0.88	0.57907	1.48	0.97497	2.08	0.99965
0.89	0.59331	1.49	0.97641	2.09	0.99968
0.90	0.60727	1.50	0.97778	2.10	0.99970
0.91	0.62093	1.51	0.97908	2.11	0.99973
0.92	0.63428	1.52	0.98031	2.12	0.99975
0.93	0.64734	1.53	0.98148	2.13	0.99977
9.94	0.66008	1.54	0.98258	2.14	0.99979
0.95	0.67251	1.55	0.98362	2.15	0.99981

AUSS   Jan. 12, 1990   12:39:04 PM

chiquadrat-Verteilung mit n=1,3,5,10,15

GAUSS   Jan. 12, 1990   12:45:02 PM

chiquadrat mit n=1,3,5,20 und N(0, 1)

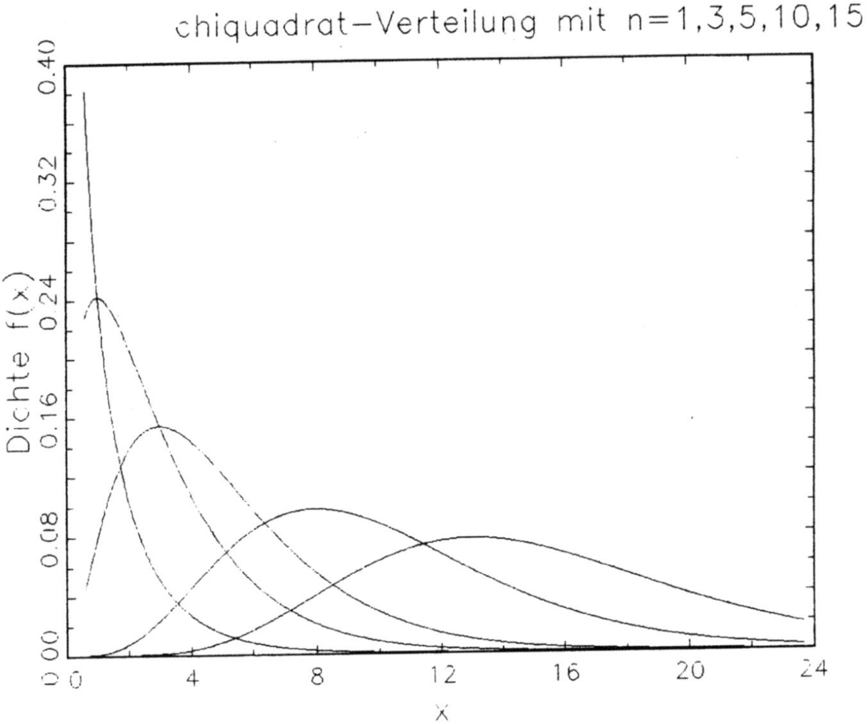

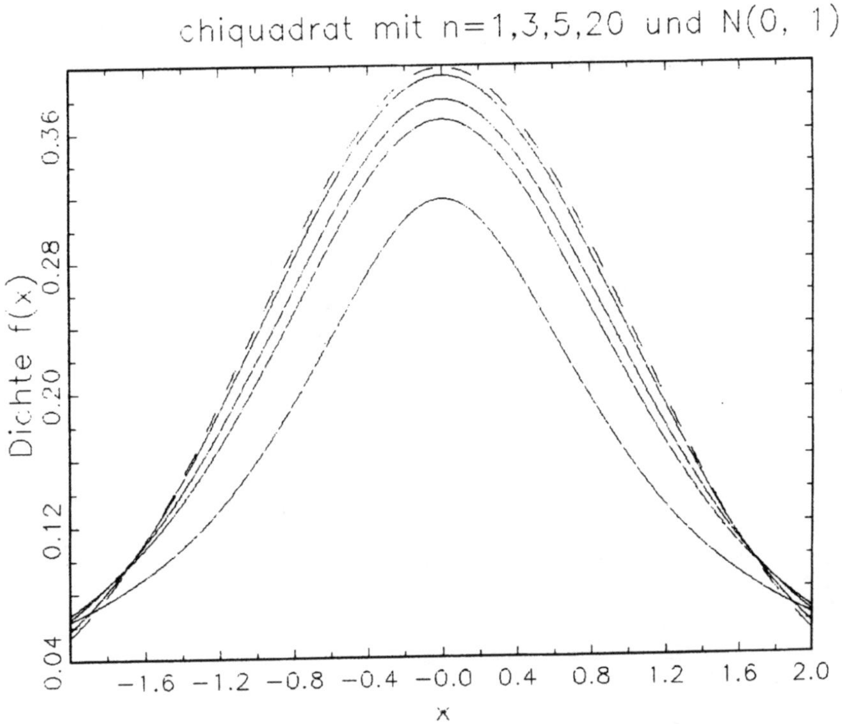

GAUSS   Jan. 12, 1990   3:39:50 PM

F-Verteilung mit m=50,n=30,50,70,90,15

GAUSS   Jan. 12, 1990   3:43:12 PM

F-Verteilung mit m=10,n=10,15,25,35,50

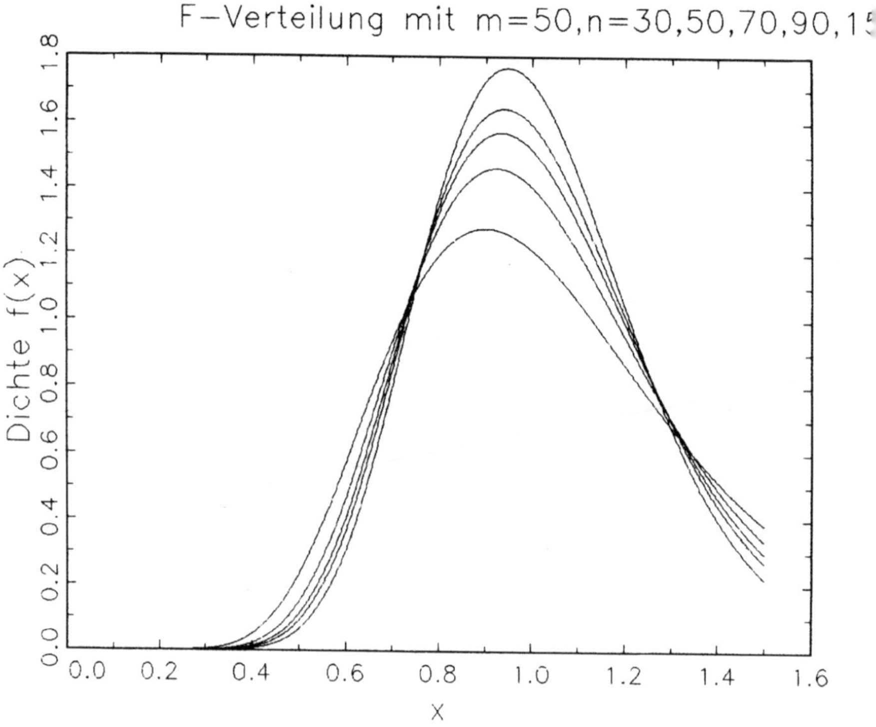

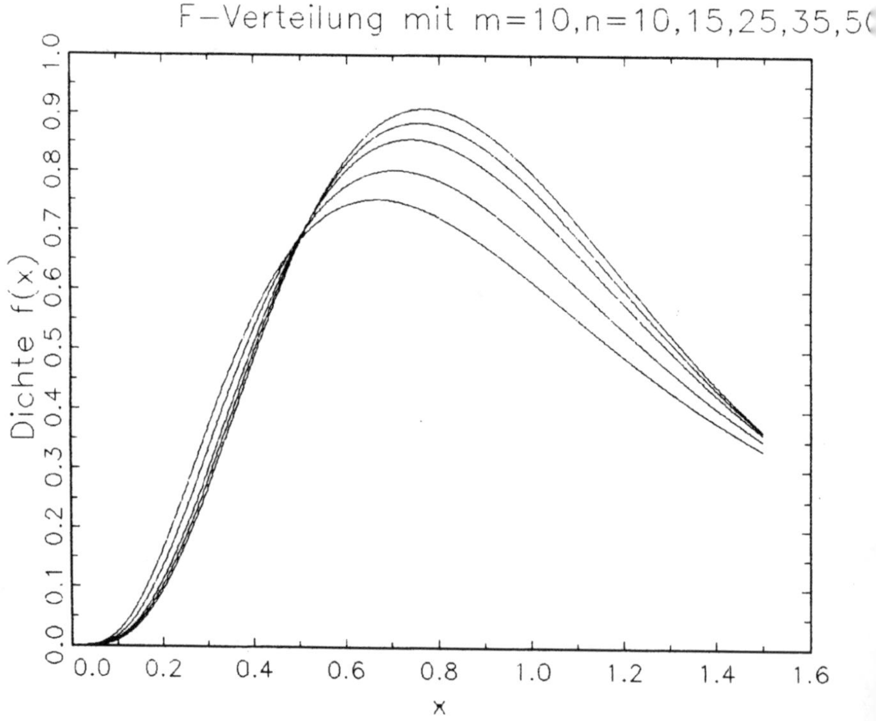

GAUSS   Jan. 3. 1990   12:16:57 PM

Fehler/Inv (Inv−Dinv)/Inv

GAUSS   Jan. 3. 1990   12:18:28 PM

Inv, erkl. Inv, Fehler

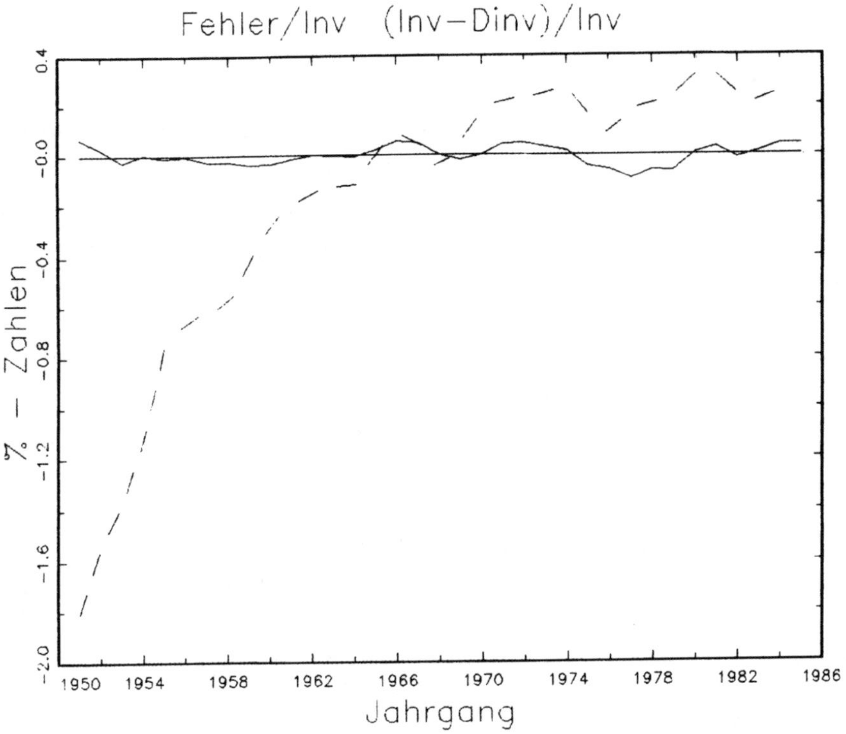

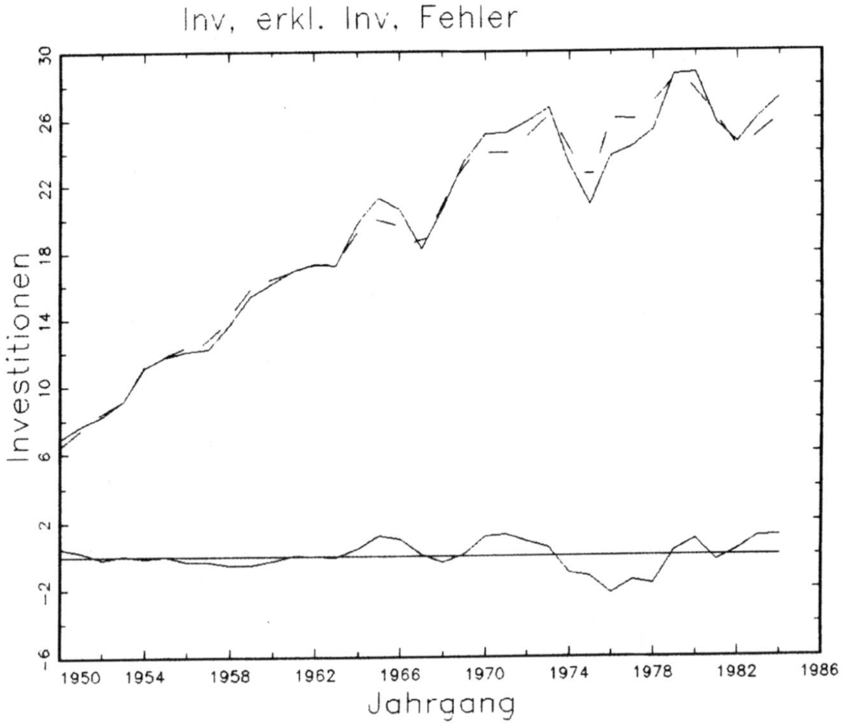

Literaturverzeichnis

Subjektivismus:

de Finette, B.,: Foresight: Its Logical Laws, its Subjective Sources, in: Kyburg, H.,Smokler, H.E., (Hrsg.): Studies in Subjective Probability, New York 1964.

de Finetti, B.: Probability, Induction and Statistics, London - New York - Sydney 1972.

Raiffa, H., Schlaifer, R.: Applied Statistical Decision Theory, Boston 1961.

Savage, L.: Subjective Probability and Statistical Practice, London 1962.

Logischer Wahrscheinlichkeitsbegriff:

Carnap, R.: Logical Foundations of Probability, 4. Auflage, Chicago 1971.

Jeffreys, H.: Theory of Probability, 3. Auflage, Oxford 1961.

Keynes, J.M.: A Treatise on Probability, London 1929.

Kyburg, H.: The Logical Foundations of Statistical Inference, Dordrecht - Boston 1974.

Objektiver Wahrscheinlichkeitsbegriff:

Fisher, R.A.: Theory of Statistical Estimation, Journal of the Royal Statistical Society, Vol. 22, Jg. 1925, S. 700ff.

Fisher, R.A.: Statistical Methods and Scientific Inference New York 1956.

Giere, R.N.: Objective Single - Case Probabilities and the Foundation of Statistics, in: Suppes, P., Henkin, L., Joja, A., Moisil, Gr. C. (Hrsg.): Logic, Methodology and Philosophy of Science IV, Amsterdam - London - New York 1973.

Gillies, D.A.: An Objective Theory of Probability, London 1973.

Hacking, J.: On the Foundations of Statistics, The British Journal for the Philosophy of Science, Vol. 15, Jg. 1964, S. 1 ff.

Hacking, J.: Logic of Statistical Inference, Cambridge 1965.

Kolmogoroff, A.: Grundbegriffe der Wahrscheinlichkeitsrechnung, Berlin - Heidelberg - New York 1933.

von Mises, R.: Wahrscheinlichkeit, Statistik und Wahrheit, Schriften zur wissenschaftlichen Weltauffassung, Bd. 3, Hrsg.: Frank, P.H., Schlick,M., 4. Auflage, Wien 1972.

Popper, K.R.: The Propensity Interpretation of Probability, The British Journal for the Philosophy of Science, Vol. 10, Jg. 1959/60, S. 25ff.

Seidenfeld, T.: Philosophical Problems of Statistical Inference, Dordrecht - London 1979.

Stegmüller, W.: Personelle und statistische Wahrscheinlichkeit, Berlin - Heidelberg - New York 1973.

Suppes, P.: New Foundation of Objective Probability: Axioms for Probability: Axioms for Propensities, in: Suppes, P., Henkin, L., Joja, A., Moisil, Gr.C., (Hrsg.): Logic, Methodology and Philosophy of Science IV, Amsterdam - London - New York 1973.

Mathematische Testtheorie:

Kendall, M.G., Stuart, A.: Advanced Theory of Statistics I, II, III, London 1979.

Witting, H.: Mathematische Statistik, Stuttgart 1966.

Witting, H., Nölle, G.: Angewandte Mathematische Statistik, Stuttgart 1970.

Modellbildung:

Haavelmoo, T.: The Probability Approach in Econometrics, Supplement to Econometrica, Vol. 12, Jg. 1944.

Regressionsanalyse:

Theil, H.: Principles of Econometrics, Amsterdam - London 1971.

Daten:

Statistisches Bundesamt (Hrsg.): Datenreport 1985, Schriftenreihe der Bundeszentrale für politische Bildung Bd. 226, Bonn 1985.

Statistisches Bundesamt (Hrsg.): Volkswirtschaftliche Gesamtrechnungen, Fachserie 18, Reihe S.7, Lange Reihen 1950 - 1984, Stuttgart und Mainz 1987.

Statistisches Bundesamt (Hrsg.): Bevölkerung und Erwerbstätigkeit, Fachserie 1, Reihe 4.1.1., Stand und Entwicklung der Erwerbstätigkeit 1987, Stuttgart und Mainz 1988.

Stichwortverzeichnis